国家制造业信息化
三维 CAD 认证规划教材

UG NX 8.0 工程应用实战精解

张安鹏 王妍琴 主编

北京航空航天大学出版社

内 容 简 介

本书采用理论与实践相结合的形式,深入浅出地讲解 UG NX 8.0 软件的设计环境、操作方法,同时从工程实用性的角度出发,根据作者多年的实际设计经验,通过大量的工程实例,详细讲解了使用 UG NX 8.0 软件进行设计的流程、方法和技巧。主要内容包括 UG NX 软件的功能特点、操作基础、创建曲线、草图设计、实体特征、特征操作、曲面操作、装配建模、工程图等。通过本书的学习,读者可以快速有效地掌握 UG NX 8.0 的设计方法、设计思路和技巧。

本书附光盘 1 张,内容包括书中所举实例图形的源文件以及视频文件。

本书是 CAD 应用工程师指定用书,教学重点明确、结构合理、语言简明、实例丰富,具有很强的实用性,适用于 UG NX 软件的初、中、高级用户使用。本书既可以作为工程技术人员的技术参考用书外,也可以作为大中专院校师生及社会培训班的实例教材。

图书在版编目(CIP)数据

UG NX 8.0 工程应用实战精解 / 张安鹏,王妍琴主编
. — 北京 : 北京航空航天大学出版社,2012.9
ISBN 978 - 7 - 5124 - 0953 - 8

Ⅰ. ①U… Ⅱ. ①张… ②王… Ⅲ. ①工业设计—计算机辅助设计—应用软件 Ⅳ. ①TB47 - 39

中国版本图书馆 CIP 数据核字(2012)第 218709 号

UG NX 8.0 工程应用实战精解

张安鹏　王妍琴　主编

责任编辑　赵　京　胡　敏

*

北京航空航天大学出版社出版发行

北京市海淀区学院路 37 号(邮编 100191)　http://www.buaapress.com.cn
发行部电话:(010)82317024　传真:(010)82328026
读者信箱:bhpress@263.net　邮购电话:(010)82316936
涿州市新华印刷有限公司印装　各地书店经销

*

开本:710×1 000　1/16　印张:30.25　字数:645 千字
2013 年 1 月第 1 版　2013 年 1 月第 1 次印刷　印数:4 000 册
ISBN 978 - 7 - 5124 - 0953 - 8　定价:65.00 元(含 1 张 DVD 光盘)

前　言

◇ **编写目的**

　　UG NX(原名：Unigraphics)是一个由西门子 UGS PLM 软件开发的，集 CAD/CAE/CAM 于一体的产品生命周期管理软件。UG NX 支持产品开发的整个过程，包括从概念(CAID)，到设计(CAD)，到分析(CAE)，再到制造(CAM)的完整流程。

　　UG NX 软件不仅具有强大的实体造型、曲面造型、虚拟装配和产生工程图等设计功能，而且在设计过程中可进行有限元分析、机构运动分析、动力学分析和仿真模拟，从而大大提高了设计的可靠性。同时，可用建立的三维模型生成数控代码，直接用于产品的加工，其后处理程序支持多种类型数控机床。另外，它所提供的二次开发语言 UG/Open GRIP、UG/Open API 简单易学，实现功能多，便于用户开发专用 CAD 系统。

　　本书作者结合多年的实际设计经验，内容安排上采用由浅入深、循序渐进的方式，详细地介绍了 UG NX 软件在工业设计中的具体应用，并结合工程实践中的典型应用实例，详细讲解了工业设计的思路、设计流程及操作过程。

　　希望通过本书的学习，使读者能掌握工业设计的方法和思路，提高使用 UG NX 软件的设计水平。

◇ **内容概览**

　　本书每章内容的安排具有如下特点：首先，详细讲解基础命令的使用和各命令的具体功能；其次，通过针对简单实例的讲解使读者掌握基础命令的应用；再次，通过复杂实例使读者对本章所涉及的命令进行综合应用；最后，附有习题和练习题，使读者通过自己的实际练习掌握设计的方法和思路，提高设计水平。全书共包括 10 章，具体安排如下。

　　第 1 章为软件概述，主要内容包括 UG NX 系统简介、UG NX 8.0 常用模块、主要技术特点、参数化设计、表达式等。尽管本章内容简单,但却是读者熟练使用 UG NX 软件的基础。

第 2 章为操作基础,主要内容包括 UG NX 8.0 工作界面、布局操作、图层操作、基准特征、平面构造器等。尽管本章内容简单,但同样也是读者熟练应用 UG NX 软件的基础。

第 3 章为创建曲线,主要内容包括建立基本曲线、二次曲线、曲线操作、编辑曲线等,在讲解基础命令的同时,通过课堂练习实例,使读者更好地掌握 UG NX 中曲线创建的方法和操作技巧。

第 4 章为草图设计,主要内容包括创建草图平面、创建草图曲线、草图约束、草图操作等,在本章的最后通过几个典型零件草图实例的创建,使读者更好地掌握 UG NX 中草图设计的方法和操作技巧。

第 5 章为实体特征设计,主要内容包括体素特征、扫描特征、设计特征等,在本章的最后通过几个典型实例的设计,使读者更好地掌握 UG NX 中实体特征创建的方法和操作技巧。

第 6 章为特征操作,主要内容包括布尔操作、细节特征操作、关联复制特征、修剪特征、偏置/缩放特征等,在本章的最后通过镂空球、仪表盘等具体实例,使读者更好地掌握 UG NX 中特征操作的方法和操作技巧。

第 7 章为曲面操作,主要内容包括曲面创建概述、点构造曲面、曲线构造曲面、自由曲面等,在本章的最后通过五角星、刀柄曲面的具体创建实例,使读者更好地掌握 UG NX 中曲面设计、操作的方法和操作技巧。

第 8 章为装配建模,主要内容包括装配概述、自底向上装配、自顶向下装配、装配的其他功能等,在本章的最后通过壁挂风扇装配的典型实例,使读者更好地掌握 UG NX 中装配设计的方法和操作技巧。

第 9 章为工程图设计,主要内容包括工程图概述、制图预设置、创建视图、编辑视图、尺寸标注、工程符号、边框和标题栏、打印输出等,在本章的最后通过绘制工程图的典型实例,使读者更好地掌握 UG NX 中工程图设计的方法和操作技巧。

第 10 章为运动仿真,主要内容包括运动仿真的概述、连杆、运动副、力和扭矩、弹簧等的定义,在本章的最后通过五个运动仿真的实例使读者能更好地掌握运动仿真的要领、操作方法和技巧等。

◇ 特色说明

本书作者结合多年的实际设计经验,内容安排上采用由浅入深、循序渐进的方式,详细地介绍了 UG NX 软件在工业设计的具体应用,并结合工程实践中的典型应用实例,详细讲解工业设计的思路、设计流程及详细的操作过程。本书主要特色如下:

① 语言简洁易懂、层次清晰明了、步骤详细实用,对于无 UG NX 基础的初学者也适用。

② 案例经典丰富、技术含量高,具有很高的实用性,对工程实践有一定的指导作用。

③ 技巧提示实用方便,是作者多年实践经验的总结,使读者快速掌握 UG NX 软件的应用。

◇ 专家团队

本书由张安鹏、王妍琴编写。由于时间仓促、作者水平有限,对于书中存在的错漏之处恳请广大读者批评指正。

编　者
2012 年 10 月

目　　录

1

第1章　UG NX 8.0 概述

本章导读

　　本章主要介绍 UG NX 8.0 的基本操作,通过 4 节内容分别介绍 UG NX 8.0 软件的工作界面、设计环境设置和产品设计等。对于初学者而言,最好能够熟练掌握本章内容。对于熟悉 UG NX 以前版本的读者,可以通过本章快速了解 UG NX 8.0 版本与以前版本的差别,以便快速熟悉 UG NX 8.0 的基本操作。

　　希望读者能够了解 UG NX 8.0 软件的基本功能和简单的常用操作,为以后的学习奠定良好的基础。

1.1　UG NX 系统简介

　　UG NX 是一种交互式计算机辅助设计、计算机辅助制造和计算机辅助工程(CAD/ CAM/CAE)系统,由美国 EDS 公司提供。

　　UG NX 基于 Windows 平台,功能覆盖了从概念设计到产品设计的整个生产过程,广泛应用于航空、汽车、造船、通用机械等领域。它提供了强大的实体建模技术和高效的曲面构建能力,能够完成最复杂的造型设计。自 UG NX 软件 1990 年被引入中国以来,在国内得到了越来越广泛的应用,现已成为我国工业界使用最为广泛的大型 CAD/CAM/CAE 软件之一。

1.2　UG NX 8.0 常用模块

　　UG NX 8.0 是通用的 CAD/CAM/CAE 一体化软件,该软件主要包括以下一些常用的应用模块:

- · NX 建模模块;
- · NX 钣金模块;
- · NX 外观造型设计模块;
- · NX 工程图模块;
- · NX 高级仿真模块;
- · NX 运动仿真模块;

- NX 加工板块；
- NX 航空钣金模块；
- NX 电气管线布置模块；
- NX 机械管线布置模块；
- 逻辑管线布置模块；
- 船舶设计模块；
- 注塑模向导模块；
- 级进模向导模块；
- 电极设计模块。

1.3　UG NX 8.0 的主要技术特点

UG NX 软件的主要特点是：提供一个虚拟的产品开发环境，使产品开发从设计到真正加工实现数据的无缝集成，从而优化了企业的产品设计与制造，实现了知识驱动和利用知识库进行建模，同时能自上而下地设计子系统和接口，实现完整的系统库建模。该软件主要具有以下特点。

① 产品集成开发环境。UG NX 8.0 是集成的 CAD/CAM/CAE 一体化软件，面向产品全生命周期而进行，涵盖产品的概念设计、详细设计、装配、生成工程图、运动分析和数控加工等方面。

② 参数化设计。针对产品级和系统级进行设计，通过应用主模型的方法，使设计、装配、分析、加工等所有的应用模块之间建立对应的关联。

③ 并行工程。利用 Internet 技术，在设计过程中，不同的设计人员可以同时进行不同的设计工作，每个设计人员可以随时获得整个产品的最新信息，以便调整个人设计来满足整个产品的开发需求，也可以通过网络接口方便地将自己的设计传输到其他设计人员手中。

1.4　参数化设计概述

随着计算机技术的发展，工程人员设计的手段从传统的手工图板制图逐渐向计算机辅助设计方向发展。计算机辅助设计是当代十项最杰出的工程技术之一，CAD技术的发展已经历了二维绘图阶段、通用机图形处理阶段、微机工作站三个阶段。

在 CAD 技术发展的第三阶段（20 世纪 80 年代初期）出现了变量化设计技术和参数化设计技术。变量化设计（Variational Design）一词是美国麻省理工学院 Gossard 教授于 1980 年提出的。Gossard 的倡导在当时的 CAD 界并未引起重视，直到1987 年底 Parametric Technology 公司推出以参数化、变量化、特征设计为基础的新一代实体造型软件 Pro/E 后，CAD 界才真正认识到参数化、变量化设计的巨大潜能。

之后,参数化和变量化设计引起国内外 CAD 软件界的极大关注,并成为 CAD 界的研究热点。

参数化设计(Parametric Design)也叫尺寸驱动(Dimension Driven),它不仅可使 CAD 系统具有交互式绘图功能,还具有自动绘图的功能。目前,它是 CAD 技术应用领域内的一个重要的且待进一步研究的课题。利用参数化设计手段开发的实用产品设计系统,可使设计人员从大量繁重而琐碎的绘图工作中解脱出来,从而大大提高设计速度,并减少信息的存储量。应用参数化设计系统进行机械产品设计,其系统操作与运行比较简单,并能将已有的某种机械产品设计的经验和知识继承下来。参数化设计的参数化模型的尺寸用对应关系表示,而不需要确定具体数值。改变一个参数值,将自动改变所有与它相关的尺寸,并遵循约束条件,这就是参数化模型。采用该模型将通过调整参数来修改和控制几何形状,自动实现产品的精确造型。

参数化设计与传统方法相比,最大的不同在于它存储了设计的整个过程,能设计出一族而不是单一的产品模型。传统的人机交互式绘图一般需要用精确的尺寸值来定义几何元素,输入的每一条线都必须有确定的位置,图形一旦建立,如想改变图形大小尺寸,即使结构相似,也必须对图形进行编辑。工程设计中,进行新产品设计时不可避免地需要多次反复修改,特别是对于结构定型的产品设计,需要针对用户的需求提供不同规格和尺寸的产品进行设计,以便形成系列。因此,希望有一种比交互式绘图更方便、更高效、更适合结构相似的图形绘制方法。参数化设计方法比较好地解决了这一问题,在实际工程设计中得到了非常广泛的应用。

自 20 世纪 80 年代以来,基于特征设计的方法已被公认为是解决产品开发与过程设计集成问题的有效手段。特征是具有工程含义的几何实体,它表达的产品模型兼含语义和形状两方面的信息,而特征语义包含设计和加工信息,它为设计者提供了符合人们思维的设计环境,设计人员不必关注组成特征的几何细节,而是用熟悉的工程术语阐述设计意图的方式来进行设计。因此,基于特征的设计越来越广泛地应用于参数化设计中。对于一个特征来说,其构成的几何图素之间的拓扑关系是不变的,特征形状的变化只能通过给特征指定不同的参数值来实现。这样对零件的修改就可以转化为对构成零件的特征参数值进行修改,而不用直接修改几何图素的位置,大大方便了零件的设计修改过程,提高了设计效率和准确性。

1.5　表达式

表达式是 UG NX 参数化建模的重要工具,表达式记录了设计过程中所有的特征参数,并以变量的形式出现,给变量赋予数值,其结构形式为:

变量名＝数值(一个数学语句或条件语句)

当模型的结构发生变化时,变量的数值也随之改变,反过来,当变量的参数发生变化时,模型也随之改变,因此,可以通过参数来控制产品的结构特征。

1.5.1 表达式的概念

UG 中的表达式有自己的语法,类似于 C 语言中的表达式的用法。表达式语言中常遇到的一些元素有:表达式名、运算符、运算符的优先顺序和相关性、UG 内部函数及条件表达式。

1. 表达式名

表达式名又称变量名,是由字母与数字组成的字符串,但第一个字符必须为字母,表达式名可含下划线"_",表达式名的长度必须限制在 132 个字符内,表达式中的字符不区分大小写,如"a"和"A"是同一个表达式名。

2. 算术表达式及运算符

算术表达式的形式如下:

$$p0 = 3, \quad p1 = p0 - 1, \quad p2 = p1 * 3, \quad p3 = p1^2$$

UG 运算符分为算术运算符、关系运算符和逻辑运算符三种,与其他计算机语言的概念相同。各运算符的优先级别及运算顺序如表 1-1 所列。在表 1-1 中,上一行的运算符优先级别高于下一行的运算符。

表 1-1　各运算符的优先级别及运算顺序

名　称	运算符	运算顺序	优先级
算术运算符	^	从右到左	高
	—(符号)、!	从右到左	
	*、/、%	从左到右	
	+、—	从左到右	
关系运算符	>、<、>=、<=	从左到右	
	==、! =	从左到右	
逻辑运算符	&&	从左到右	
	||	从右到左	低

3. 内部函数

在创建表达式时,常常会用到一些函数。在 UG NX 中提供的内部函数如表 1-2 所列。

表 1 - 2　UG 内部函数

内部函数	含　义	内部函数	含　义
abs	绝对值	exp	幂(以 e 为底)
asin	反正弦	log	自然对数
acos	反余弦	log10	对数(以 10 为底)
atan	反正切	sqrt	平方根
ceil	向上取整	pi	常数 π
floor	向下取整	deg	弧度转换为角度
sin	正弦	rad	角度转换为弧度
cos	余弦	fact	阶乘
tan	正切		

4. 条件表达式

条件表达式就是利用 if else 语法结构建立起来的表达式,其句法为:

$$VAR = if(exp1)(exp2)else(exp3)$$

语法中各项的含义如下。

VAR—变量名。

exp1—判断条件表达式。

exp2—当判断条件表达式为真时执行的表达式。

exp3—当判断条件表达式为假时执行的表达式。

例如,有一个条件表达式为:

$$width = if(length < 15)(10)else(11)$$

该条件表达式的含义是:如果 length 的值小于 15,则 width 的值为 10;如果 length 的值不小于 15,则 width 的值为 11。

1.5.2　创建表达式

在 UG 建模过程中,系统就会自动地建立表达式,而且其变量名字默认由一个小写字母 p 加上从 0 开始的阿拉伯数字组成。

除了系统自动生成一些表达式外,用户也可以自己来建立表达式。用户可通过选择下拉菜单命令和导入表达式文件的方法来手工创建或编辑所需的表达式。

1. 直接创建表达式

选择"工具"→"表达式"菜单项,弹出"表达式"对话框,如图 1 - 1 所示。在下部的"表达式编辑器"中的"名称"文本框中输入创建的表达式名,在"公式"文本框中输入参数值,然后为该参数选择相应的单位,单击"确定"按钮即可直接创建表达式。

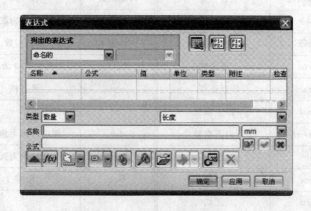

图 1-1 "表达式"对话框

2. 由数据文件导入表达式

单击"表达式"对话框的"从文件导入表达式"按钮囲,弹出如图 1-2 所示的"导入表达式文件"对话框,选中所需的表达式数据文件(扩展名为.exp 的文件),单击 OK 按钮即可将文件中的数据导入到表达式列表框内,以供后面设计使用。

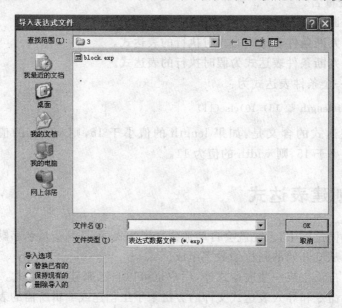

图 1-2 "导入表达式文件"对话框

1.5.3　编辑表达式

1. 修改表达式

在"表达式列表框"中选中需要修改的表达式,然后在"表达式编辑器"中的"公式"文本框内输入新的表达式,单击"接受编辑"按钮✅,则新的表达式就会出现在表达式列表框内。

2. 重命名表达式

在"表达式列表框"中选中需要重命名的表达式,然后在"表达式编辑器"中的"名称"文本框内输入新的表达式名,单击"接受编辑"按钮✅,则新的表达式就会出现在表达式列表框内。

3. 删除表达式

在"表达式列表框"中选中需要删除的表达式,然后单击"删除"按钮✖或按键盘上的 Delete 键,即可完成表达式的删除。

4. 利用 Excel 对表达式进行编辑

单击"表达式"对话框中的"用 Excel 编辑"按钮▦,调用 Excel 工作表,从中可以对表达式进行编辑,如图 1-3 所示。

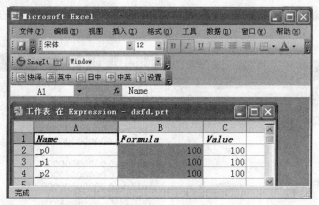

图 1-3　用 Excel 对表达式进行编辑

5. 调用内部函数

在表达式的"公式"文本框中输入函数时,单击"函数"按钮*f(x)*,在弹出的"插入函数"对话框中的"函数列表框"里选择需要的函数,单击"确定"按钮即可调用内部函

7

数,如图 1-4 所示。

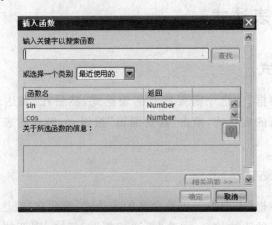

图 1-4 "插入函数"对话框

6. 链接表达式的建立

链接表达式的作用是建立部件与部件之间的关联,便于整个产品的数据管理。
链接表达式的表示方法一般为:

部件文件名::表达式名

在"表达式"对话框内单击"链接"按钮 ,弹出如图 1-5 所示的"选择部件"对话框,选中需要链接的部件或者单击"选择部件文件",单击"确定"按钮,就会弹出如图 1-6 所示的"创建部件间引用"对话框,罗列出该部件所有的表达式,选择需要的表达式,单击"确定"按钮,即可将该表达式所对应的特征与新部件的某个特征关联起来。

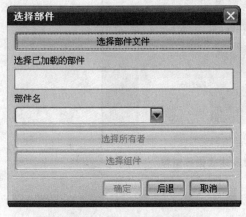

图 1-5 "选择部件"对话框

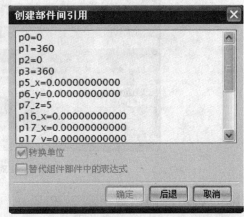

图 1-6 "创建部件间引用"对话框

1.5.4　表达式实例

下面我们来看一个由表达式控制的规律曲线的绘制过程。

① 进入建模环境，单击"工具"→"表达式"选项，系统弹出"表达式"对话框，如图 1-7 所示。

② 在"名称"处输入 t，在"公式"处输入 1，单击"接受编辑"按钮。按照以下公式逐一输入各个表达式，结果如图 1-7 所示。单击"确定"按钮，完成创建。

t＝0（或者 1）

a＝360 * t

b＝80

n＝30

r＝9 * cos(6 * a＋5)＋15

xt＝(b＋r * sin(a * n)) * sin(a)

yt＝(b＋r * sin(a * n)) * cos(a)

zt＝r * cos(a * n)

图 1-7　"表达式列表"对话框

③ 创建完表达式后，单击"插入"→"曲线"→"规律曲线"按钮，系统弹出"规律曲线"对话框，如图 1-8 所示。X，Y，Z 的规律类型都选择"根据方程"选项，单击"确定"按钮，效果如图 1-9 所示。

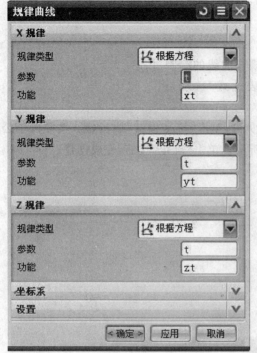

图 1-8 "规律曲线"对话框   图 1-9 "规律曲线"效果

课后练习

1. UG NX 主要的技术特点是什么？
2. 何谓参数化设计？
3. 参数化设计与传统设计有什么异同点？
4. 表达式在参数化设计中有何作用？

本章小结

　　本章主要介绍了 UG NX 8.0 系统、常用模块、主要技术特点以及参数化设计等内容。参数化设计是目前最流行的设计方法,相对于传统设计,其产品模型更加容易操作,便于设计者修改设计、更新产品,更利于系列化产品的设计。通过本章的学习,使读者对 UG NX 8.0 有一个大体的认识,并对参数化建模有全面的了解,以利于后续的学习。

第 2 章　操作基础

本章导读

用 UG NX 8.0 进行设计时,首先要对软件窗口的基本功能有所了解,如窗口的概况、命令操作、图层的创建和管理、基准特征的创建等。本章重点介绍设计操作的基础知识。

希望读者熟练掌握 UG NX 8.0 中基础操作命令的方法和使用技巧。

2.1　UG NX 8.0 工作界面

选择"开始"→"程序"→UG NX 8.0→NX 8.0 菜单项,启动 UG NX 8.0 后即出现如图 2-1 所示的界面。

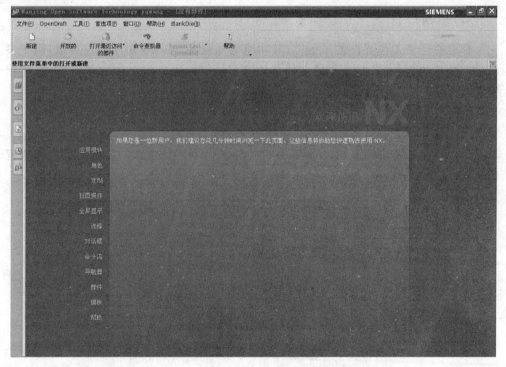

图 2-1　启动界面

启动 UG NX 8.0 后,用户界面如图 2-2 所示,主要由标题栏、绘图区域、菜单栏、工具条、资源条等部分组成。

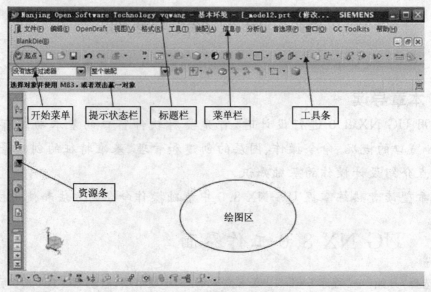

图 2-2　主界面

1. 标题栏

标题栏位于工作界面的最上方,其功能与其他 Windows 应用程序类似,用于显示当前软件的版本、正在操作的文件名称等。位于标题栏右上角的按钮 ▭◻✕ 用于实现 UG NX 窗口的最小化、最大化、关闭等操作。

2. 菜单栏

菜单栏位于窗口的上部,放置系统的主菜单。利用 UG NX 提供的菜单可执行 UG NX 的大部分命令,如图 2-3 所示。

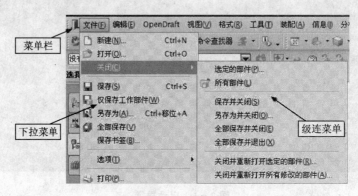

图 2-3　菜单栏

3. 常用的工具条

常用的工具条包括视图、编辑曲线、同步建模、水面舰艇、特征、装配、标准和曲线等工具条(如图 2-4 所示),将在后续的章节中进行详细介绍。

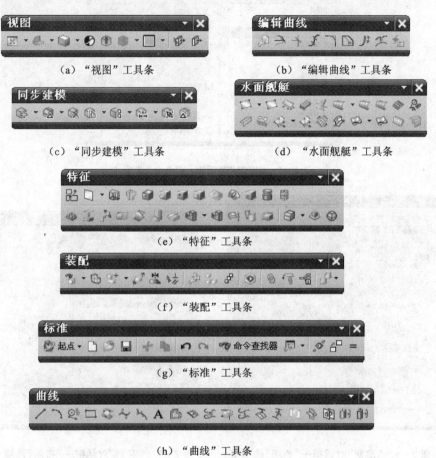

　　　　（a）"视图"工具条　　　　　　　　　　（b）"编辑曲线"工具条

　　　　（c）"同步建模"工具条　　　　　　　　（d）"水面舰艇"工具条

（e）"特征"工具条

（f）"装配"工具条

（g）"标准"工具条

（h）"曲线"工具条

图 2-4　常用的工具条

4. 个性化工具条

在工具条上右击,从弹出的"定制"对话框中选择"命令"选项卡,将需要显示的工具按住鼠标左键拖到工具条或菜单上,就可以将与个人设计有关的工具显示出来,或将无关的工具隐藏,还可通过"键盘"按钮重新设定快捷键,如图 2-5 所示。

同样,也可以通过"选项"选项卡设定提示、工具条图标的大小、菜单图标的大小等,如图 2-6 所示。在"布局"选项卡中设定窗体布局,提示/状态栏的位置等,如图 2-7 所示。在"角色"选项卡中重新定义工具属性,如图 2-8 所示。

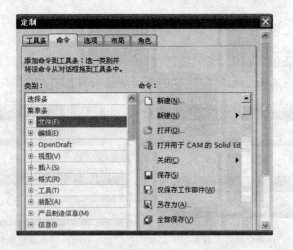

图 2-5　"定制"对话框—"命令"选项卡

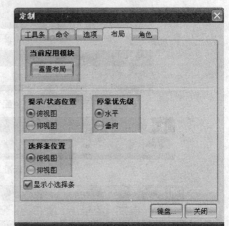

图 2-6　"定制"对话框—"选项"选项卡　　　图 2-7　"定制"对话框—"布局"选项卡

5. 显示/隐藏工具条

在工具条上右击,在弹出的快捷菜单中选择"定制"选项,弹出"定制"对话框。选择"工具条"选项卡,如图 2-9 所示,选中所需要显示的工具条前面的复选框,即可在操作界面上显示需要的工具条,取消选中状态即可隐藏相应工具条。

6. 资源管理器

资源管理器在设计过程中起着十分重要的辅助作用,能够详细地记录设计的全过程。设计过程所用的特征、特征操作、参数等都有详细的记录,包括装配导航器

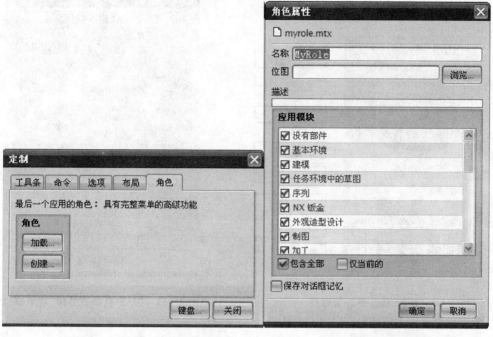

(a) "定制"对话框—"角色"选项卡　　　　　(b) "角色属性"对话框

图 2-8　"定制"对话框—"角色"选项卡和"角色属性"对话框

（Assembly Navigator）、部件导航器（Modeling Navigator）、浏览器（Internet Explorer）、培训（Training）、帮助（Help）、历史（History）、系统材料（System Material）等,如图 2-10 所示。单击资源管理器的某个图标将弹出该资源窗口。

　　在默认的情况下,资源管理器位于主界面的左侧,也可以将其设置为显示在主界面的右侧。选择"首选项"→"用户界面首选项"菜单项,弹出如图 2-11 所示的"用户界面首选项"对话框,选择"布局"选项卡,在"资源条"选项组中"显示资源条"选项下拉列表框中选择"在右侧"选项,然后单击"确定"或"应用"按钮,则资源条就会位于主界面右侧显示。

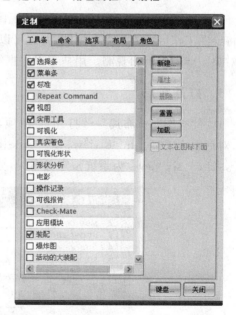

图 2-9　"定制"对话框—"工具条"选项卡

图 2-10 资源管理器

图 2-11 "用户界面首选项"对话框

2.2 布局操作

UG 的视图布局功能主要用于控制视图布局的状态和各视图的显示角度。用户可将绘图工作区设置为多个视图,并且可以任意切换视图的显示,以方便自己进行实体对象细节的编辑和观测。用户可以根据需要进行打开、创建或删除布局等操作。

1. 打开布局

选择"视图"→"布局"→"打开"菜单项,弹出如图 2-12 所示的"打开布局"对话框,对话框中 L1 - single view、L2 - side by side、L3 - upper and lower、L4 - four views、L6 - six views 为系统预定义布局,分别对应图 2-13 的 5 种布局状态。

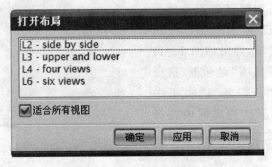

图 2-12 "打开布局"对话框

（a）L1-single view　　　　（b）L2-side by side　　　　（c）L3-upper and lower

（d）L4-four views　　　　　　　　　　（e）L6-six views

图 2 - 13　系统预定义布局

2. 自定义布局

用户可以根据需要建立自定义布局,具体操作步骤如下所述。

① 选择"视图"→"布局"→"新建"菜单项,弹出如图 2 - 14 所示的"新建布局"对话框。

② 在"名称"文本框里输入新建布局的名称,在"布置"下拉列表框中选择布置格式。系统提供了 6 种布置格式,每种布置格式都是由一组默认视图组成。"新建布局"对话框下部的 9 个按钮可选或不可选,是根据布置格式而定的。

③ 用户可以根据需要,改变各个视图的布置格式,单击对话框下部的某个可选按钮,则该按钮变为选中状态,然后在列表框中选择按钮所在位置的视图的形式即可。视图共有 8 种形式,分别为 TOP(俯视图)、

图 2 - 14　"新建布局"对话框

FRONT(前视图)、RIGHT(右视图)、BACK(后视图)、BOTTOM(仰视图)、LEFT(左视图)、TFR - ISO(正等侧视图)、TFR - TRI(正二侧视图)。

④ 保存布局。选择"视图"→"布局"→"保存"菜单项,即可将创建的布局保存。

⑤ 单击"确定"或"应用"按钮,完成布局创建工作,关闭对话框。

3. 删除布局

选择"视图"→"布局"→"删除"菜单项,弹出"删除布局"对话框,如图 2－15 所示,在列表框中选择需要删除的布局,然后单击"确定"按钮即完成删除工作。如要同时删除多个布局,则在选择时需按下 Shift 键同时选取多个布局。

图 2－15 "删除布局"对话框

2.3 图层操作

UG 软件提供了 256 个图层供用户使用,图层的应用对用户的绘图工作会有很大的帮助。用户可以设置图层的名称、分类、属性和状态等,还可以进行有关图层的一些编辑操作。

不同的用户对于图层的使用习惯不同,但同一设计单位要保证图层设置一致,UG NX 4.0 对前 80 层作了如下定义(也可不按照定义设置使用)。

① 1～20 层:实体(SOLIDS);

② 21～40 层:草图(SKETCHES);

③ 41～60 层:曲线(CURVES);

④ 61～80 层:基准(DATUMS)。

通过"格式"菜单项或通过如图 2－16 所示的"实用工具"工具条上的相关工具按钮来实现层的操作和管理。

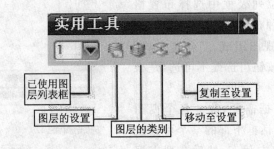

图 2－16 "实用工具"工具条

1. 自定义图层操作

自定义图层的操作步骤如下。

① 选择"格式"→"层的设置"菜单项或者单击"实用工具"工具条中的"图层设置"按钮 ，弹出"图层设置"对话框，如图 2-17 所示。

② 单击"添加类别"按钮，弹出"图层类别"对话框，如图 2-18(a)所示。

③ 在"类别"文本框中输入"solid"，单击"创建/编辑"按钮，弹出如图 2-18(b)所示的对话框。

④ 在"图层"下面的选项中，按住 Shift 键选中 1～20 层，然后单击"添加"按钮，则会显示 1～20 层为 Included 状态，单击"确定"按钮，回到"图层设置"对话框。

⑤ 按照类似的操作，设置草图、曲线、参考对象、片体和工程制图对象等层。

⑥ 设置完后，单击"图层设置"对话框的"信息"按钮，查看层的设置情况，如图 2-19 所示。

图 2-17　"图层设置"对话框

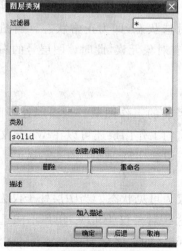

(a)　"图层类别"对话框

(b) 创建/编辑

图 2-18　"图层类别"对话框

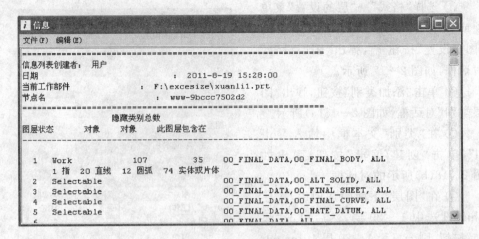

图 2-19　层设置信息

2. 工作图层

在一个部件的所有图层中,只有一个图层是当前工作层,所有的操作只能在工作层上进行。而其他层则可通过对它们的可见性、可选择性等的设置来操作。如图 2-20 所示的按钮可用来更改列表框中图层的显示状态。

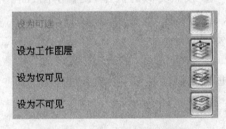

图 2-20　层的显示状态按钮

(1) 设为可选

该按钮用于将指定的图层属性设置为可选状态,即为正常状态。当图层处于可选状态时,系统允许用户选取该图层上的所有对象元素,此时该图层号的右边会出现 Selectable 的文字标记。

(2) 设为工作图层

该按钮用于将指定的图层属性设置为当前的工作图层。当图层处于此状态时,用户的所有操作都将在此图层中进行。当前的工作图层还可以在 Work 文本框中直接输入图层号进行设置。此时该图层号的右边会出现 Work 的文字标记。

(3) 设为仅可见

该选项用于将指定的图层属性设置成仅为可见状态。当图层处于仅为可见状态时,系统同样会显示该图层的所有对象,但这些对象仅为可见,用户不能选取和编辑这些对象。此时该图层号的右边会出现 Visible 的文字标记。

(4) 设为不可见

该按钮用于将指定的图层属性设置为不可见状态,即隐藏状态。当图层处于不可见状态时,系统会隐藏所有属于该图层的对象,不显示在绘图工作区中,也不能进

行选取。此时该图层号的右边没有任何文
字标记。

3. 图层操作

图层的操作步骤如下所述。

① 选择"格式"→"移动至图层"菜单项
或单击"实用工具"工具条中的"移动至图
层"按钮 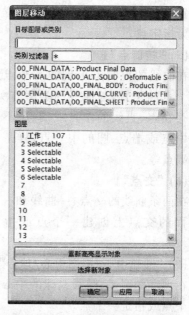。

② 选择需要移动的对象，单击"确定"
按钮，弹出"图层移动"对话框，如图 2 - 21
所示。

③ 在"目标图层或类别"文本框中输入
对象想要移动到的图层，也可在"图层"列
表框中选择要移动到的图层名称，单击"确
定"按钮，即可将对象移动到相应图层。

图 2 - 21　"图层移动"对话框

2.4　基准特征

基准特征是为了生成一些复杂特征而创建的一些辅助特征。在 UG NX 中，系
统提供了 6 类基准类型：点、点集、基准轴、基准平面、基准 CSYS（基准坐标系）和基
准平面栅格。

2.4.1　点

在 UG NX 的许多操作中，都涉及对象的目标点、参考点、中心点或端点等操作，
需要创建一个或一组点（前面的一些操作中，已经多次涉及）。

选择"插入"→"基准/点"→"点"菜单项或者单击"特征操作"工具条中"基准"→
"点"按钮 ┼，将会弹出"点"对话框，如图 2 - 22 所示。其中包括如下类型的点。

（1）"自动判断的点"
根据光标位置和选取对象来推断点的选择方式，涵盖了所有点的选择方式。

（2）"光标位置"
通过定位光标的位置创建一个点或指定一个点，该点在工作平面上。

（3）"现有点"┼
选择在某个已存在的点对象上创建一个点或指定一个点的位置。

（4）"终点"
在已存在的直线、圆弧、二次曲线以及其他曲线的端点创建一个点或指定一个点

的位置,在选择对象时,靠近选择位置的端点为指定点。

(5)"控制点"

在曲线的控制点上创建一个点或指定一个点的位置,与曲线的类型有关,可以是存在点、直线的中点或端点、不封闭弧的中点或端点、圆的中心点、样条的中点或端点等。

(6)"交点"

在两条曲线的交点、一曲线和一平面或曲面的交点上创建一个点或指定一个点。

(7)"圆弧中心/椭圆中心/球心"

在现存的圆弧、椭圆或球的中心点创建一个点或指定一个点。

(8)"圆弧/椭圆上的角度"

在沿着一个圆弧或一个椭圆指定角度位置上创建一个点或指定一个点。

(9)"象限点"

在圆弧或椭圆弧四分点处创建一个点或指定一个点,所选取的四分点是离选择位置最近的那个点。

(10)"点在曲线/边上"

在曲线或实体边缘创建一个点或指定一个点。

(11)"面上的点"

在平面或曲面上创建一个点或指定一个点。

图 2-22 "点"对话框

2.4.2　基准轴

在拉伸、回转和定位等操作过程中经常会用到辅助的基准轴线,来确定其他特征的生成位置。基准轴分为相对基准轴和固定基准轴两种。相对基准轴与模型中其他对象(如曲线、面或其他基准等)相关联,并受其关联对象的约束。固定基准轴则没有参考对象,即以工作坐标(WCS)产生,不受其他对象的约束。

选择"插入"→"基准/点"→"基准轴"菜单项或者单击"特征操作"工具条中"基准"下拉菜单的"基准轴"按钮,将会弹出"基准轴"对话框,如图2-23所示。

(1)"自动判断"

为下面8种形式的总和,系统根据操作的相似性自动判断操作者以何种方式创

建基准轴,模糊判断时,会提示操作者进行
选择。

(2)"点和方向"

通过一个点和一个矢量方向创建的基
准轴。

(3)"两点"

成选择任意两个点构成矢量,基准轴的
方向从第一点指向第二点。

(4)"曲线上矢量"

在曲线上的指定点建立沿曲线切线或
法线方向的基准轴。

(5)"交点"

图 2-23　"基准轴"对话框

选择相交的两个对象来定义轴,反向可通过"轴方位"选项组中的"反向"选项来
完成。

(6)"曲线面轴"

通过选择一个曲面或者曲面来创建轴,反向可通过"轴方位"选项组中的"反向"
选项来完成。

2.4.3　基准平面

基准平面是建模的辅助平面,基准平面分为相对基准平面和固定基准平面两种。
相对基准平面与模型中其他对象(如曲线、面或其他基准等)相关联,并受其关联对象
的约束。固定基准平面没有关联对象,即以工作坐标(WCS)产生,不受其他对象的
约束。

选择"插入"→"基准/点"→"基准平面"菜单项或者单击"特征操作"工具条中"基
准"下拉菜单的"基准平面"按钮,就会弹出"基准平面"对话框,如图 2-24 所示。

1.　相对基准平面的创建

(1)"点和方向"创建基准平面

在"基准平面"对话框上单击"点和方向"按钮,选择一点和一个矢量方向,即
可创建一个基准平面,点为基准平面上的点,矢量方向为基准平面的法线方向,如
图 2-25 所示。

(2)"曲线上"创建基准平面

在"基准平面"对话框的"类型"上单击"曲线上"按钮,在曲线上选择一点,在
"曲线上的位置"选项框,在"弧长"处输入弧长的值,再设定一下"曲线上的方位",可
以得到不同位置关系的基准平面,如图 2-26 所示。

自动判断	
按某一距离	
成一角度	
二等分	
曲线和点	
两直线	
相切	
通过对象	
点和方向	
曲线上	
YC-ZC 平面	
XC-ZC 平面	
XC-YC 平面	
视图平面	
按系数	

图 2-24 "基准平面"对话框

(3)"曲线和点"创建基准平面

在"基准平面"对话框的"类型"上单击"曲线和点"按钮，就可以创建一个通过该点并且垂直或相切于该曲线的一个基准平面，如图 2-27 所示。

(4)"两直线"创建基准平面

在"基准平面"对话框的"类型"上单击"两直线"按钮，分别选择两条直线，如果两天直线共面，就会创建一个通过这两条直线的基准面。如果两条直线不共面，就会创建一个通过第一条直线且垂直于第二条直线的一个基准平面，如图 2-28 所示。

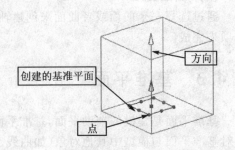

图 2-25 "点和方向"创建基准平面

(5)"成一角度"创建基准平面

在"基准平面"对话框的"类型"上单击"成一角度"按钮，选择一个平面，再选择一个旋转轴，根据旋转方向在"角度"选项框内输入旋转的角度，即可创建一个基准平面，如图 2-29 所示。

(6)"二等分"创建基准平面

在"基准平面"对话框的"类型"上单击"二等分"按钮，选择两平行平面，则就会在两平面中间创建一个与两平面平行且距离相等的基准平面，如图 2-30 所示。

(7)"通过对象"创建基准平面

在"基准平面"对话框的"类型"上单击"通过对象"按钮，这个方式很灵活，主要是通过对象的一个面、一条线，或者是线和面的组合来创建基准平面。

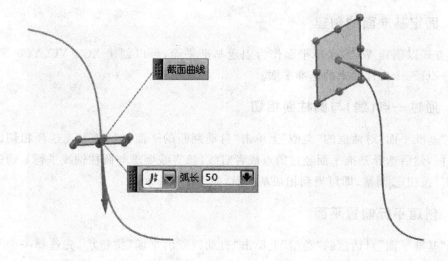

<table>
<tr><td>图 2 - 26　"曲线上"创建基准平面</td><td>图 2 - 27　"曲线和点"创建基准平面</td></tr>
</table>

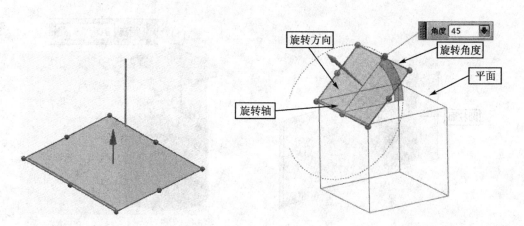

<table>
<tr><td>图 2 - 28　"两直线"创建基准平面</td><td>图 2 - 29　"成一角度"创建基准平面</td></tr>
</table>

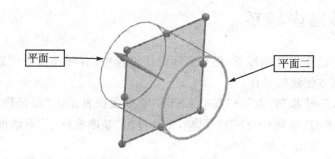

图 2 - 30　"二等分"创建基准平面

2. 固定基准面的创建

该方式以创建 WCS 坐标平面作为固定基准平面，可以创建 XC - YC、YC - ZC 和 XC - ZC 三个坐标面上的基准平面。

3. 通过一点(线)与圆柱面相切

在"基准平面"对话框的"类型"上单击"自动判断的平面"按钮，先选择相切的圆柱表面，然后选择基准平面经过的点或者直线(该直线要求与圆柱轴线平行)，通过"循环解"按钮调整，即可得到相切基准面，如图 2 - 31 所示。

4. 创建平行偏置平面

在"基准平面"对话框的"类型"上单击"自动判断的平面"按钮，先选择一个平面，然后在"偏置"参数栏中输入偏置的距离，即可得到偏置基准面，如图 2 - 32 所示。

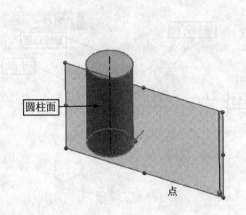

图 2 - 31 通过点创建相切基准面

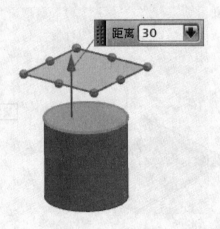

图 2 - 32 偏置基准面

2.4.4 基准坐标系

UG NX 中已有设计坐标系，但在实际设计过程中，有时还需要创建一些特殊的工作坐标系，以方便建模操作。

选择"插入"→"基准/点"→"基准 CSYS"菜单项或者单击"特征操作"工具条中"基准"下拉菜单的"基准 CSYS"选项，将会弹出"基准坐标系"对话框，如图 2 - 33 所示。

基准坐标系的创建共有 11 种方式。

(1) 原点、X 点、Y 点创建基准坐标系

通过原点、X 轴上的点、Y 轴上的点创建一个基准坐标系。

(2) 三平面创建基准坐标系

依次选择三个相互不平行的平面,即可创建一个基准坐标系。

(3) X 轴、Y 轴、原点创建基准坐标系

选择两条直线和一个点,作为 X 轴、Y 轴、原点,即可创建一个基准坐标系。

图 2-33 "基准坐标系"对话框

(4) 绝对 CSYS 创建基准坐标系

直接在系统坐标系的位置建立一个绝对坐标系。

(5) 当前视图的 CSYS

在当前显示窗口的中心建立一个基准坐标系。

(6) 自动判断

这是上述 5 种方式的总和,系统根据情况自动生成相应的基准坐标系。

(7) 偏置 CSYS

该功能是基于基准坐标而创建新坐标系的操作。

(8) 动态

该功能通过拖拽"操控器"来实现 CSYS 的创建。

(9) Z 轴、Y 轴、原点创建基准坐标系

选择两条直线和一个点,作为 Z 轴、Y 轴、原点,即可创建一个基准坐标系。

(10) Z 轴、X 轴、原点创建基准坐标系

选择两条直线和一个点,作为 Z 轴、X 轴、原点,即可创建一个基准坐标系。

(11) 平面、X 轴、点创建基准 CSYS

指定一个平面,选择一个 X 轴方向,再指定一下平面的放置点即可创建 CSYS。

2.5　UG NX 8.0 产品设计

在进行产品设计时,应该养成一种良好的产品设计习惯,这样才能节省设计时间,降低设计成本,提高产品的市场响应能力。在使用 NX 软件进行产品设计时,需要了解它的设计过程,在利用 NX 进行产品设计时一般遵循下面的规律。

2.5.1　产品设计的一般过程

1. 准备工作

① 阅读相关设计的文档资料，了解设计目标和设计资源。
② 搜集可以被重复使用的设计数据。
③ 定义关键参数和结构草图。
④ 了解产品装配结构的定义。
⑤ 编写设计细节说明书。
⑥ 建立文件目录，确定层次结构。
⑦ 将相关设计数据和设计说明书，存入相应的项目目录中。

2. UG 设计步骤

① 建立主要的产品装配结构。用 UG 自上而下的设计方法，建立产品装配结构树。如果有以前的设计可以沿用，则可以使用结构编辑器将其纳入产品装配树中。其他的一些标准零件，可以在设计阶段后期加入到装配中。因为大部分这类零件需要在主结构完成后才能定形、定位。

② 在装配设计的顶层定义产品设计的主要控制参数和主要设计结构描述（如草图、曲线和实体模型等）。这些模型数据将被下属零件所引用，以进行零件细节设计。同时这些数据也将用于最终产品的控制和修改。

③ 根据参数和结构描述数据，建立零件内部尺寸关联和部件间的特征关联。

④ 用户对不同的子部件和零件进行细节设计。

⑤ 在零件细节设计过程中，应该随时进行装配层上的检查，如装配干涉、重量和关键尺寸等。

此外，也可以在设计过程中，在装配顶层随时增加一些主体参数。然后再将其分配到各个子部件或零件设计中。

2.5.2　三维造型设计的步骤

1. 理解设计模型

此时用户应该了解主要的设计参数、关键的设计结构和设计约束等设计情况。

2. 主体结构造型

此时用户要找出模型的关键结构，如主要轮廓和关键定位孔等结构。关键结构的确定对于用户的造型过程会起到关键性作用。

对于复杂模型而言,模型的分解是造型的关键。如果一个结构不能直接用三维特征造型来完成,用户就需要找到该结构的某个二维轮廓特征,然后用拉伸、旋转或扫掠、曲面造型的方法来建立该模型。

UG 允许用户在一个实体设计上使用多个特征,这样以来就可以分别建立多个主结构,然后在设计后期将它们用布尔运算连接在一起。对于能够确定的设计模型,应该先造型,而那些不能确定的设计部分应该放在后期再进行造型。

在进行主体结构造型时,用户要注意设计基准的确定。设计基准通常将决定设计的思路,好的基准会有助于简化造型过程,并方便后期的设计修改。通常,大部分造型过程的开始都是从基准的设计开始的。

3. 零件相关设计

UG 允许用户在模型建立完成之后,再建立零件之间的参数关系。但更直接的方法是在造型中就直接引用相关参数。

对于比较复杂的造型特征,应该尽可能早地加以实现。如果用户能够预见一些造型特征可能会实现不了,应尽量将其放在前期加以解决。这样,可以尽早发现问题,并寻找替代方案。

4. 细节特征造型

细节特征造型一般放在造型的后期阶段,一般不要在造型早期阶段进行这些细节设计,因为这样会大大加长用户的设计周期。

课后练习

1. UG NX 图层共有多少个? 按照书上所述设置图层。
2. 叙述 UG NX 的设计步骤。

本章小结

本章主要介绍了 UG NX 8.0 的工作界面,布局操作,图层操作,基准特征,点、矢量、平面构造器等内容。通过本章的学习,使读者应对于 UG NX 8.0 的操作环境有一个总体的认识,以便进行后续的学习。

第3章 创建曲线

本章导读

在 UG NX 软件中,曲线功能在建模中应用得非常广泛。如建立实体截面的轮廓线,通过拉伸、旋转等操作构造三维实体或薄壳特征;也可以用曲线创建曲面进行复杂实体造型;在特征建模过程中,曲线也常用作建模的辅助线;另外,建立的曲线还可添加到草图中进行参数化设计。本章主要介绍曲线的创建、编辑等操作。

希望读者熟练掌握 UG NX 中创建曲线的方法和使用技巧。

曲线功能主要包含了曲线的生成、编辑和操作方法。可以选择"插入"→"曲线"下拉菜单中的菜单项或单击"曲线"工具条上的工具按钮来实现,"曲线"工具条如图 3-1 所示。工具条分成两排:上面一排为"简单曲线功能",包括直线、圆弧、样条曲线、文本等;下面一排为"相对复杂的曲线功能",包括椭圆、抛物线、双开线偏置、样条、投影曲线等。

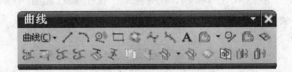

图 3-1 "曲线"工具条

3.1 基本曲线

3.1.1 基本曲线

单击"曲线"工具条的"基本曲线"按钮，弹出"基本曲线"对话框,如图 3-2 所示。基本曲线包括下述几种。

1. 直 线

直线的创建方式可以选"无界"或者"有界"。"起始点"与"终止点"的选择可以通

30

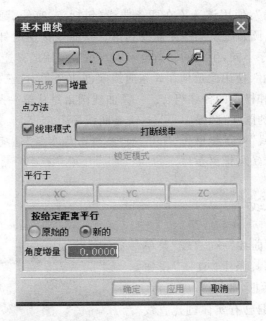

图 3 - 2　"基本曲线"对话框

过"点方法"来选择,也可以通过"跟踪条"来选择"起点"和"终点"。具体的方法是:通过 Tab 键输入"起始"坐标,按回车键,再输入"终点"的坐标。需要注意的是,基本曲线默认的都是 X - Y 平面。如果想在别的平面创建曲线,则可以通过调整 WCS 来实现。

2. 圆　弧

圆弧的创建方式有两种,"起点,终点,圆弧上的点"和"中心点,起点,终点",创建的时候可以通过"点方法"来选取点,也可以通过"跟踪条"来输入坐标值。在选取点的时候,注意"点方法"的切换。

3. 圆

圆的创建方式只用一种,先选取"圆心",然后选取轮廓的点。当创建完一个圆之后,如果勾选了"多个位置",则会以创建的圆的半径为半径,随光标的位置创建多个圆。

4. 圆　角

圆角的创建方式有 3 种,"简单圆角"、"2 曲线圆角"和"3 曲线圆角"。下面分别来说明圆角的创建过程。

①"简单圆角":在两条共面非平行直线之间创建圆角。具体的创建方法是指定一个点就选择两条直线,必须在选择球包含这两条线时单击,选择球的中心指定的圆弧中心。选完直线后,注意单击鼠标确定圆心的大致放置位置,以下相同。

② "2 曲线圆角"：使用该选项在两条曲线（包括点、直线、圆、二次曲线或样条）之间构造一个圆角，圆角是从第一条曲线到第二条曲线按逆时针方向生成的相切圆弧。选择曲线的顺序不同，生成的圆角也不同。一般采用的是逆时针选取。

③ "3 曲线圆角"：使用此选项在 3 条曲线间创建圆角，这三条曲线可以是点、直线、圆弧、二次曲线和样条的任意组合。三条曲线圆角是从第一条曲线到第三条曲线按逆时针方向生成的圆弧，圆弧中心与这三条曲线等距。

提示："基本曲线"对话框中的"修剪"和"编辑曲线参数"选项与"编辑曲线"中的相应选项相同，在曲线编辑中介绍。

3.1.2 直 线

选择"插入"→"曲线"→"直线"菜单项或单击"曲线"工具条上"直线"按钮，弹出"直线"对话框，如图 3-3 所示。该方式主要用于根据已有实体创建直线的场合。

1. 起点选项

起点约束有 3 种：自动判断、点和圆的切线（根据直线位置由系统自动确定），如图 3-4 所示。

2. 结束点约束

结束点约束共有 8 种，如图 3-5 所示。

图 3-3 "直线"对话框

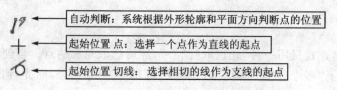

自动判断：系统根据外形轮廓和平面方向判断点的位置

起始位置 点：选择一个点作为直线的起点

起始位置 切线：选择相切的线作为支线的起点

图 3-4 起点约束

3. 支持平面约束

支持平面约束共有 3 种方式，如图 3-6 所示。

4. 极 限

通过输入数值或选择对象来限制直线长度。以下为直线的几种创建方式。

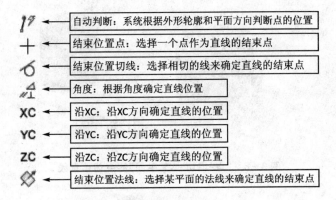

图 3-5　结束点约束

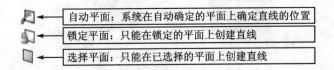

图 3-6　支持平面约束

① 起点利用"自动判断" 的方式选择长方体的一个顶点（远离圆柱体的那个顶点），在"结束点约束"中选择"结束位置=切线"选项 ，选择圆柱体端面的边缘，然后在"限制 2"中输入该直线的长度，效果如图 3-7 所示。单击"确定"按钮，完成直线绘制。

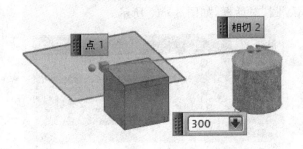

图 3-7　"点-相切-限制"约束创建直线

② 起点利用"自动判断" 的方式选择长方体的一个顶点，在"结束点约束"中选择"结束位置=切线"选项 ，选择圆柱体端面的边缘，然后在"支持平面"中输选择"选择平面"为 X-Y，效果如图 3-8 所示。单击"确定"按钮，完成直线绘制。

③ 起点利用"起始位置=切线" 的方式选择圆柱体端面的边缘，然后在"结束点约束"中选择"角度"选项 ，点选长方体的一个边缘，在"角度"参数栏中输入角度值，在"放置平面约束"中选择"设置为 XY 平面"选项 ，效果如图 3-9 所示。单击"确定"按钮，完成直线绘制。

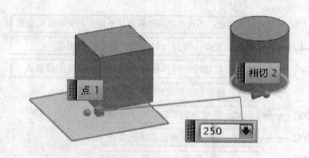

图 3-8　"点-相切-XY 平面"约束创建直线

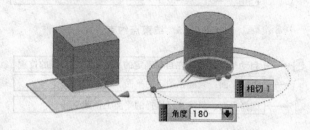

图 3-9　"相切-角度-XY 平面-限制"约束创建直线

3.1.3　圆弧/圆

选择"插入"→"曲线"→"圆弧/圆"菜单项或单击"曲线"工具条上"圆弧/圆"按钮
，将会弹出"圆弧/圆"对话框，如图 3-10 所示。

图 3-10　"圆弧/圆"对话框

生成的圆弧有 2 种类型："3 点圆弧"和"基于中心的圆弧/圆"。

1. 3 点圆弧

单击"圆弧/圆"对话框"类型"区域中的"3 点圆弧"按钮，可通过 3 个点确定一条圆弧。有两种方法，"起点、端点和半径确定圆弧"（如图 3-11(a)所示）和"起点、端点和圆弧上某一点确定圆弧"（如图 3-11(b)所示）。

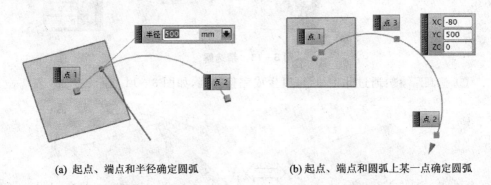

(a) 起点、端点和半径确定圆弧　　(b) 起点、端点和圆弧上某一点确定圆弧

图 3-11　三点画圆弧

2. 基于圆心的圆/弧圆

通过中心点和圆弧起点确定一条圆弧。单击"圆弧/圆"对话框"类型"区域中的"基于中心的圆弧"按钮，选取中心点或在鼠标跟随"坐标"对话框输入"原点坐标"，输入"半径"，然后在"限制"文本框内输入圆弧长度，单击"确定"按钮即可完成圆弧的创建，如图 3-12 所示。

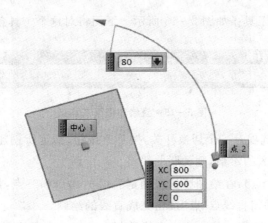

图 3-12　基于中心的圆弧

① 补弧按钮：可根据需要单击该按钮，切换生成的圆弧，如图 3-13 所示。

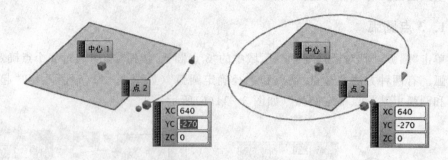

图 3-13　精选解

② 整圆 ▢整圆:通过此按钮,可以生成完整的圆,如图 3-14 所示。

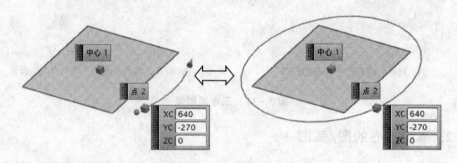

图 3-14　整圆画法

3.1.4　"直线和圆弧"工具条

"直线和圆弧"工具条如图 3-15 所示。下面将对这个工具条进行详细的讲述。

图 3-15　直线和圆弧工具条

①　关联:此选项是一个切换开关,按下此按钮,指定所创建的曲线是一个关联特征。如果更改输入的参数,则关联曲线将自动更新。

②　直线(点-点):在绘图区依次确定直线的起点和终点,最后单击"直线(点-点)"对话框中的"关闭直线点-点"按钮完成直线的绘制。

③　直线(点-平行):依次确定直线的起点和一条参考线,然后移动光标在适当的位置单击即可绘制与参考线平行的直线,最后关闭"直线(点-平行)"对话框。

④　直线(点-XYZ):用于创建平行于 X 轴、Y 轴或 Z 轴的直线。

⑤ ✗ 直线（点-垂直）：用于创建垂直于另外一条直线的直线。

⑥ ◠ 直线（点-相切）和 ◔ 直线（相切-相切）：用于绘制与圆相切的直线。

⑦ ✿ 无界直线：用于绘制无限延伸的直线。

⑧ ◈ 点线垂直和 ◈ 线点垂直：用于创建点垂直于线或者线垂直于点的直线。

⑨ ◥ 圆弧（点-点-点）：使用 3 点约束创建圆弧。

⑩ ◥ 圆弧（点-点-相切）：使用起点和终点约束、相切约束来创建圆弧。

⑪ ◥ 圆弧（相切-相切-相切）：创建与其他 3 条圆弧有相切约束的圆弧。先选择与圆弧起点和终点相切的曲线,再选择与圆弧中点相切的曲线。

⑫ ◪ 圆弧（相切-相切-半径）：使用相切约束并指定半径值创建与两曲线相切的圆弧。

⑬ ◉ 圆（点-点-点）：此选项使用 3 点约束创建一个完整的圆。

⑭ ◉ 圆（点-点-相切）：使用起点和终止点约束和相切约束创建完整的圆。

⑮ ◉ 圆（相切-相切-相切）：此选项创建一个与 3 条曲线有相切约束的完整的圆。

⑯ ◗ 圆（相切-相切-半径）：使用起点和终止约束并指定半径约束创建一个完整的圆。

⑰ ◎ 圆（中心-点）：使用中心和起点约束创建基于中心的圆。

⑱ ◎ 圆（中心-半径）：使用中心和半径约束创建基于中心的圆。

⑲ ◎ 圆（中心-相切）：使用中心和相切约束创建基于中心的圆。

3.1.5　样条曲线

1. 样　条

样条曲线就是通过多项式曲线和所设定的点来拟合曲线,可以构造复杂曲率的曲线,是 UG NX 曲线功能中应用最广的一个功能。

选择"插入"→"曲线"→"样条"菜单项或单击"曲线"工具条上的"样条"按钮 ～,将会弹出如图 3-16 所示的"样条"对话框。该对话框提供了 4 种创建方式,下面介绍常用的两种方式。

图 3-16　"样条"对话框

（1）根据极点

该方式是根据设定的极点,然后由这

些极点生成的样条曲线,其创建过程如下。

① 选择"插入"→"曲线"→"样条"菜单项或单击"曲线"工具条上的"样条"按钮 〜,在弹出的"样条"对话框中单击"根据极点"按钮 [根据极点],将会弹出如图 3-17 所示的"根据极点生成样条"对话框。

② 接受系统默认,单击"确定"按钮,将会弹出"点构造器"对话框,然后在工作区中定义 5 个点,如图 3-18 所示。

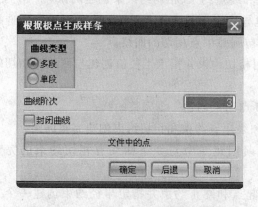

图 3-17 "根据极点生成样条"对话框   图 3-18   定义极点

③ 单击"确定"按钮,将会弹出"指定点"对话框,让用户确认所指定的点,如图 3-19 所示。

④ 单击"是"按钮,系统即可由设定的极点创建一条样条曲线,如图 3-20 所示。

图 3-19   "指定点"对话框   图 3-20   根据极点创建样条曲线

(2) 通过点

该方式创建过程如下。

① 选择"插入"→"曲线"→"样条"菜单项或单击"曲线"工具条上的"样条"按钮 〜,在弹出的对话框中单击"通过点"按钮 [通过点],会弹出"通过点生成样条"对话框,如图 3-21 所示。

② "曲线阶次"文本框接受系统默认的 3 次,单击"确定"按钮。

③ 在弹出的"样条"对话框中单击"点构造器"按钮,如图 3-22 所示。

图 3-21　"通过点生成样条"对话框　　　图 3-22　"样条"对话框

④ 然后在绘图区内选择 6 个点,如图 3-23(a)所示。

⑤ 单击"确定"按钮,接受默认设置,单击"确定"按钮,就可得到如图 3-23(b)所示的样条曲线。

(a) 创建点集　　　　　　　　　　　(b) 拟合成样条

图 3-23　通过点创建样条

2. 艺术样条

"艺术样条"命令是一种快速创建样条曲线的方式。

单击"曲线"工具条中的"艺术样条"按钮,打开"艺术样条"对话框,如图 3-24所示。在此对话框中无需做任何设置,直接在操作区中单击即可创建样条曲线,如图 3-25 所示。艺术样条的创建也有两种方式,即"通过点"和"根据极点",其方法与"样条"大致类似,在这不一一赘述。

图 3-24　"艺术样条"对话框

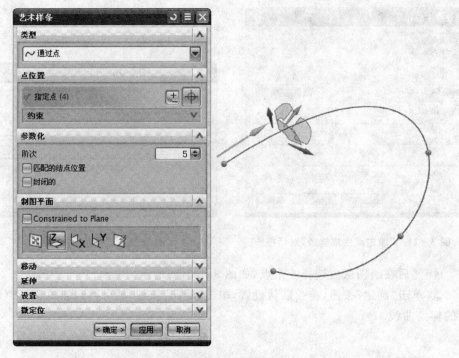

图 3 - 25　通过点创建艺术样条

3．拟合样条

"拟合样条"功能的重要作用是可以根据一条样条曲线创建出另外一条样条曲线。

单击"曲线"工具条中的"拟合样条"按钮,弹出"拟合样条"对话框,如图 3 - 26 所示,然后单击选取操作区中绘制好的曲线,在曲线的不同位置上连续单击生成样条曲线的定义点,最后拖动定义点即可生成新的样条曲线,如图 3 - 27 所示。

图 3 - 26　"拟合样条"对话框

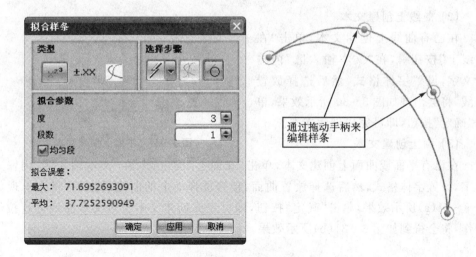

通过拖动手柄来
编辑样条

图 3 - 27　拟合样条的编辑

3.1.6　文　本

在产品设计中,经常会遇到刻字问题,UG NX 8.0 可轻松解决它。操作过程如下。

① 选择"插入"→"曲线"→"文本"菜单项或单击"曲线"工具条上的"文本"按钮**A**,将会弹出如图 3 - 28 所示的"文本"对话框。

② 在"文本属性"文本框中输入文字,然后设置字体格式,选择放置位置,调整文字的大小。设置完成后将会在放置点上创建"基本坐标系",可通过拖动 ━━、✦ 按钮进行调整。

③ 单击"确定"按钮,即可创建文本。

文本的创建有 3 种类型:平面的、曲线上和面上。

(1) 平面上创建文本

就是在 XC - YC 平面上创建文本,单击"平面的"按钮 ▨,该方式为系统默认形式,

图 3 - 28　"文本"对话框

在"文本输入区"内输入文字,设置字体格式,然后通过"点构造器"选择文字放置点,将会出现如图 3 - 29 所示效果,单击"确定"按钮,即可完成创建文本。

（2）曲线上创建文本

在已有曲线上创建文本，单击"在曲线上"按钮 ⟨，在"文本输入区"内输入文字，设置字体格式，然后选择放置曲线，将会出现如图 3－30 所示效果，单击"确定"按钮，即可完成创建文本。

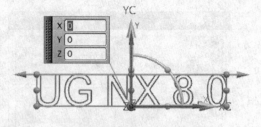

图 3－29　平面上创建文本

（3）面上创建文本

在已有平面或曲面上创建文本，单击"在面上"按钮 ⟨，在"文本输入区"内输入文字，设置字体格式，然后选择放置曲面，接着选择面上的曲线或剖面，将会出现如图 3－31(a)所示效果，单击"确定"按钮，即可完成创建文本。对文本曲线进行拉伸操作，将会得到如图 3－31(b)所示效果。

图 3－30　曲线上创建文本

(a) 效果图　　　　　　　　　　　　　　(b) 拉伸后

图 3－31　面上创建文本

3.1.7　矩　形

通过矩形对角点在空间创建矩形，操作过程如下。通过"插入"→"曲线"→"矩形"菜单项或单击"曲线"工具条上的"矩形"按钮 ☐，将会弹出"点构造器"对话框，利用点构造器，创建空间 2 个点，即可创建一个矩形，这两个点为矩形的对角点。

3.1.8　多边形

用于创建正多边形。其操作步骤如下。

① 选择"插入"→"曲线"→"多边形"菜单项或单击"曲线"工具条上的"多边形"按钮⊙,弹出如图 3 – 32 所示的"多边形"对话框。

② 在"边数"文本框中输入数量。

③ 单击"确定"按钮,弹出如图 3 – 33 所示的"多边形"对话框,用于确定多边形生成方式。

图 3 – 32　"多边形"对话框一

图 3 – 33　"多边形"对话框二

④ 在该"多边形"对话框中选择创建多边形的方式,选择放置点,可通过点构造器来实现,单击"确定"按钮即可完成多边形的创建。多边形的生成方式包括如下 3 种。

* "内切圆半径":各参数如图 3 – 34 所示。
* "多边形边数":就是根据多边形的边长和方位角来确定多边形,如图 3 – 35 所示。
* "外接圆半径":各参数如图 3 – 36 所示。

图 3 – 34　内切圆半径方式

图 3 – 35　多边形边数方式

图 3 – 36　外接圆半径方式

3.2　二次曲线

3.2.1　椭　圆

椭圆是圆的一种特殊形式。操作步骤如下。

① 选择"插入"→"曲线"→"椭圆"菜单项或单击"曲线"工具条上的"椭圆"按钮✕，弹出"点构造器"对话框。

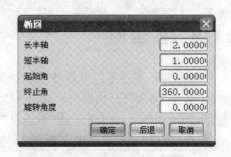

② 根据点构造器选择中心点位置后，将会弹出如图3-37所示的"椭圆"对话框。

③ 其参数如图3-38所示，在相应的文本框内输入参数，即可创建一个椭圆。

图3-37 "椭圆"对话框

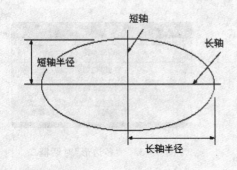

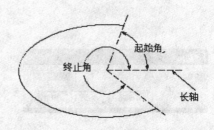

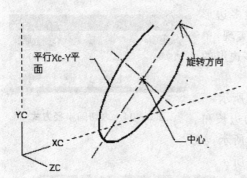

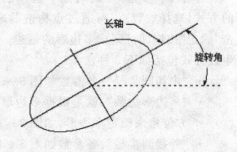

图3-38 椭圆参数示意图

3.2.2 抛物线

抛物线操作步骤如下。

① 选择"插入"→"曲线"→"抛物线"菜单项或单击"曲线"工具条上的"抛物线"按钮✕，首先弹出"点构造器"对话框。

② 根据点构造器选择中心点位置后，将会弹出如图3-39所示的"抛物线"对话框。

③ 其参数如图3-40所示，在相应的文本框内输入参数，即可创建一条抛物线。

图 3-39　"抛物线"对话框

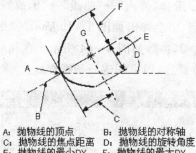

A：抛物线的顶点　　　　　B：抛物线的对称轴
C：抛物线的焦点距离　　　D：抛物线的旋转角度
E：抛物线的最小DY　　　　F：抛物线的最大DY
G：抛物线的焦点

图 3-40　抛物线参数示意图

3.2.3　双曲线

双曲线操作步骤如下。

① 选择"插入"→"曲线"→"双曲线"菜单项或单击"曲线"工具条上的"双曲线"按钮，首先弹出"点构造器"对话框。

② 根据点构造器选择中心点位置后，将会弹出如图 3-41 所示的"双曲线"对话框。

③ 其参数如图 3-42 所示，在相应的文本框内输入参数，即可创建一条双曲线。

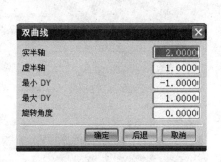

图 3-41　"双曲线"对话框

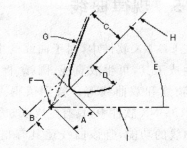

A：双曲线的半横轴长　　　B：双曲线的半共扼值
C：双曲线的最大DY　　　　D：双曲线的最小DY
E：双曲线的旋转角度　　　F：双曲线的中心点
G：双曲线的渐近线　　　　H：双曲线的对称轴
I：XC轴

图 3-42　双曲线参数示意图

3.2.4　螺旋线

螺旋线操作步骤如下。

① 选择"插入"→"曲线"→"螺旋线"菜单项或单击"曲线"工具条上的"螺旋线"按钮，将会弹出如图 3-43 所示的"螺旋线"对话框。

② 其参数如图 3-44 所示。在相应的文本框内输入参数,根据点构造器选择中心点位置后,即可创建一条螺旋线。

图 3-43 "螺旋线"对话框

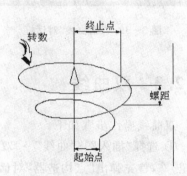

图 3-44 螺旋线参数示意图

3.2.5 规律曲线

在 UG NX 软件中,对于曲线的生成有多种生成工具,可生成直线、圆弧、椭圆、样条、抛物线和双曲线等。特别值得一提的是,在 UG NX 软件中,具有生成以方程式表达的曲线的功能,且该曲线还具有相关性,即如果方程式变化时,曲线也会跟着变化,这特别适合某些特定的需要,如凸轮的建模等。

选择"插入"→"曲线"→"规律曲线"菜单项或单击"曲线"工具条上的"规律曲线"按钮，将会弹出如图 3-45 所示的"规律曲线"对话框。共有 7 种类型的规律曲线,一般常用" 根据方程"方式创建所需要的复杂二次曲线。只要能够用方程来表示的

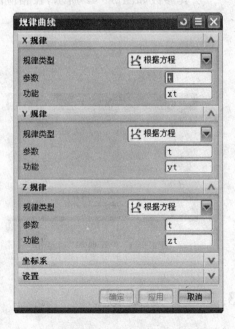

图 3-45 "规律曲线"对话框

曲线,都可用此方式创建。一般步骤是:将曲线方程转换为参数方程,根据参数方程创建表达式,由"规律函数"列表框中的"根据方程"选项,接受系统默认,即可创建一般方程曲线。

在 UG NX 软件中方程式曲线的建模步骤主要由两步构成:第一步是建立表达式,第二步是建立该方程式曲线。

3.2.6　课堂练习一:绘制 $y = x^2$ 曲线

具体操作步骤如下所述。

① 选择"工具"→"表达式"菜单项,输入变量 t=1,变量 t 是内部系统变量(t=0~1)。xt=t 建立变量 X 的表达式,定义了曲线绘制范围。yt=xt^2 建立变量 Y 的表达式,定义了曲线变化规律。

② 选择"插入"→"曲线"→"规律曲线"菜单项,在"X规律"的"规律类型"列表框选择"根据方程"按钮;在"Y 规律"的"规律类型"列表框选择"根据方程"按钮;在"Z 规律"的"规律类型"列表框单击"常数"按钮定义z 规律为常数,在文本框中输入 0,定义曲线绘制在 XY平面(Z=0)。

⑤ 单击"确定"按钮,即可创建 Y=X^2 曲线,曲线从 x=0 开始绘制,至 x=1 终止,如图 3-46 所示。

图 3-46　Y＝X^2 曲线

3.3　来自曲线集的曲线

3.3.1　偏置曲线

偏置曲线是指将曲线沿曲线的法向偏置一个距离,从而得到新的曲线,形状类似于原曲线,用于偏置由直线、圆弧、二次曲线、样条及边组成的线串。

选择"插入"→"来自曲线集的曲线"→"偏置"菜单项或单击"曲线"工具条"偏置曲线"按钮,选择需要偏置的曲线或实体面,弹出如图 3-47 所示的"偏置曲线"对话框。

"偏置曲线"有 4 种情况。

· 距离:表示输入一个距离值,在同一平面上产生一条等距离曲线。
· 拔模:表示输入拔模参数值,将会在偏置方向上产生相对的曲线。
· 规律控制:表示通过规律曲线偏置一条曲线。

· 3D 轴向:表示输入一个 3D 偏置值,在选定的方向上偏置一条曲线。

3.3.2 桥接曲线

桥接曲线是在两条曲线之间连接一段曲线的功能,使原先不连续的两条曲线能够光滑过渡,该曲线与两端的曲线可以控制连续条件、连接部位及方向。

选择"插入"→"来自曲线集的曲线"→"桥接曲线"菜单项或单击"曲线"工具条上的"桥接曲线"按钮 ,将会弹出如图 3-48 所示的"桥接曲线"对话框。

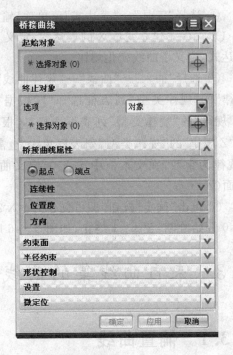

图 3-47 "偏置曲线"对话框   图 3-48 "桥接曲线"对话框

3.3.3 投影曲线

投影曲线是指将曲线投影到指定的面上,如曲面、平面或基准平面等,可以调整投影朝向指定的矢量、点或面的法向,或者与它们成一角度。投影的曲线在孔或面边缘处都要进行修剪,还可以自动连接输出的曲线。

选择"插入"→"来自曲线集的曲线"→"投影曲线"菜单项或单击"曲线"工具条上的"投影曲线"按钮 ,将会弹出如图 3-49 所示的"投影曲线"对话框。

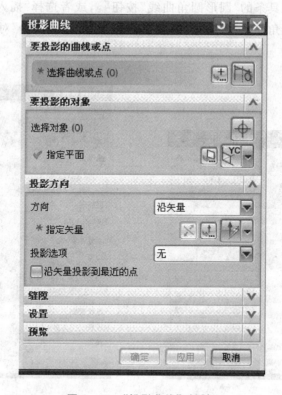

图 3-49 "投影曲线"对话框

3.3.4 面中的偏置曲线

使用"面中的偏置曲线"命令可以根据曲面上的相连边或曲线,在一个或多个面上创建偏置曲线。曲线是在曲面上创建的,并且对其进行测量要沿着垂直于原始曲线的截面进行。

单击"曲线"工具条上的"面中的偏置曲线"按钮 ⬡,或者选择"插入"→"来自曲线集的曲线"→"面中的偏置曲线"菜单项,系统就会弹出"面中的偏置曲线"对话框,如图 3-50 所示。

3.3.5 圆形圆角曲线

使用"圆形圆角曲线"命令可以在两条 3D 曲线或边链之间创建光滑的圆角曲线特征。生成的 3D 曲线与两条输入曲线相切,并且它在投影到垂直与选定矢量方向的平面上时显示为圆弧。如果要定义特定视图中两条边或曲线之间的圆角半径,则此命令非常有用。

单击"曲线"工具条的"圆形圆角曲线"按钮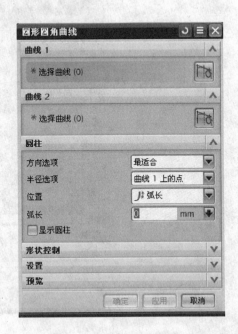,或者选择"插入"→"来自曲线集的曲线"→"圆形圆角曲线"菜单项,系统会弹出"圆形圆角曲线"对话框,如图 3 - 51 所示。

图 3 - 50　"面中的偏置曲线"对话框

图 3 - 51　"圆形圆角曲线"对话框

3.3.6　简化曲线

使用此功能将曲线串通过最佳拟合转换成直线和圆弧组成的线串。

单击"曲线"工具条上的"简化曲线"按钮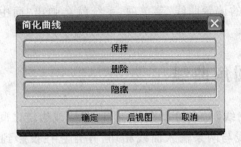,或者选择"插入"→"来自曲线集的曲线"→"简化曲线"菜单项,系统就会弹出"简化曲线"对话框,如图 3 - 52 所示。

图 3 - 52　"简化曲线"对话框

3.3.7　连结曲线

使用"连结曲线"命令将一系列的
曲线和(或)边连结到一起,以创建单
个 B 样条曲线,其结果是与原先的曲
线链近似的多项式样条,或者是确切
表示原先的曲线链的一般样条。该命
令与简化曲线的功能刚好相反。

单击"曲线"工具条上的"连结曲
线"按钮 ,或者选择"插入"→"来自
曲线集的曲线"→"连结曲线"菜单项,
系统就会弹出"连结曲线"对话框,如
图 3 - 53 所示。

图 3 - 53　"连结曲线"对话框

3.3.8　组合投影

使用"组合投影"命令可以组合两个现有曲线的投影来创建一条先的曲线。这两
条曲线的投影必须相交,如图 3 - 54 所示。

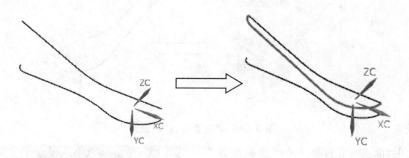

图 3 - 54　"组合投影"示意图

单击"曲线"工具条上的"组合投影" 按钮,或者选择"插入"→"来自曲线集的
曲线"→"组合投影"菜单项,系统就会弹出"组合投影"对话框,如图 3 - 55 所示。

3.3.9　镜像曲线

使用"镜像曲线"命令通过基准平面或者平面复制关联或非关联曲线和边,如
图 3 - 56 所示。

图 3 - 55 "组合投影"对话框

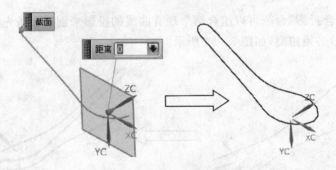

图 3 - 56 "镜像曲线"示意图

单击"曲线"工具条上的"镜像曲线"按钮，或者选择"插入"→"来自曲线集的曲线"→"镜像曲线"菜单项，系统就会弹出"镜像曲线"对话框，如图 3 - 57 所示。

创建"镜像曲线"的步骤比较简单，有如下步骤。

① 选择想要镜像的曲线。

② 选择镜像平面。

③ 单击"确定"或"应用"按钮。

图 3 - 57 "镜像曲线"对话框

3.3.10　缠绕/展开曲线

"缠绕/展开曲线"命令用于将曲线从一个平面缠绕到一个圆锥面或者圆柱面上，或者从圆锥面或者圆柱面展开到一个平面上。输出曲线是阶次为 3 的 B 样条，并且与其输入曲线、定义面和定义平面关联。

单击"曲线"工具条上的"缠绕/展开曲线"按钮 ，或者选择"插入"→"来自曲线集的曲线"→"缠绕/展开曲线"菜单项，系统就会弹出"缠绕/展开曲线"对话框，如图 3-58 所示。

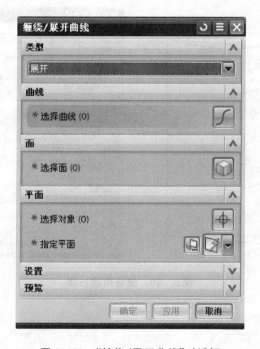

图 3-58　"缠绕/展开曲线"对话框

3.3.11　课堂练习二:缠绕/展开曲线

1. 创建缠绕曲线

① 打开本书所附光盘中的文件:第 3 章/实例源文件/缠绕曲线,如图 3-59 所示。

② 单击"曲线"工具条上的"缠绕/展开曲线"按钮,或者选择"插入"→"来自曲线集的曲线"→"缠绕/展开曲线"菜单项,系统就会弹出"缠绕/展开曲线"对话框,"类

型"选择为"换行"选项,然后按照图 3 - 60
所示进行操作。

单击"确定"或"应用"按钮,缠绕曲线
效果如如图 3 - 61 所示。

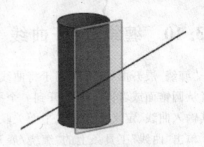

图 3 - 59　缠绕曲线实例

2. 创建展开曲线

① 打开本书所附光盘中的文件:第 3
章/实例源文件/展开曲线,如图 3 - 62
所示。

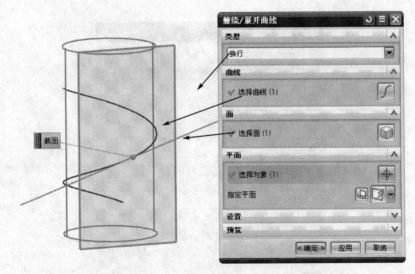

图 3 - 60　缠绕曲线步骤

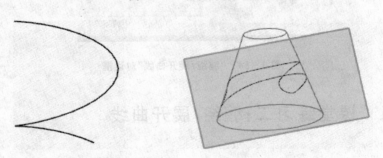

图 3 - 61　缠绕曲线结果　　　　图 3 - 62　展开曲线实例

② 单击"曲线"工具条上的"缠绕/展开曲线"按钮,或者选择"插入"→"来自曲线
集的曲线"→"缠绕/展开曲线"菜单项,系统就会弹出"缠绕/展开曲线"对话框,"类
型"选择为"展开"选项,然后按照图 3 - 63 所示进行操作。

③ 单击"确定"或"应用"按钮,展开曲线效果如图 3 - 64 所示。

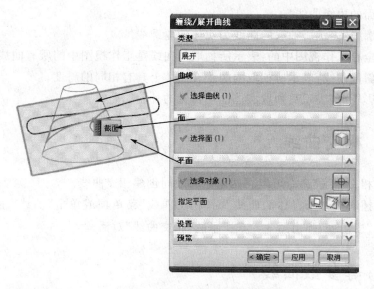

图 3 - 63　展开曲线步骤

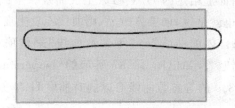

图 3 - 64　展开曲线效果

3.4　来自体的曲线

3.4.1　抽取曲线

抽取曲线就是从已有几何体上抽取曲
线。主要用于建立零部件之间的关联。

选择"插入"→"来自体的曲线"→"抽取
曲线"菜单项或单击"曲线"工具条上的"抽取
曲线"按钮 ，弹出图 3 - 65 所示的"抽取曲
线"对话框。

抽取的曲线有 5 种类型。

· 边曲线：表示所抽取的曲线为体上一

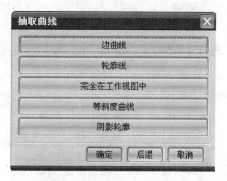

图 3 - 65　"抽取曲线"对话框

个面的边缘曲线。

· 轮廓线:表示所抽取的曲线为实体的轮廓线。

· 完全在工作视图中的:表示所抽取的曲线是工作视图中的所有曲线。

· 等斜度曲线:表示所抽取的曲线在实体上具有相同的斜度。

· 阴影轮廓:表示只抽取实体的不可见的外轮廓曲线。

3.4.2 相交曲线

使用"相交曲线"命令可以在两组对象之间创建相交曲线。

选择"插入"→"来自体的曲线"→"相交曲线"菜单项或单击"曲线"工具条上的"相交曲线"按钮,弹出图 3-66 所示的"相交曲线"对话框。

3.4.3 等参数曲线

使用该选项可以沿面上给定的 U/V 参数生成曲线。生成的等参数曲线与创建它们的面是不关联的,也就是说,如果修改面,则曲线不发生变化。

选择"插入"→"来自体的曲线"→"等参数曲线"菜单项或单击"曲线"工具条上的"等参数曲线"按钮,弹出图 3-67 所示的"Isoparametric Curve(等参数曲线)"对话框。UG NX 8.0 的等参数曲线可以同时抽取 U、V 方位的曲线,如图 3-68 所示。

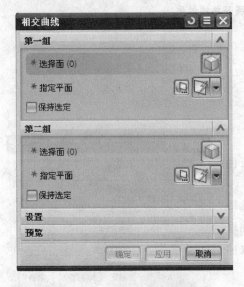

图 3-66 "相交曲线"对话框

图 3-67 "等参数曲线"对话框

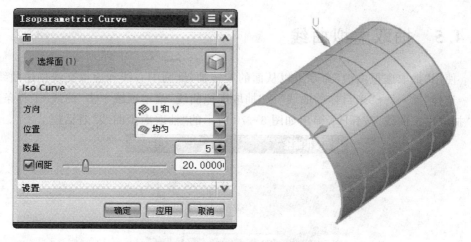

图 3-68 "等参数曲线"示意图

3.4.4 截面曲线

选择"插入"→"来自体的曲线"→"截面曲线"菜单项或单击"曲线"工具条上的"截面曲线"按钮 ，弹出如图 3-69 所示的"截面曲线"对话框。

截面曲线分为 4 种类型，"选定的平面"、"平行平面"、"径向平面"和"垂直与曲线的平面"，下面简单介绍一下这 4 种类型。

- "选定的平面"：此选项可以使用系统默认的三个平面或者通过指定平面来剖切选定的对象，在"设置"选项中可以设定剖切的曲线与对象关联与否。

- "平行平面"：此选项可以指定一个平面，然后设定起点和终点以及步进产生平行平面来剖切对象，产生一系列的剖切曲线。

- "径向平面"：此选项需要指定一个径向轴，并且指定参考平面上的点，然后设定"起点"、"端点"和"步进"来创建一系列曲线。

- "垂直于曲线的平面"：此选项通过指定曲线或边来建立剖切平面，从而对对象进行剖切，产生一系列的曲线。

图 3-69 "截面曲线"对话框

3.4.5　抽取虚拟曲线

使用"抽取虚拟曲线"命令可以从面的旋转轴、倒圆中心线和虚拟交线创建曲线。

选择"插入"→"来自体的曲线"→"抽取虚拟曲线"菜单项或单击"曲线"工具条上的"抽取虚拟曲线"按钮 ，弹出如图3-70所示的"抽取虚拟曲线"对话框。

图3-70　"抽取虚拟曲线"对话框

3.5　编辑曲线

选择"编辑"→"曲线"下拉菜单中的菜单项，可以对已存在曲线进行编辑操作，也可以通过单击"编辑曲线"工具条上的操作按钮来实现。"编辑曲线"工具条如图3-71所示。

图3-71　"编辑曲线"工具条

3.5.1　编辑曲线参数

编辑曲线参数用于对参数化的曲线进行修改、调整，以得到所需曲线。

选择"编辑"→"曲线"→"编辑曲线参数"菜单项或单击"编辑曲线"工具条上的
"编辑曲线参数"按钮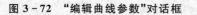,弹出如图 3 - 72 所示的"编辑曲线参数"的对话框。图 3 - 73
是原有的"编辑曲线参数"对话框。

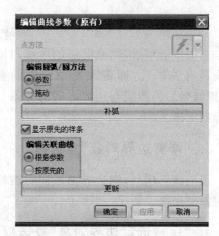

图 3 - 72 "编辑曲线参数"对话框　　　图 3 - 73 "编辑曲线参数(原有)"对话框

该对话框设置了圆弧/圆的编辑方式:"参数"和"拖动"。

- 参数:对圆弧/圆编辑直接输入改动的参数。
- 拖动:对圆弧/圆编辑通过鼠标拖动改变。

对关联曲线的编辑方式:"根据参数"和"按原先的"

- 根据参数:用于原先存在关联的情况。
- 按原先的:用于原先关联不存在的情况。

3.5.2　修剪曲线

选择"编辑"→"曲线"→"修剪曲线"菜单项或单击"编辑曲线"工具条上的"修剪
曲线"按钮，将会弹出如图 3 - 74 所示的"修剪曲线"的对话框。

修剪曲线的有关选项说明如下。

1. "选择步骤"选项

该对话框的上部为修剪曲线的选择步骤,在执行完前一步骤后,系统自动选择下
一步骤图标。下面介绍一下该对话框中选择步骤的含义。

- 选择要修剪的曲线:选择待修剪的曲线图标,选择一条或多条待修剪的曲线,
  系统默认选项,首先要选择需要裁剪的曲线。
- 选择边界对象 1:用于确定修剪操作的第一边界对象。
- 选择边界对象 2:用于确定修剪操作的第二边界对象。

- 设定交点:可以设定一边界对象与待修剪的曲线之间最短距离的测量矢量方向。

2."关联"复选框

选中该选项后,则修剪后的曲线与原曲线具有关联性,即若改变原曲线的参数,则修剪后的曲线与边界之间的关系自动得到更新。

3."修剪边界对象"复选框

选中该选项后,则边界曲线同时被修剪对象所修剪。

4."保持选定边界对象"复选框

选中该选项后,边界对象可以重复被利用。

5."输入曲线"选项

图 3-74 "修剪曲线"对话框

该选项用于控制曲线被修剪后原曲线是否保留,其下拉列表框中有 4 种方式:保持、隐藏、删除和替换。

6."曲线延伸段"选项

如果被修剪的曲线为一般样条曲线而且样条曲线需要延伸至边界时,可通过设定该选项,设定样条曲线的延伸方式,其下拉列表框中有 4 种方式。

- 自然:该选项用于将样条曲线沿其端点的自然路径延伸至边界。
- 线性:该选项用于将样条曲线从其端点线性延伸至边界。
- 圆的:该选项用于将样条曲线从其端点环形延伸至边界。
- 无:该选项用于不将样条曲线延伸边界。

3.5.3 课堂练习三:修建曲线

① 选择"插入"→"曲线"→"直线"菜单项或单击"曲线"工具条上"直线"按钮，绘制如图 3-75 所示的几条曲线。

② 选择"编辑"→"曲线"→"修剪曲线"菜单项或单击"编辑曲线"工具条上的"修剪曲线"按钮，将"关联"、"保持选定边界对象"关闭,将"曲线延伸段"选项选择

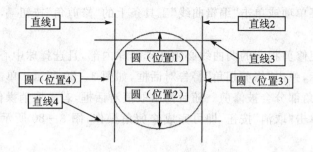

图 3-75　绘制曲线

为"无"。

③ 先用鼠标单击选择图 3-76 中的圆(位置 1),然后连续选择两次直线 3,则圆(位置 1)被修剪。同样方法,选择圆(位置 2),然后连续选择两次直线 4,则圆(位置 2)被修剪。接着选择圆(位置 3),然后连续选择两次直线 2,则圆(位置 3)被修剪。最后选择圆(位置 4),然后连续选择两次直线 1,则圆(位置 4)被修剪。修剪效果如图 3-76 所示。

④ 接着用鼠标单击选择直线 1(注意要点选直线的端点附近),然后分别选择与该直线相交的

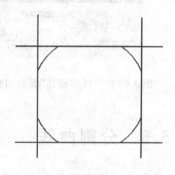

图 3-76　修剪圆弧效果

圆弧曲线,则该直线的两端被修剪(修剪过程中有可能会出现如图 3-77 所示的提示信息,单击"是"按钮即可)。同样方法,可以把其余的三条直线进行修剪,修剪效果如图 3-78 所示。

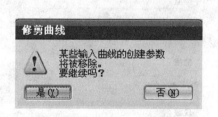

图 3-77　提示信息

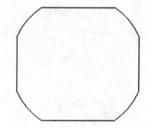

图 3-78　最终修剪效果

3.5.4　修剪拐角

修剪角主要用于修剪两不平行曲线在其交点而形成的拐角,选择"编辑"→"曲

线"→"修剪角"菜单项或单击"编辑曲线"工具条上的"修剪角"按钮，将会进入修剪拐角的功能。

移动光标，使修剪拐角的两曲线必须在选择球内部，且选择球中心位于欲修剪的角部位，单击鼠标，弹出"修剪拐角"警告对话框，如图3-79所示。单击"是"按钮，则两曲线的选中拐角部分会被修剪。随后弹出取消对话框，若需取消操作，可选择其中的"撤销"选项，单击"取消"按钮，即可完成修剪角操作，图3-80所示的就是修剪拐角的图示。

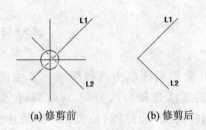

(a) 修剪前　　　　　　(b) 修剪后

图3-79　"修剪拐角"警告对话框　　　　图3-80　修剪拐角

3.5.5　分割曲线

分割曲线主要用于将一条曲线按照一定的方法分成若干份，分割后，每段曲线都是独立的。

选择"编辑"→"曲线"→"分割曲线"菜单项或单击"编辑曲线"工具条上的"分割曲线"按钮，将会弹出如图3-81所示的"分割曲线"警告对话框；单击"是"按钮，将弹出"分割曲线"对话框，如图3-82所示；单击"否"按钮，将退出分割操作。

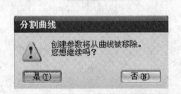

图3-81　"分割曲线"警告对话框　　　　图3-82　"分割曲线"对话框

"类型"中提供了 5 种分割方法。

- 等分段:以等长或等参的方式对曲线进行分割。
- 根据边界对象:利用边界对象来对曲线进行分割,可以定义点、直线和平面等作为边界对象。
- 圆弧长段:分别定义各段圆弧长来对曲线进行分割。
- 在节点处:只能用来分割样条曲线,根据用户指定的曲线定义点处将曲线分割成多个段。
- 在拐角上:在一阶不连续点处分割样条曲线。

3.5.6 编辑圆角

该操作主要用于修改曲线的倒圆半径。

选择"编辑"→"曲线"→"编辑圆角"菜单项或单击"编辑曲线"工具条上的"编辑圆角"按钮▢,将会弹出如图 3－83 所示的"编辑圆角"的对话框。选择其中一种修剪方式后,依次选择"对象 1"、"圆角"、"对象 1"后,弹出如图 3－84 所示的"编辑圆角"参数对话框,可以修改圆角的参数。

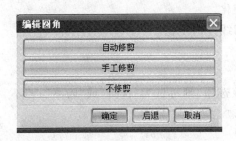

图 3－83 "编辑圆角"对话框　　　　图 3－84 "编辑圆角"参数对话框

"编辑圆角"方式有 3 种。

- "自动修剪":系统自动根据圆角来修剪两条连接曲线。
- "手工修剪":用户手工操作修剪两条连接曲线。
- "不修剪":不修剪两条连接曲线。

3.5.7 曲线长度

选择"编辑"→"曲线"→"曲线长度"菜单项或单击"编辑曲线"工具条上的"曲线长度"按钮▢,将会弹出如图 3－85 所示的"曲线长度"的对话框。

1. "延伸"选项组

"延伸"选项组由"长度"、"侧"和"方法"三部分结合而成,其中:"长度"有增量和

全部;"侧"有起点和终点、对称;"方法"有自
然、线性和圆形。具体长度要根据限制选项
的起始和结束的差值决定。

(1) 长　度

- 增量:以给定曲线的增加量或减少量
  来编辑曲线长度。
- 全部:以曲线的全长来编辑曲线长度。

(2) 侧

- 起点和终点:分别编辑开始点和结束
  点的位置,来改变曲线的长度。
- 对称:曲线的开始点和结束点的位置
  同时发生同样的长度的增加或缩减
  变化,来改变曲线的长度。

图 3 - 85　"曲线长度"对话框

(3) 方　向

- 自然:以起始点或结束点的切线方向变化。
- 线性:以起始点或结束点的线性方向变化。
- 圆形:以起始点或结束点一段圆弧的切线方向变化。

2. 输出关联

在"设置"选项中有"关联"选项。若选取该选项,则可选为"保持"或"隐藏";若不
选取该选项,则可选为"保持"、"隐藏"、"删除"、"替换"或"删除"。

3.5.8　拉长曲线

使用"拉长曲线"命令可以移动几何
对象,同时拉长或缩短选中的直线。可以
移动大多数的对象类型,但只能拉长或缩
短直线。拉长曲线可以用于除了草图、
组、组件、体、面和边以外的所有对象
类型。

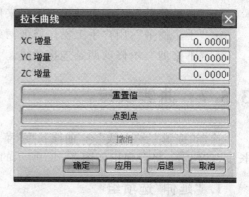

单击"编辑"→"曲线"→"拉长曲线"
菜单项或单击"编辑曲线"工具条上的"曲
线长度"按钮，将会弹出如图 3 - 86 所
示的"拉长曲线"的对话框。

图 3 - 86　"拉长曲线"对话框

使用该命令时,应注意:

- 如果选择的点在直线的中点附近,则移动单选的直线。否则,即延伸离选择点最近的直线端点。要拉长的直线端点在被选中后带星号高亮显示。
- 对于用矩形方法选择的直线,如果矩形内只包含直线的一个端点,则延伸直线。否则,移动直线。
- 如果要拉长的直线和圆角相连,则圆角到直线的相切关系会丢失。
- 如果接受把直线拉长的零长度的操作,则将删除该直线。

3.5.9　光顺样条

使用"光顺样条"命令可以自动移除 B 样条曲率属性中的瑕疵。方法是曲线的曲率大小或曲率变化最小。手工创建的样条通常由于选取点的数量和位置的不同而产生细小的瑕疵,这一功能对这样的样条很有用。不过,使用该命令会移除原始曲线的参数。

单击"编辑"→"曲线"→"光顺样条"菜单项或单击"编辑曲线"工具条上的"光顺样条"按钮,将会弹出如图 3 - 87 所示的"光顺样条"的对话框。

图 3 - 87　"光顺样条"对话框

3.5.10　按模板成形

使用"按模板成形"命令可以变换样条的当前形状以匹配模板样条的形状特性。

单击"编辑"→"曲线"→"按模板成形"菜单项或单击"编辑曲线"工具条上的"按模板成形"按钮 ，将会弹出如图 3-88 所示的"按模板成形"的对话框。图 3-89 所示的是"按模板成形"的实例。顶部曲线为模板曲线，底部曲线是原样条，中间线是成形样条。

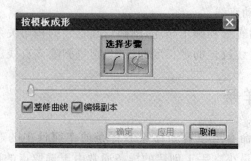

图 3-88　"按模板成形"对话框

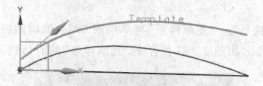

图 3-89　"按模板成形"的实例

课后练习

1. UG NX 中曲线功能命令主要有哪几种？
2. UG NX 中如何创建二次曲线？
3. 利用规律曲线创建 $y = x^3 + 10$ 的曲线。
4. 常见的曲线操作功能有哪些？
5. 总结一下曲线修剪的过程中需要注意什么？
6. 试说明修剪角与修剪曲线的区别？

本章小结

　　在本章中详细介绍了关于 UG NX 中的二维曲线功能，同时还深入介绍了如何创建像样条曲线和二次曲线等高级曲线的创建方法。最后向读者详细介绍了有关曲线的各种功能操作和如何编辑现有的空间曲线。

第 4 章　草图设计

本章导读

草图生成器是一个 UG NX 8.0 应用模块,可用于在部件内创建 2D 几何图形。每个草图都是驻留于指定平面的 2D 曲线和点的命名集合。

本章主要介绍草图、草图曲线、草图操作、草图约束等基本概念和操作,通过本章的学习,读者应能掌握 UG NX 8.0 的草图操作、草图的应用,并提高对前一章的曲线操作的应用。

希望读者熟练掌握 UG NX 8.0 中草图设计的方法和使用技巧。

4.1　草图生成器

在"建模"应用模块中,选择"插入"→"草图"菜单项或单击"My Toolbar"工具条上的"草图"按钮🦴,弹出如图 4-1 所示的"创建草图"对话框。利用该对话框可以创建所需要的草图平面,确定草图平面以后,选择"确定"按钮,即可进入草图,单击"取消"按钮,可以退出草图平面选择。

4.1.1　基本概念

"创建草图"中的平面选项有"类型"、"草图平面"、"草图方向"、"草图原点"和"设置"5 个选项组。现介绍几种常用的创建草图平面方法。

1. 在平面上

(1) 草图平面

该选项为默认选项,用于指定草图

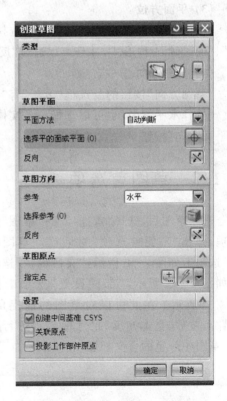

图 4-1　"创建草图"对话框

平面,可以选择实体的平面表面、工作坐标系平面、基准面或者基准坐标系上的一个平面作为草图平面,如不选择,则系统默认指定 XC－YC 平面作为草图平面。"草图平面"的创建方法有"自动判断"、"现有平面"、"创建平面"、"创建基准坐标系"等方法。

(2)草图方向

参考方向可以选择"水平"和"垂直"两个选项,在"选择参考"中,可以选择一个实体的边缘来确定参考方向。

(3)草图原点

该选项用于指定一个点来放置草图,该点是草图的原点。

2．基于路径

(1)轨 迹

选择一条曲线来作为草图创建的轨迹,此曲线可以为任意的曲线。

(2)平面位置

"平面位置"选项中的"位置"复选框可以为"弧长"、"弧长百分比"和"通过点"来创建。

(3)平面方位

"平面方位"的"方向"复选框可以选择"垂直于轨迹"、"垂直于矢量"、"平行于矢量"、"通过轴"4 种形式,并且可以通过"反向平面法向"按钮 来调节方向。

(4)草图方向

"草图方向"按钮的复选框"方法"有"自动"、"相对于面"、"使用曲线参数"三种方法。"选择水平参考"也可以选择一条实体的边来作为水平的参考,并且可以通过"反向平面法向"按钮 来调节方向。

4.1.2 草图首选项

进入草图后,选择"首选项"→"草图"菜单项,弹出"草图首选项"对话框,"草图样式"选项卡如图 4－2 所示,"会话设置"选项卡如图 4－3 所示,"部件设置"选项卡如图 4－5 所示。在此可以对草图的捕捉角、小数点位数、文本高度、尺寸标签等进行设置,草图中颜色的含义如图 4－4 所示。

图 4－2 "草图首选项"对话框—
"草图样式"选项卡

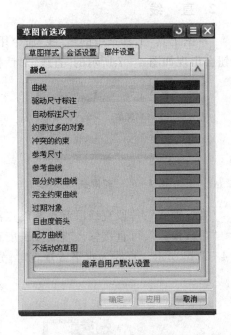

图 4-3 "草图首选项"对话框—
"会话设置"选项卡

图 4-4 "草图首选项"对话框—
"部件设置"选项卡

4.2 创建草图曲线

UG NX 在草图环境下提供了"草图工具"工具条，如图 4-5 所示。通过"草图工具"工具条上的按钮，可以方便地创建草图曲线。

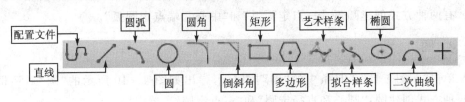

图 4-5 "草图工具"工具条

1. 配置文件（轮廓铣）

利用"草图工具"工具条的"配置文件"按钮 ∪ 可以快速地绘出草图轮廓曲线。单击此按钮会出现图 4-6 所示的"轮廓铣"对话框。根据该对话框，可以利用"坐标模式"和"参数模式"两种方式绘制直线或者圆弧。

2. 直　线

"草图工具"工具条中的"直线"命令用于约束推断绘制连续直线形轮廓。单击此按钮会出现如图 4-7 所示的"直线"对话框,有如下两种绘制直线的方式。

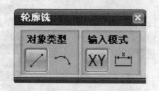

图 4-6 "轮廓铣"对话框　　　　　　图 4-7 "直线"对话框

"坐标模式":每段直线段起点和终点都以坐标来显示,如图 4-8(a)所示。

"参数模式":可直接输入直线段长度和与水平方向上的夹角来绘制直线轮廓,如图 4-8(b)所示。直线为水平或垂直时,分别有箭头提示。

(a) 坐标模式　　　　　　　　　　　(b) 参数模式

图 4-8 直线轮廓模式

3. 圆　弧

单击"草图工具"工具条中的"圆弧"按钮，弹出如图 4-9 所示的"圆弧"对话框。有两种方式创建圆弧:"三点定圆弧"和"中心和端点定圆弧"。

4. 圆

单击"草图工具"工具条中的"圆"按钮○,弹出如图 4-10 所示的"圆"对话框。有两种方式创建圆:"圆心和直径定圆"和"三点定圆"。

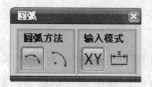

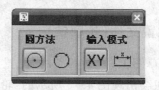

图 4-9 "圆弧"对话框　　　　　　图 4-10 "圆"对话框

5．快速修剪

该按钮具有 3 个选项："快速修剪"、"快速延伸"
和"制作拐角"，如图 4 - 11 所示。

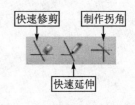

图 4 - 11　"快速修剪"工具条

（1）快速修剪

使用"快速修剪"按钮可以直接剪切掉多余的
曲线，修剪范围默认为选择点左右两侧该曲线与其他
曲线的交点处，若没有交点，就是整条曲线，修剪哪处
选择哪点，如图 4 - 12 所示。

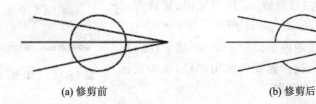

(a) 修剪前　　　　　　　　　　　(b) 修剪后

图 4 - 12　快速修剪

（2）快速延伸

使用"快速延伸"按钮可以直接选择需要延伸的曲线，被选中的曲线将沿着原
有的曲率延伸，直到遇到相交的曲线为止，如果没有相交曲线，则曲线无法延伸。可
连续操作，如图 4 - 13 所示。其中图 4 - 13（b）为第一次延伸，图 4 - 13（c）为第二次
延伸。

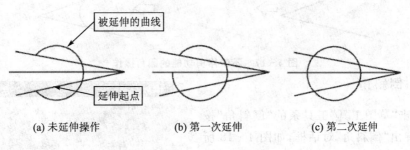

(a) 未延伸操作　　　　　(b) 第一次延伸　　　　　(c) 第二次延伸

图 4 - 13　直接延伸操作

（3）制作拐角

使用"制作拐角"按钮可以将曲线延伸到它与另一条曲线的实际交点或虚拟
交点处。此命令用法与"快速修剪"类似，如图 4 - 14 所示。

6．圆　角

单击"草图工具"工具条的"圆角"按钮，弹出"圆角"对话框，如图 4 - 15 所示。
- "修剪"：将"修剪输入"按钮激活，则修剪后不保留圆角创建后多余的线段，如

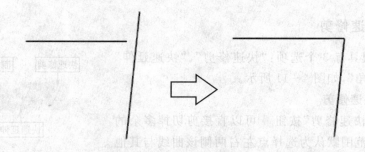

图 4-14　制作拐角

图 4-16 所示。

- "取消修剪"：将"修剪输入"按钮关闭，则修剪后保留原有曲线，如图 4-17 所示。

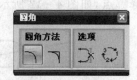

图 4-15　"圆角"对话框

选择需要创建圆角的两条或三条曲线，然后在光标跟随输入框"半径"栏目输入需要的圆角半径，单击鼠标或按 Enter 键，即可完成操作。

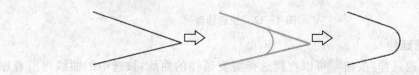

图 4-16　带修剪功能的圆角操作

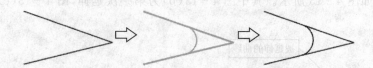

图 4-17　不带修剪功能的圆角操作

7. 倒斜角

单击"草图工具"工具条的"倒斜角"按钮，弹出"倒斜角"对话框，如图 4-18 所示。"倒斜角"命令有三种偏置类型："对称"、"非对称"、"偏置和角度"。其操作如图 4-19 所示。

8. 矩　形

单击"草图工具"工具条的"矩形"按钮，将会弹出"矩形"对话框，如图 4-20 所示。

图 4-18　"倒斜角"对话框

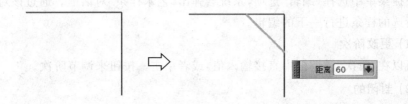

图 4-19　"倒斜角"示意图

矩形方式有 3 种：按 2 点、按 3 点和从中心。

- "按 2 点"：此方法用指定两个对角点确定宽度和高度的方式来创建矩形，用这两点来创建一个四边分别平行于 XC 和 YC 轴的矩形。

图 4-20　"矩形"对话框

- "按 3 点"：创建和 XC 轴和 YC 轴成角度的矩形，前两个选择的点显示宽度和矩形的角度，第三个点指示高度。

- "从中心"：先指定中心点、第二个点来指定角度和宽度，并用第三个点指定高度以创建矩形。

9. 多边形

单击"草图工具"工具条的"多边形"按钮，将会弹出"多边形"对话框，如图 4-21 所示。

这个功能与建模中的功能类似，可以调节"多边形"的边数，在"大小"选项中可以调节样式，如"内切圆半径"、"外接圆半径"、"边长"。通过单击"锁定"按钮，可以锁定某一个参数，只调节另外一个参数。

10. 艺术样条

单击"草图工具"工具条的"艺术样条"按钮，将会弹出"艺术样条"对话

图 4-21　"多边形"对话框

框，如图 4-22 所示。使用此命令可以交互式创建样条。可以拖动定义点或极点创建样条，也可以在给定的点处或者对结束极点指定斜率或曲率。草图中可以使用建模环境中的样条命令，所不同的是在草图环境中只创建二维的样条曲线。

创建完"艺术样条"后，在图形窗口双击样条曲线，或者在样条曲线上右击并在弹

出的快捷菜单中选择"编辑"选项,系统会弹出"艺术样条"对话框。通过该对话框,可以对所选的样条进行一下的编辑。

(1) 更改阶次

可以在"阶次"微调框中直接输入值,或者单击 按钮来调节阶次。

(2) 封闭的

选中"封闭的"复选框将开放的样条更改为封闭的样条,反之也可以将封闭的样条更改为开放的样条。

(3) 延 伸

可以选择"对称"按钮,则样条的起始与末端将一起被延伸。"延伸"的起点有两种方式,"按值"和"根据点"。

其他的命令读者可以自己进行尝试。

11. 拟合样条

单击"草图工具"工具条的"拟合样条"按钮 ,将会弹出"拟合样条"对话框,如图4-23所示。"拟合样条"功能的重要作用是可以根据一条样条曲线创建出另外一条样条曲线。

图4-22 "艺术样条"对话框

图4-23 "拟合样条"对话框

单击"草图工具"工具条中的"拟合样条"按钮,系统弹出"拟合样条"对话框,如

图4-23所示,然后单击选取操作区中绘制好的曲线,在曲线的不同位置上连续单击生成样条曲线的定义点,最后拖动定义点即可生成新的样条曲线。具体见第3章"拟合样条"的创建。

12. 椭 圆

单击"草图工具"工具条的"椭圆"按钮 ⊙,将会弹出"椭圆"对话框,如图4-24所示。

创建"椭圆"的一般步骤是:首先选定一个放置点,然后指定"大半径"、"小半径",在"极限"选项中既可以选定"封闭"的,也可以是"开放"的,也可以通过"旋转"选项来控制放置的角度。

13. 二次曲线

单击"草图工具"工具条的"二次曲线"按钮 ⌒,将会弹出"二次"对话框,如图4-25所示。

图4-24 "椭圆"对话框   图4-25 "二次"对话框

创建"二次曲线"的一般步骤是选择一个"起点",然后选择一个"终点",指定一个"控制点"。可以通过输入Rho的值来控制形状,其中Rho的值在0~1之间。通过Rho控制的各个曲线形状如图4-26所示。

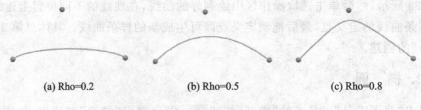

(a) Rho=0.2   (b) Rho=0.5   (c) Rho=0.8

图 4 – 26   "Rho 控制"示意图

4.3 草图约束

在绘制出草图大概形状后,需要对草图进行约束,以满足设计要求。草图约束分为"几何约束"和"尺寸约束"两类,"几何约束"用于确定草图对象形状以及在坐标平面中的位置。"尺寸约束"用于确定草图对象的大小。"草图工具"工具条如图 4 – 27 所示。

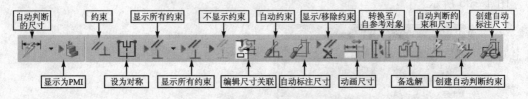

图 4 – 27   "草图工具"工具条

草图是二维的,所以草图约束就是限制草图对象在平面上的自由度。在进行草图约束时,草图对象上会自动显示自由度或约束条件符号,即在线段的端点或圆的圆心处会出现相互垂直的黄色箭头,醒目地显示出草图对象需要约束的所有自由度。如果没有显示,则说明该对象已受到约束。随着"几何约束"和"尺寸约束"的添加,黄色箭头会逐个减少,当对象全部被约束后,箭头也随之全部消失。当约束超过所需要的时候,会出现"过约束"提醒,此时,草图对象在过约束的地方变成"黄色",在"提示栏"位置会提示"草图包含有过约束的几何体"。

1. 尺寸约束

尺寸约束有水平、竖直、平行、垂直、角度、直径、半径、周长这 8 种类型,使用时根据尺寸的类型进行选择,一般利用系统"自动判断的尺寸"命令来进行,而不做其他选择。

单击"草图工具"工具条的"自动判断的尺寸"按钮 ，弹出如图 4 – 28 所示的"尺寸"工具条。

实际上,后面两种类型尺寸都包含在"尺寸"对话框中,单击"草图尺寸对话框"按钮 ，将会弹出如图 4 – 29 所示的"尺寸"对话框。然后根据设计要求,对草图进行

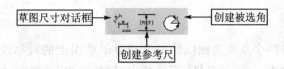

图 4-28　"尺寸"工具条

"尺寸约束"。

2. 显示为 PMI

此选项可以将草图尺寸作为草图任务环境外的 PMI。在退出草图环境后,尺寸仍将保留。单击"草图约束"工具条的"显示为 PMI"按钮，系统将弹出"显示为PMI"对话框。如图 4-30 所示。选择要保留的尺寸,单击"确定"按钮,退出草图环境后,就可以看到被保留的尺寸。

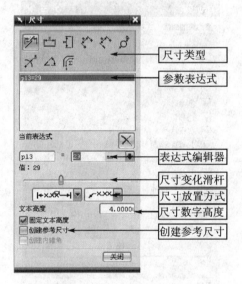

图 4-29　"尺寸"对话框

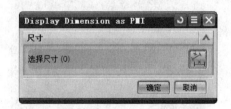

图 4-30　"显示为 PMI"对话框

3. 几何约束

单击"草图工具"工具条的"约束"按钮，即可进入几何约束状态。"几何约束"就是确定草图对象在坐标平面上的位置,一个对象只有"固定"这种状态,即 状态,其他的则为两个对象之间的相互关系,如平行、同心、等长、共线等。在 UG NX 8.0系统中,几何约束关系大约有二十几种类型。

该命令的操作过程:首先单击"草图工具"工具条上的"约束"按钮，然后选择需要关联的两个草图对象,就会弹出供选择的约束类型,选择需要的约束类型即可。

4. 设为对称

此选项可以将两个点或者曲线约束为相对于草图上的对称线对称。单击"草图工具"工具条的"设为对称"按钮，系统弹出"设为对称"对话框，如图 4-31 所示。

"设为对称"操作的一般步骤就是先选择一个"主对象"（"主对象"是相对固定的对象），然后选择"次对象"（"次对象"是要移动的对象），然后选择"对称中心线"，可以通过"设为参考"选项选择是否将对称中心线转化为参考对象。

5. 自动约束

单击"草图工具"工具条的"自动约束"按钮，系统将会弹出如图 4-32 所示的"自动创建约束"对话框，如果在绘制草图曲线时选择需要约束，就会在已绘制的草图中，自动创建所选择的约束类型。

图 4-31 "设为对称"对话框

图 4-32 "自动约束"对话框

6. 显示所有约束

单击"草图工具"工具条的"显示所有约束"按钮，就会在草图上显示已存在的所有几何约束。

7. 不显示约束

单击"草图工具"工具条的"不显示约束"按钮，就会在草图上隐藏所有几何约束。

8. 编辑尺寸关联

"编辑尺寸关联"选项可以将草图尺寸关联到新的几何体。单击"草图工具"工具条的"编辑尺寸关联"按钮，系统将弹出"编辑尺寸关联"对话框，如图 4-33 所示。

"编辑尺寸关联"的一般步骤是，先选择一个标注的尺寸，相应的关联对象即会高亮显示，我们可以通过使用 Shift＋鼠标左键来取消高亮显示的对象，然后选择新的对象，尺寸即关联到新选择的对象上，数值也会发生相应的变化。具体过程如图 4-34 所示。

图 4-33　"编辑尺寸关联"对话框

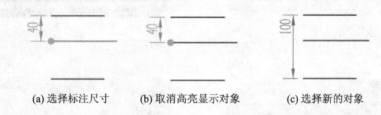

(a) 选择标注尺寸　　(b) 取消高亮显示对象　　(c) 选择新的对象

图 4-34　"编辑尺寸关联"示意图

9. 自动标注尺寸

此选项可以根据设置的曲线规则在曲线上自动标注尺寸。单击"草图约束"工具条的"自动标注尺寸"按钮，系统弹出"自动标注尺寸"对话框，如图 4-35所示。选择一个要标注的对象，然后单击"确定"按钮，就可以产生标注的尺寸。

10. 显示/移除约束

单击"草图工具"工具条的"显示/移除约束"按钮，弹出如图 4-36 所示的"显示/移除约束"对话框。该命令

图 4-35　"自动标注尺寸"对话

主要用作检查草图对象的"过约束"或"欠约束",选择显示约束窗口中的约束项目,单击"移除高亮显示的"按钮,再单击"确定"按钮,完成移除约束操作。

11. 动画尺寸

使用该命令可以动态地显示给定尺寸在指定范围中发生变化的效果,受这一选定尺寸影响的任一几何体也将同时被动画。与拖动不同,动画不更改草图尺寸,动画完成之后,草图会恢复到原先的状态。单击"草图工具"工具条的"动画尺寸"按钮,系统弹出"动画"对话框,如图 4-37 所示。

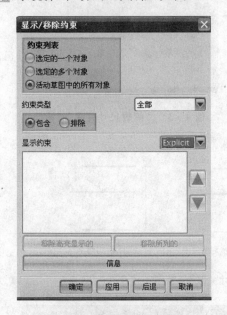

图 4-36 "显示/移除约束"对话框

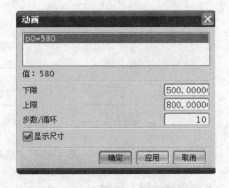

图 4-37 "动画"对话框

12. 转换至/自参考对象

单击"转换至/自参考对象"按钮,弹出如图 4-38 所示的"转换至/自参考对象"对话框。激活"要转换的对象"选项,用鼠标选择需要转换的草图曲线,单击"确定"按钮,即可将其转换为参考线,如图 4-39 所示。

13. 备选解

使用此命令可以显示尺寸约束或几何约束的备选解,并选择一个结果。下面

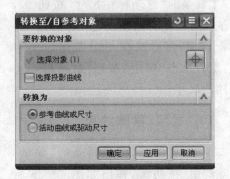

图 4-38 "转移至/自参考对象"对话框

举例说明。

① 绘制草图如图 4 - 40 所示。

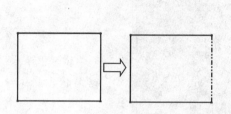

图 4 - 39　草图曲线转换为参考曲线

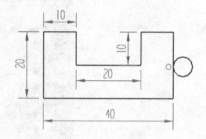

图 4 - 40　草图曲线

② 单击"草图工具"工具条的"备选解"按钮，系统就会弹出"备选解"对话框，如图 4 - 41 所示。

③ 单击草图中的圆，草图即由外相切变为内相切，如图 4 - 42 所示。

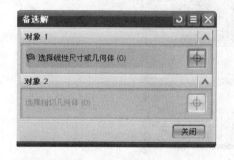

图 4 - 41　"备选解"对话框

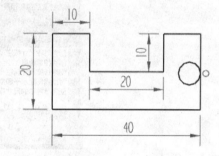

图 4 - 42　"备选解"内相切

14. 自动判断约束和尺寸

在进行草图绘制之前，可预先设置相应的约束选项，在绘制草图时，系统会自动在相应的对象间添加相应的约束项，可有效地提高草图绘制速度。在"草图约束"工具条上单击"自动判断约束和尺寸"按钮，将会弹出如图 4 - 43 所示的"自动判断约束和尺寸"对话框，选择需要的约束选项即可。

15. 创建自动判断约束

使用此命令可以在曲线的构造过程中启用自动判断的约束。在绘制草图的过程中，单击"草图工具"工具条的"创建自动判断约束"按钮，当图标变成时，会产生自动判断约束。

16. 连续自动标注尺寸

使用此命令可以在曲线的构造过程中启用连续自动标注尺寸。在绘制草图的过

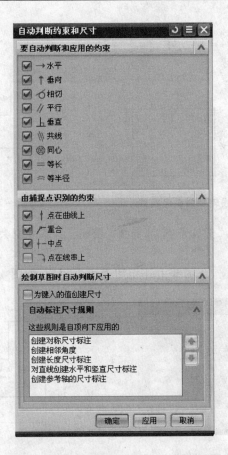

图 4-43 "自动判断约束和尺寸"对话框

程中,单击"草图工具"工具条的"连续自动标注尺寸"按钮 ,当图标变成 时,会产生连续自动标注的尺寸。

4.4 草图操作

为了方便草图绘制和准确定位草图,UG NX 提供了"草图操作"工具条,如图 4-44 所示。

图 4-44 "草图操作"工具条

1. 偏置曲线

"偏置曲线"命令主要用于绘图中有多个相互平行或同心或结构形状相同曲线的快捷绘制操作。单击"草图操作"工具条的"偏置曲线"按钮，弹出如图 4 - 45 所示的"偏置曲线"对话框。

在进行此操作时，需要注意两点：
- 操作时需要确定的因素有被偏置曲线、偏置根据、距离、方向、数量。
- 偏置曲线与原曲线之间没有关联。

2. 镜像曲线

"镜像"命令是通过一条中心线为参考，将草图曲线进行对称复制的操作。单击"草图操作"工具条的"镜像曲线"按钮，弹出如图 4 - 46 所示的"镜像草图"对话框。

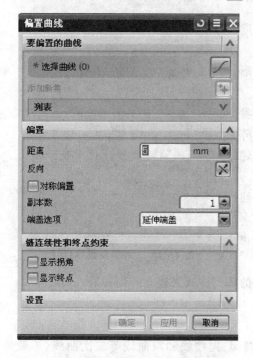

图 4 - 45　"偏置曲线"对话框

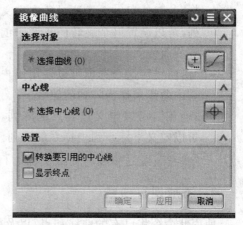

图 4 - 46　"镜像曲线"对话框

在进行此操作时，需要注意：必须指定镜像对象的中心线。

具体操作是：单击"镜像曲线"按钮，选择要镜像的草图曲线，然后选择镜像的中心线，单击"确定"按钮，完成镜像操作，如图 4 - 47 所示。

3. 阵列曲线

此功能可以阵列草图平面的曲线。单击"草图操作"工具条的"阵列曲线"按钮

图 4 - 47　镜像曲线

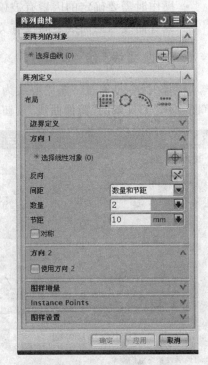

，系统弹出"阵列曲线"对话框，如图 4 - 48 所示。

　　这个功能是 UG NX 8.0 的新增功能，阵列的布局有以下几种形式。

- "线性"：通过定义一个或者两个方向来创建阵列曲线。
- "圆形"：通过定义一个旋转点和角度方向的参数来创建阵列曲线。
- "多边形"：通过定义一个点和多边形的参数来创建阵列曲线。
- "螺旋式"：设置螺旋式的一系列参数，并且选择一个线性对象来定义阵列，可以设置一个旋转的角度来创建阵列曲线。
- "沿曲线"：这个选项可以使用用户建立的曲线来作为阵列的路径。
- "通用"：可以定义点到点的阵列，也可以定义坐标系到坐标系的阵列。

图 4 - 48　"阵列曲线"对话框

- "参考"：通过参考一个已经建立了的阵列样式来建立阵列布局。

4. 添加现有曲线

　　使用此命令将已有的曲线和点，以及椭圆、抛物线和双曲线等二次曲线（一般是建模环境中的）添加到当前的草图中。要添加的现有曲线和点必须与草图共面。单击"草图操作"工具条的"添加现有曲线"按钮 ，系统弹出选择对话框，以此选择需要的曲线，单击"确定"按钮即可。

5. 派生直线

　　使用这个选项可以根据现有的直线创建新的直线。

　　单击"草图操作"工具条上的"派生直线"按钮 ，提示行就会显示"选择参考直线",光标变成<u>十</u>符号。

（1）从基线偏置一条直线

① 在基线上单击鼠标，移动光标，再次单击来放置直线，或者通过手动输入值并按 Enter 键来放置直线。

② 系统自动选中新直线作为下一次偏置的基线，如果连续移动光标并单击鼠标，则会创建一系列的偏置直线。

③ 按 Esc 键，则取消基线，再次按 Esc 键，则退出该命令。

（2）从同一根基线偏置多条曲线

如果要锁定基线为同一条直线，则在选择基线时，按住 Ctrl 键在基线上单击鼠标，然后松开 Ctrl 键，放置各条新直线。

（3）中间平行直线

选择两条平行线时，草图生成器之间的中点创建一条直线，新直线的起始点与第一条基线的一端对齐，终点可以在屏幕上指定，也可以在"长度"输入框中输入值。

（4）角平分线

当选择两条不平行的直线时，草图生成器将构造一条角平分线。角平分线的起始点为两基线的交点或延伸交点，终点可以在屏幕上指定，或者在"长度"文本框输入值。

6. 交　点

使用此命令可查找指定的几何体与草图平面相交的点，并在该位置创建一个相关点和多个基准轴，它从现有的三维曲线/边缘中捕捉重合约束，以及连结面的相切和法向方向。

此功能常用在创建基于轨迹绘制草图。单击"草图操作"工具条的"交点"按钮<u>↗</u>，系统弹出"交点"对话框，如图 4 - 49 所示。

图 4 - 49　"交点"对话框

7. 投影曲线

此选项可以沿草图平面的法向将曲线、边或点（草图外部）投影到草图上。单击"草图操作"工具条的"投影曲线"按钮<u>⤵</u>，系统弹出"投影曲线"对话框，如图 4 - 50 所示。

8. 相交曲线

使用该命令，可以创建一组面与草图平面的相交线。单击"草图操作"工具条的"相交曲线"按钮<u>◈</u>，系统弹出"相交曲线"对话框，如图 4 - 51 所示。

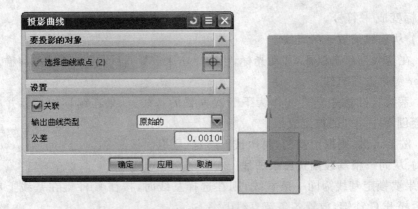

图 4 - 50 "投影曲线"对话框

图 4 - 51 "相交曲线"对话框

4.5 草图综合实例一

4.5.1 案例预览

✷（参考用时：15 分钟）

本节将介绍草图曲线的绘制过程。该草图曲线的轮廓由圆弧和直线构成，可以先绘制大致的轮廓曲线，再通过尺寸约束等功能对其进行约束。最终效果如图 4 - 52 所示。

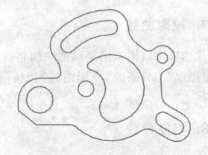

图 4 - 52 检验样板草图

4.5.2 案例分析

本案例是一个草图曲线的绘制实例。通过对图纸的基本分析可知,该草图是由直线和圆弧构成的外轮廓图形,所以在实际绘制中,先绘制辅助曲线及大致的曲线轮廓,然后对其进行修剪、倒圆角,最后通过尺寸约束对其进行约束,具体设计过程如图 4 – 53 所示。

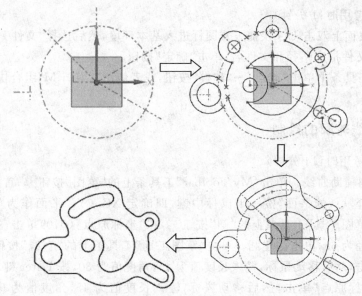

图 4 – 53 设计流程图

4.5.3 常用命令

- "草图":"My Toolbar"工具条上的"草图"按钮 ⊞ 。
- "配置文件":"草图工具"工具条上的"配置文件"按钮 ∽ 。
- "直线":"草图工具"工具条上的"直线"按钮 ╱ 。
- "圆弧":"草图工具"工具条上的"圆弧"按钮 ╲ 。
- "快速修剪":"草图工具"工具条上的"快速修剪"按钮 ↓ 。
- "快速延伸":"草图工具"工具条上的"快速延伸"按钮 ↘ 。
- "圆角":"草图工具"工具条上的"圆角"按钮 ⌐ 。
- "自动判断的尺寸":"草图工具"工具条上的"自动判断的尺寸"按钮 ⤢ 。
- "约束":"草图工具"工具条上的"约束"按钮 ⤴ 。
- "转换至/自参考对象":"草图工具"工具条上的"转换至/自参考对象"按

钮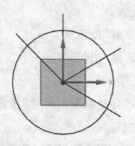。

- "派生直线"："草图操作"工具条上的"派生直线"按钮。

4.5.4　设计步骤

1. 新建零件文件

✹（参考用时：1 分钟）

① 在桌面上双击 UG 快捷方式图标进入基本环境，然后选择"文件"→"新建"菜单项，给新文件指定路径和文件名，单击"确定"按钮。

② 在工具条中单击"起点"→"建模"按钮，或者使用"Ctrl＋M"组合快捷键，切换到建模模式。

2. 曲线轮廓的绘制

✹（参考用时：14 分钟）

① 绘制辅助曲线。单击"My Toolbar"工具条上的"草图"按钮，首先应确定草图平面，选择默认的平面，按一下鼠标中键，即确定 XC－YC 平面作为草图绘制平面。单击"草图工具"工具条上的"圆"按钮，在"坐标原点"(0,0)单击，然后移动鼠标，输入直径为 68，单击创建圆。单击"草图工具"工具条上的"直线"按钮，在"坐标原点"单击，然后移动鼠标，输入长度值为 45，角度值为 30，按 Enter 键，创建直线。同样，在"坐标原点"单击，然后移动鼠标，输入长度值为 45，角度值为 90，按 Enter键，创建直线。在"坐标原点"单击，然后移动鼠标，输入长度值为 45，角度值为 135，按 Enter 键，创建直线。在"坐标原点"单击，然后移动鼠标，输入长度值为 43，角度值为 330，按 Enter 键，创建直线。其效果如图 4－54 所示。

② 继续绘制辅助曲线。单击"草图工具"工具条上的"直线"按钮，在"坐标原点"单击，然后移动鼠标，输入长度值为 14，角度值 180，按 Enter 键，创建直线。在刚创建直线的端点处单击，移动光标，输入值为 7，角度值为 90，按 Enter 键，创建直线，效果如图 4－55 所示。

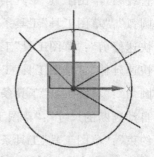

图 4－54　辅助曲线效果(1)　　　　图 4－55　辅助曲线效果(2)

③ 单击"草图工具"工具条上的"约束"按钮，将前面创建的所有草图曲线固定。在草图的左侧创建水平的和竖直的两条直线，其尺寸约束及结果如图 4-56 所示。隐藏定位尺寸，选择所有的草图曲线，单击"草图工具"工具条上的"转换至/自参考对象"按钮，将所有曲线转化为参考对象，其效果如图 4-57 所示。

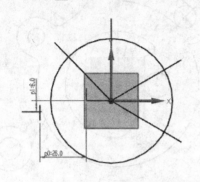

图 4-56　辅助曲线效果(3)

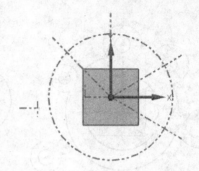

图 4-57　转换至/自参考对象

④ 绘制圆弧曲线。在各个辅助线及交点处，绘制圆弧如图 4-58 所示。

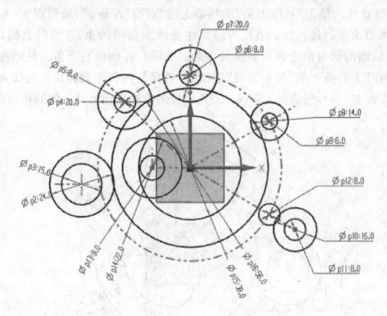

图 4-58　绘制圆弧

⑤ 修剪曲线。单击"草图工具"工具条上的"快速修剪"按钮，修剪没用的曲线，最终修剪效果如图 4-59 所示。

⑥ 创建圆角。单击"草图工具"工具条上的"圆角"按钮，按照图 4-60 所示的尺寸约束和位置创建圆角，最终效果如图 4-60 所示。

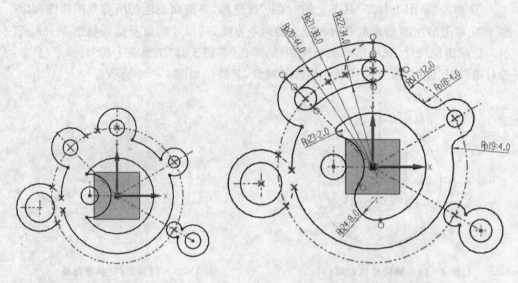

图 4-59 修剪曲线　　　　　　　　　图 4-60 曲线圆角效果

⑦ 创建直线。单击"草图工具"工具条上的"直线"按钮 ✏，按照图 4-61 所示的尺寸和约束要求来创建直线。直线与圆弧注意添加相切约束，左侧的直线不必给出具体的值，后面的圆角命令会自动修剪多余的曲线。在创建右下角的外侧直线时，单击"草图操作"工具条上的"派生直线"按钮 ◩，选择与内部小圆相切的直线为基线，输入偏置距离为 4(-4)，创建派生直线。采用同样的方法创建另外一侧的相切直线。

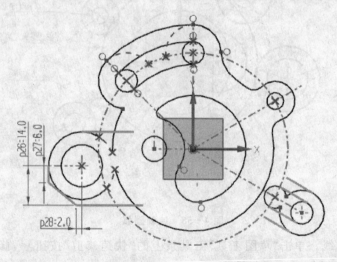

图 4-61 创建直线

⑧ 修剪曲线。单击"草图工具"工具条上的"快速修剪"按钮 ⋎，修剪没用的曲线，最终修剪效果如图 4-62 所示。

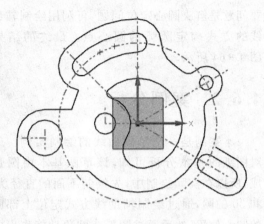

⑨ 创建圆角。单击"草图工具"工具条上的"圆角"按钮▢,按照图 4 − 63 所示的尺寸约束和位置创建圆角。需要注意的是:左侧 R＝12 和 R＝3 的圆弧,使用"修剪"▢ 的方式确定,右侧 R＝7 的圆弧,使用"取消修剪"▢ 的方式创建。

⑩ 延伸及修剪。创建完毕后,可以发现右侧的直线和圆弧之间没有连接上,这时,单击"草图工具"工具条上的"快速延伸"按钮▢,延伸直线使之与圆弧相连。单击"草图工具"工具条上的

图 4 − 62　修剪效果

"快速修剪"按钮▢,修剪没用的曲线。隐藏辅助线及坐标系,最终结果如图 4 − 52 所示。

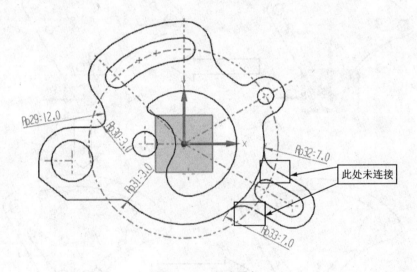

图 4 − 63　创建圆角

4.6　草图综合实例二

4.6.1　案例预览

✻(参考用时:15 分钟)

本节将介绍一个零件草图曲线的绘制过程。该零件的轮廓基本由圆弧构成,主

要问题是解决圆心定位问题,可利用绘制辅助曲线的方式确定圆弧的圆心点。最终的结果如图4-64所示。

4.6.2　案例分析

　　本案例是一个草图曲线的绘制实例。通过对图纸的基本分析可知,该草图基本由圆弧构成,所以在实际绘制中,先绘制下面的直径为15和30的圆,通过绘制辅助线方式定位上部圆弧的圆心位置,然后通过圆弧或圆角功能作出中间过度圆弧,最后通过尺寸约束对其进行约束,具体设计过程如图4-65所示。

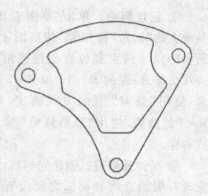

图4-64　零件草图

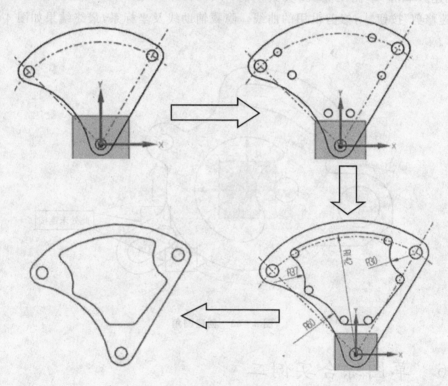

图4-65　设计流程图

4.6.3　常用命令

　　·"草图":"My Toolbar"工具条上的"草图"按钮 。

92

- "配置文件"："草图工具"工具条上的"配置文件"按钮 。
- "圆"："草图工具"工具条上的"圆"按钮 。
- "转换至/自参考对象"："草图约束"工具条上的"转换至/自参考对象"按钮 。
- "圆弧"："草图工具"工具条上的"圆弧"按钮 。
- "快速修剪"："草图工具"工具条上的"快速修剪"按钮 。
- "圆角"："草图工具"工具条上的"圆角"按钮 。
- "自动判断的尺寸"："草图约束"工具条上的"自动判断的尺寸"按钮 。
- "约束"："草图约束"工具条上的"约束"按钮 。

4.6.4　设计步骤

1. 新建零件文件

❈（参考用时：1 分钟）

① 在桌面上双击 UG 快捷方式图标进入基本环境，然后选择"文件"→"新建"菜单项，给新文件指定路径和文件名，单击"确定"按钮。

② 在工具条中单击"起点"→"建模"按钮，或者使用"Ctrl＋M"组合快捷键，切换到建模模式。

2. 曲线轮廓的绘制

❈（参考用时：14 分钟）

① 绘制两个整圆曲线。单击"My Toolbar"工具条上的"草图"按钮 ，首先应确定草图平面，选择默认的平面，按一下鼠标中键，即确定 XC－YC 平面作为草图绘制平面。单击"草图工具"工具条上的"圆"按钮 ，在坐标原点单击，然后移动鼠标，输入直径值为 30，单击鼠标创建圆。再次输入直径值为 15，单击鼠标创建圆。这样就创建了两个圆心都在坐标原点的同心圆。效果如图 4－66 所示。

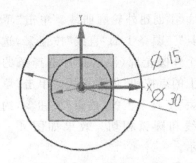

图 4－66　两个整圆效果

② 绘制辅助曲线。单击"草图工具"工具条上的"直线"按钮 ，在坐标原点单击，然后移动鼠标，输入长度值为 250、角度值为 60，按 Enter 键，创建直线。同样，在坐标原点单击，然后移动鼠标，输入长度值为 250，角度值为 135，按 Enter 键，创建直

线。单击"草图工具"工具条上的"圆"按钮○，在坐标原点单击，然后移动鼠标，输入直径值为276，单击鼠标创建圆。选择刚创建的3条曲线，单击"草图约束"工具条上的"转换至/自参考对象"按钮，效果如图4-67所示。

③ 创建外轮廓定位圆弧。单击"草图工具"工具条上的"圆"按钮○，在两辅助线的交点处单击，然后移动鼠标，输入直径值为30，单击鼠标创建圆。再次选择交点，输入直径值为15，单击鼠标确定。这样就创建了两个圆心在坐标原点的同心圆。同样的，在另外一个交点处，也创建两个同样大小的同心圆。效果如图4-68所示。

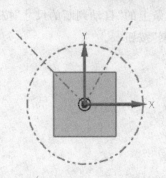
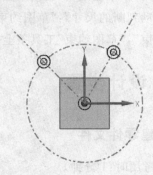

图4-67　完成约束效果　　　　图4-68　约束圆弧位置效果

注意：在选择交点的时候，一定注意选择条的"交点"按钮打开，如图4-69所示。

图4-69　交点处打开

④ 创建外轮廓曲线。单击"草图工具"工具条上的"直线"按钮╱，选择两个外圆轮廓（注意打开选择条的曲线上的点按钮）创建直线。单击"草图约束"工具条上的"约束"按钮，约束直线和圆弧相切。效果如图4-70所示。

⑤ 单击"草图工具"工具条上的"圆弧"按钮╮，单击"三点定圆弧"按钮╮，并选择左侧两个外圆弧作为放

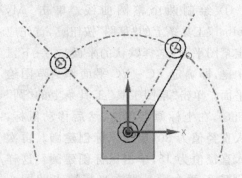

图4-70　设置相切

置点，输入半径值为110，单击鼠标创建圆弧。单击"草图约束"工具条上的"约束"按钮，约束圆弧和圆弧相切，效果如图4-71所示。

⑥ 单击"草图工具"工具条上的"圆弧"按钮╮，选择"三点定圆弧"按钮╮，并选

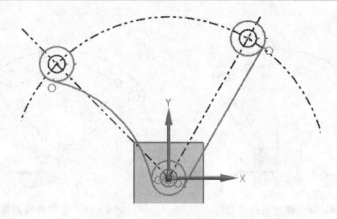

图 4－71　左侧相切圆弧

择上部两个外圆弧作为放置点,输入半径值为 140,单击鼠标创建圆弧。选择"草图工具"工具条上的"约束"按钮,约束圆弧和圆弧相切,效果如图 4－72 所示。

⑦ 修剪曲线。对以上创建的草图中没用的曲线进行修剪。修剪结果如图 4－73 所示。

⑧ 创建内部定位小圆弧。选择"草图工具"工具条上的"圆"按钮,在

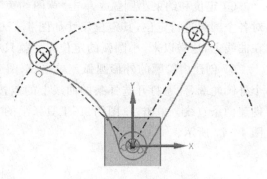

图 4－72　上侧相切圆弧

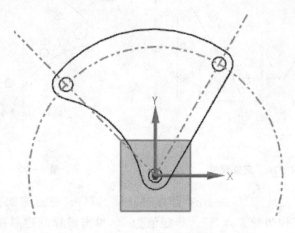

图 4－73　修剪曲线效果

草图内部,圆弧辅助线上单击,然后移动鼠标,输入直径值为 10,单击鼠标创建圆。重复上述操作,创建两个圆心在辅助线上的圆。在右侧的直线辅助线上同样创建直径值为 10 的圆。效果如图 4－74 所示。其余的定位小圆弧按照图 4－75 先来大体

地创建。

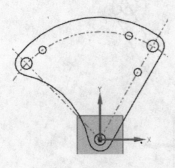
图 4-74　修剪曲线效果

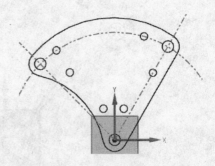
图 4-75　修剪曲线效果

⑨ 定位和约束小圆弧。单击"草图约束"工具条上的"自动判断尺寸"按钮，对各个圆弧进行定位，其定位尺寸如图 4-76 所示。其中要注意约束小圆弧的圆心在曲线上，这样以来，小圆弧的定位尺寸就只有一个了。

⑩ 创建内轮廓的外形圆弧。单击"草图工具"工具条上的"直线"按钮，选择两个外圆轮廓（注意打开选择条的曲线上的点按钮）创建相切直线，在下部和右侧分别创建两条直线。单击"草图约束"工具条上的"约束"按钮，约束直线和圆弧相切，如图 4-77 所示。

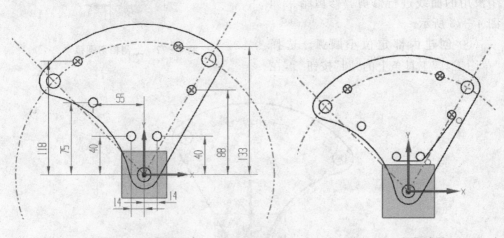
图 4-76　定位尺寸　　　　　　　　　　　图 4-77　相切直线

⑪ 单击"草图工具"工具条上的"圆弧"按钮，单击"三点定圆弧"按钮，并选择上部两个外圆弧作为放置点，输入半径值为 60，单击鼠标创建圆弧。单击"草图约束"工具条上的"约束"按钮，约束圆弧和圆弧相切。同样的方法，创建左侧半径值为 37、上侧半径值为 142、右侧半径值为 30 的相切圆弧，效果如图 4-78 所示。

⑫ 修剪草图曲线。修剪无用的草图曲线，修剪结果如图 4-79 所示。

⑬ 最终草图的创建如图 4-64 所示。

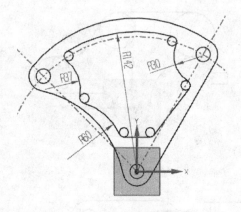

图 4-78　相切圆弧

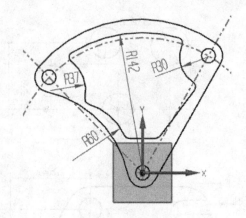

图 4-79　修剪曲线

4.7　草图综合实例三

4.7.1　案例预览

❋（参考用时：20 分钟）

本节将介绍草图曲线的绘制过程。该草图曲线的绘制重点是先要定位几个圆心位置，然后通过连接几个圆弧，可以得到轮廓曲线，再绘制内部的轮廓曲线。最终的结果如图 4-80 所示。

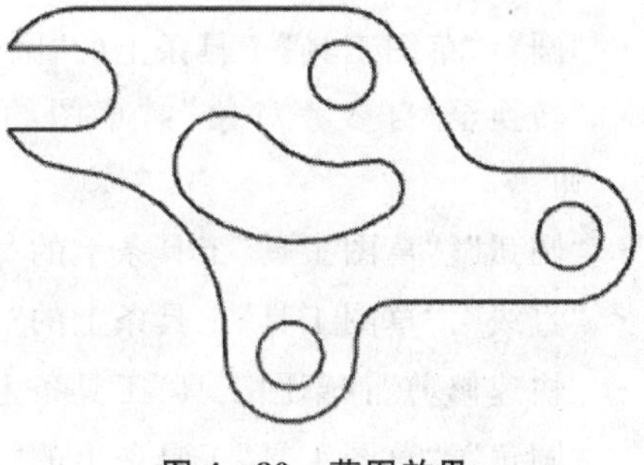

图 4-80　草图效果

4.7.2　案例分析

本案例是一个草图曲线的绘制实例。通过对图纸的基本分析可知，该草图的绘制应该先找到几个重要的定位点，通过这几个点确定圆心，通过连接绘制的圆弧得到轮廓曲线，最后绘制内部轮廓，具体设计过程如图 4-81 所示。

4.7.3　常用命令

- "草图"："My Toolbar"工具条上的"草图"按钮 ⌸。
- "配置文件"："草图工具"工具条上的"配置文件"按钮 ∽。

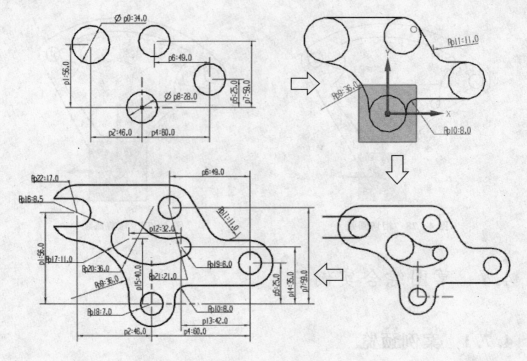

图 4-81 设计流程图

- "圆":"草图工具"工具条上的"圆"按钮 ○。
- "转换至/自参考对象":"草图约束"工具条上的"转换至/自参考对象"按钮 ▧。
- "圆弧":"草图工具"工具条上的"圆弧"按钮 ↘。
- "直线":"草图工具"工具条上的"直线"按钮 ╱。
- "快速修剪":"草图工具"工具条上的"快速修剪"按钮 ⧵。
- "圆角":"草图工具"工具条上的"圆角"按钮 ⌐。
- "自动判断的尺寸":"草图约束"工具条上的"自动判断的尺寸"按钮 ⤡。
- "约束":"草图约束"工具条上的"约束"按钮 ⊿。

4.7.4 设计步骤

1. 新建零件文件

❀(参考用时:1分钟)

① 在桌面上双击 UG 快捷方式图标进入基本环境,然后选择"文件"→"新建"菜单项,给新文件指定路径和文件名,单击"确定"按钮。

② 在工具条中单击"起点"→"建模"按钮，或者使用"Ctrl＋M"组合快捷键，切换到建模模式。

2. 曲线轮廓的绘制

✲（参考用时：19 分钟）

① 绘制四个定位圆。单击"My Toolbar"工具条上的"草图"按钮，首先应确定草图平面，选择默认的平面，按一下鼠标中键，即确定 XC－YC 平面作为草图绘制平面。选择"草图工具"工具条上的"圆"按钮○，在绘图区绘制如图 4－82 所示的四个整圆。

② 约束四个圆。选择"草图工约束"工具条上的"约束"按钮，单击鼠标选择圆 1 的圆心（注意，光标一定要

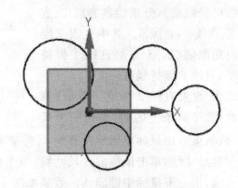

图 4－82　四个整圆效果

放置在圆心附近），然后选择水平的草图基准轴，单击"点在曲线上"按钮。同样方法，将圆 1 的圆心约束成与竖直基准轴重合，这样圆 1 的圆心就与草图进准轴的交点重合了。接着用鼠标分别单击选择圆 1、圆 2 和圆 3（注意，要在圆的弧线上选择），然后选择"等半径"按钮，这样三个圆的半径就相等了。选择"草图约束"工具条上的"自动判断的尺寸"按钮，再单击"草图尺寸对话框"按钮，在弹出的"尺寸"对话框中选择"半径"按钮。用鼠标单击选择圆 1 的弧线，单击鼠标放置尺寸线，输入尺寸 14，在键盘上按 Enter 键，则三个圆同时发生变化。再用鼠标单击选择圆 4 的弧线，单击鼠标放置尺寸线，输入尺寸 17，按 Enter 键，完成半径尺寸约束。接着用鼠标单击选择圆 4 的圆心位置，再选择竖直基准轴，单击鼠标放置尺寸线，输入尺寸 46，按 Enter 键，该尺寸约束完成。单击选择圆 2 的圆心位置，再选择竖直基准轴，单击鼠标放置尺寸线，输入尺寸 60，按 Enter 键，该尺寸约束完成。单击选择圆 2 的圆心位置，选择圆 3 的圆心，注意，要竖直方向拖动鼠标，出现水平标注尺寸线，单击鼠标放置尺寸线，输入尺寸 49，按 Enter 键，该尺寸约束完成。单击选择水平基准轴，选择圆 4 的圆心，单击鼠标放置尺寸线，输入尺寸 56，按 Enter 键，该尺寸约束完成。选择水平基准轴，再选择圆 3 的圆心，单击鼠标放置尺寸线，输入尺寸 56＋17－14（允许输入计算公式），按 Enter 键，该尺寸约束完成。最后选择水平基准轴，选择圆 2 的圆心，单击鼠标放置尺寸线，输入尺寸 39－14，按 Enter 键，该尺寸约束完成。完成全部约束，按一下鼠标中键确认并退出对话框，效果如图 4－83 所示。

③ 绘制外形轮廓线。单击"草图工具"工具条上的"直线"按钮，将"捕捉点"工具条上的"象限点"○激活（其他捕捉功能先关闭），用鼠标分别选择圆 3 和圆 4 的最

上边的象限点，按一下鼠标中键，完
成直线 1 绘制。接着将"捕捉点"工
具条上的"点在曲线上"按钮 ┃ 激活
（其他捕捉功能先关闭），然后如
图 4-84 所示（为方便读者观察，尺
寸线已经隐藏），分别绘制直线 2、直
线 3、直线 4、直线 5。其中直线 2 绘
制时角度随意，直线 3、直线 4 保持
水平，直线 5 保持竖直。

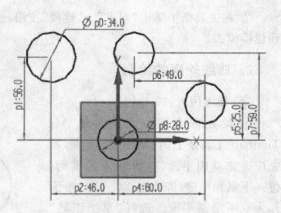

图 4-83　完成约束效果

④ 约束直线 2 角度。单击"草
图约束"工具条上的"自动判断的尺
寸"按钮 ，用鼠标单击选择直线 2，再单击选择直线 3，这时会出现一个随鼠标移动
的角度尺寸线，单击鼠标放置尺寸线，输入角度尺寸值为 120，按 Enter 键，该尺寸约
束完成，按一下鼠标中键确认。效果如图 4-85 所示。

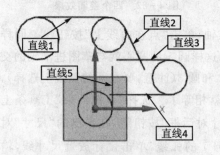

图 4-84　绘制外形线效果

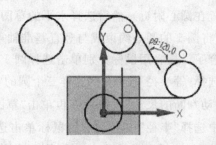

图 4-85　约束角度效果

⑤ 曲线圆角。单击"草图工具"工具条上的"圆角"按钮 ，用鼠标单击选择如
图 4-84 中直线 4，再单击选择直线 5，然后移动光标，会出现圆角效果预览，在合适
的位置单击鼠标，完成圆角操作。同样方法，完成草图中其他的几个圆角（尽量将圆
角先做的小一点，以免出现圆角相交的情况，为后续处理带来麻烦），最后选择如
图 4-84 中圆 1，再选择圆 4，然后移动鼠标，会出现圆角效果预览，在合适的位置单
击鼠标，完成两个圆之间圆角操作，最终效果如图 4-86 所示（隐藏了尺寸线）。

⑥ 约束圆角尺寸。单击"草图约束"工具条上的"自动判断的尺寸"按钮 ，再单
击"草图尺寸对话框"按钮 ，在弹出的"尺寸"对话框中选择"半径"按钮 ，用鼠标
单击选择要约束的圆角，单击鼠标放置尺寸线，输入圆角的半径尺寸，按键盘上的
Enter 键，完成尺寸约束，效果如图 4-87 所示，按鼠标中键退出对话框。

注：步骤⑤、⑥也可以用一个步骤完成，在使用圆角的时候，手动输入半径值
即可。

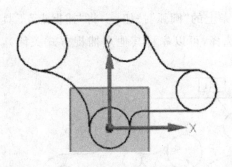

图 4 - 86 约束参考线效果

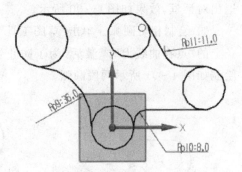

图 4 - 87 约束圆角效果

⑦ 修剪草图曲线。单击"草图工具"工具条上的"快速修剪"按钮，用鼠标单击选择曲线中想要截断的部分，选中即可实现修剪，最终修剪成如图 4 - 88 所示效果。

⑧ 绘制六个圆。单击"草图工具"工具条上的"圆"按钮○，如图 4 - 89 所示绘制六个圆，其中有四个圆分别与其对应圆弧同心（圆 1、2、3、4），另外两个圆如图 4 - 89 所示随意放置即可。

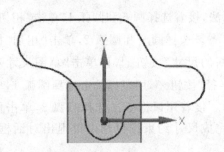

图 4 - 88 修剪曲线效果

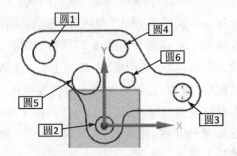

图 4 - 89 绘制六个圆效果

⑨ 约束六个圆。单击"草图约束"工具条上的"约束"按钮，用鼠标分别单击选择圆 2、圆 3 和圆 4（注意，要在圆的弧线上选择），然后选择"等半径"按钮，这样三个圆的半径就相等了。单击"草图约束"工具条上的"自动判断的尺寸"按钮，再单击"草图尺寸对话框"按钮，在弹出的"尺寸"对话框中选择"半径"按钮，用鼠标单击选择圆 1 的弧线，单击鼠标放置"尺寸"线，输入尺寸 8.5，按 Enter 键，完成圆 1 半径尺寸约束。再用鼠标单击选择圆 4 的弧线，单击鼠标放置尺寸线，输入尺寸 7，按 Enter 键，则圆 2、3、4 半径全部等于 7。同样方法，约束圆 5 半径等于 11，圆 6 半径等于 6。接着用鼠标单击选择圆 5 的圆心位置，再选择圆 6 的圆心位置，竖直方向移动鼠标，将会出现水平尺寸线，单击鼠标放置尺寸线，输入尺寸 32，按 Enter 键，该尺寸约束完成。点选圆 3 的圆心位置，再选择圆 6 的圆心位置，竖直方向移动鼠标，单击鼠标放置尺寸线，输入尺寸 42，按 Enter 键，该尺寸约束完成，按一下鼠标中键

退出对话框,效果如图4-90所示。

⑩ 绘制相切圆弧。单击"草图工具"工具条上的"圆弧"按钮 ↖ ,将"捕捉点"工具条上的"点在曲线上" ↗ 激活(为了防止错误选择,可以先将其他点捕捉方式关闭),绘制如图4-91所示两段圆弧。

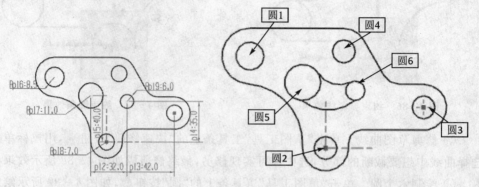

图4-90 约束六个圆效果   图4-91 绘制两段圆弧效果

⑪ 圆弧的约束。单击"草图约束"工具条上的"约束"按钮 ↙ ,用鼠标分别单击选择圆5和圆弧1,单击"相切"按钮 ○ 。同样方法,接着选择圆6和圆弧1,单击"相切"按钮 ○ 。选择圆5和圆弧2,单击"相切"按钮 ○ 。选择圆6和圆弧2,单击"相切"按钮 ○ 。单击"草图约束"工具条上的"自动判断的尺寸"按钮 ⤢ ,再单击"草图尺寸对话框"按钮 ⤢ ,在弹出的尺寸对话框中选择"半径"按钮 ↗ ,用鼠标单击选择圆弧1,单击鼠标放置尺寸线,输入尺寸21,按 Enter 键。接着用鼠标单击选择圆弧2,单击鼠标放置尺寸线,输入尺寸36,按 Enter 键。完成尺寸约束按鼠标中键退出对话框。效果如图4-92所示。

⑫ 绘制两条直线。单击"草图工具"工具条上的"直线"按钮 ↗ ,将"捕捉点"工具条上的"象限点" ○ 激活(其他捕捉功能先关闭),用鼠标单击选择图4-89中圆1的最上边的象限点,水平向左移动鼠标。待出现一水平直线以后,单击鼠标完成直线绘制。同样方法绘制另一条直线,效果如图4-93所示。

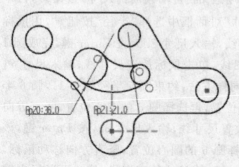
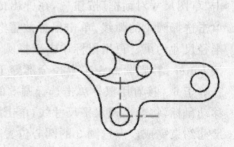

图4-92 约束圆弧效果   图4-93 绘制两条直线效果

⑬ 修剪曲线。单击"草图工具"工具条上的"快速修剪"按钮 ，用鼠标单击选择曲线中想要截断的部分，选中即可实现修剪，最终效果（显示所有尺寸）如图 4-80 所示。

4.8　草图综合实例四

4.8.1　案例预览

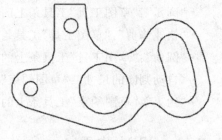

✹（参考用时：15 分钟）

本节将介绍草图曲线的绘制过程。该草图的轮廓由圆弧和直线构成，可以先绘制大致的轮廓曲线，再通过尺寸约束等功能对其进行约束。最终的结果如图 4-94 所示。

图 4-94　草图曲线

4.8.2　案例分析

本案例是一个草图曲线的绘制实例。通过对图纸的基本分析可知，该草图有几个比较重要的定位圆弧，所以在实际绘制中，先绘制四个定位圆弧，然后借助定位圆弧绘制轮廓曲线，再对轮廓修剪、圆角，最后绘制内部曲线并进行约束，具体设计流程如图 4-95 所示。

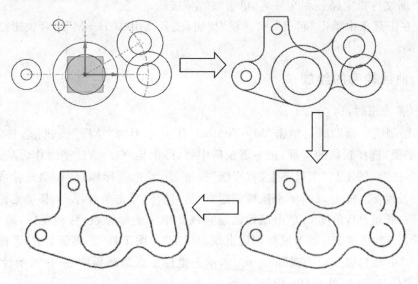

图 4-95　设计流程图

4.8.3 常用命令

- "草图":"My Toolbar"工具条上的"草图"按钮 ⊞。
- "圆":"草图工具"工具条上的"圆"按钮 ○。
- "直线":"草图工具"工具条上的"直线"按钮 ╱。
- "转换至/自参考对象":"草图约束"工具条上的"转换至/自参考对象"按钮 ⊞。
- "圆弧":"草图工具"工具条上的"圆弧"按钮 ╲。
- "快速修剪":"草图工具"工具条上的"快速修剪"按钮 ⊬。
- "圆角":"草图工具"工具条上的"圆角"按钮 ⌐。
- "自动判断的尺寸":"草图约束"工具条上的"自动判断的尺寸"按钮 ⊭。
- "约束":"草图约束"工具条上的"约束"按钮 ⌿⌐。

4.8.4 设计步骤

1. 新建零件文件

✷(参考用时:1 分钟)

① 在桌面上双击 UG 快捷方式图标进入基本环境,然后执行"文件"→"新建"菜单项,给新文件指定路径和文件名,单击"确定"按钮。

② 在工具条中单击"起点"→"建模"按钮,或者使用"Ctrl+M"组合快捷键,切换到建模模式。

2. 曲线轮廓的绘制

✷(参考用时:14 分钟)

① 绘制两个辅助线。单击"My Toolbar"工具条上的"草图"按钮 ⊞,首先应确定草图平面,选择默认的平面,按一下鼠标中键,即确定 XC-YC 平面作为草图绘制平面。单击"草图工具"工具条上的"直线"按钮 ╱,单击坐标原点,移动光标,输入直线参数:长度31,角度180,单击鼠标创建直线。同样,单击坐标原点,移动光标,输入直线参数:长度33,角度0,单击鼠标创建直线。单击坐标原点,移动光标,输入直线参数:长度33,角度30,单击鼠标创建直线。单击"草图工具"工具条上的"圆弧"按钮 ╲,单击"中心和端点定圆弧"的方式 ⌒,单击坐标原点为圆弧中心,输入半径为33,扫掠角度任意定,如图 4-96 所示。

② 隐藏草图中的尺寸线。在草图的左上角的大约位置,绘制水平和竖直的两条

相交曲线,并且约束竖直线到 Y 轴的距离为 14,水平线到 X 轴的距离为 26,效果如图 4 - 97 所示。

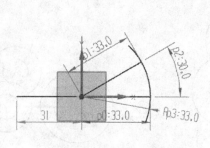

图 4 - 96 辅助线及效果

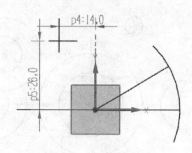

图 4 - 97 完成约束

③ 转换为参考线。单击"草图约束"工具条上的"转换至/自参考对象"按钮,用鼠标单击选择刚创建的 6 条曲线,单击"确定"按钮,完成参考线转换并退出对话框。草图曲线转化为辅助曲线。

④ 绘制圆弧。单击"草图工具"工具条上的"圆"按钮○,将"捕捉点"工具条上的"交点"↑和"端点"/激活(为了防止错误选择,可以先将其他点捕捉方式关闭),捕捉点的示意图见图 4 - 98。把鼠标放在交点 1 位置,分别绘制直径为 12 和 24 的圆。在交点 2 的位置,同样的绘制直径为 12 和 24 的圆。在原点的位置,绘制直径为 21 和 34 的圆。在端点 1 的位置,绘制直径为 6 和 16 的圆。在交点 3 的位置,绘制直径为 6 的圆。效果如图 4 - 99 所示。

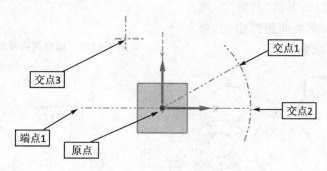

图 4 - 98 捕捉点示意图

⑤ 绘制直线段。在交点 3 的上部绘制长为 13 的水平直线,并且约束线到交点 3 的水平线的距离为 7,左端到交点 3 的竖直线的距离也为 7。从创建的直线的左端点引出竖直直线,不需要具体的数值,也可延伸至 X 轴。从右端点引出直线,输入值为 12,角度值为 275。效果如图 4 - 100 所示。

⑥ 绘制相切曲线。单击"草图工具"工具条上的"直线"按钮/,将"捕捉点"工具条上的"点在曲线上"/激活(为了防止错误选择,可以先将其他点捕捉方式关闭),绘

制端点 1 和原点处大圆弧的外切直线。单击"草图工具"工具条上的"圆角"按钮 ⬡，按图 4－101 所示的约束和数值来创建圆角。

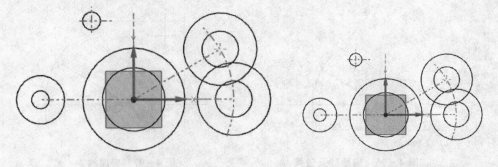

图 4－99　圆的绘制效果　　　　　图 4－100　直线段绘制效果

⑦ 修剪曲线。单击"草图工具"工具条上的"快速修剪"按钮 ⬡，按照图 4－102 所示，修剪草图 4 处曲线，修剪效果如图 4－103 所示。

⑧ 创建圆弧。单击"草图工具"工具条上的"圆弧"按钮 ⬡，在修剪曲线的右侧分别创建 R＝54、R＝54、R＝81 的三个相切圆弧。单击"草图工具"工具条上的"约束"按钮 ⬡，约束圆弧与原来的圆弧相切，效果图如图 4－104 所示。

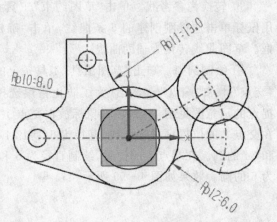

图 4－101　相切圆弧及直线

图 4－102　修剪示意图

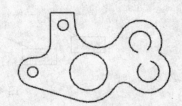

图 4－103　修剪结果图

⑨ 修剪曲线。单击"草图工具"工具条上的"快速修剪"按钮 ⬡，修剪草图中无用的曲线，修剪效果如图 4－105 所示。

⑩ 显示/移除约束。单击"草图约束"工具条上的"显示/移除约束"按钮 ⬡，单击"移除所列的"按钮，移除约束，总的结果图如图 4－94 所示。

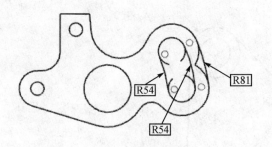

图 4 - 104　创建圆弧

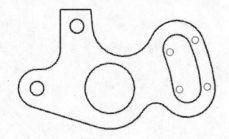

图 4 - 105　修剪结果图

课后练习

1. 何谓草图？草图一般应用在什么场合？
2. 常用的草图约束有哪些？
3. 草图约束的作用是什么？
4. 绘制图 4 - 106 所示的草图。
5. 创建如图 4 - 107 所示图形,建立如图 4 - 108 所示约束。

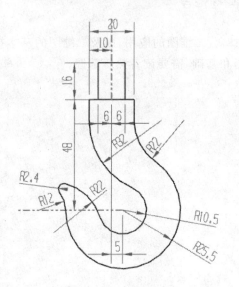

图 4 - 106　草图练习

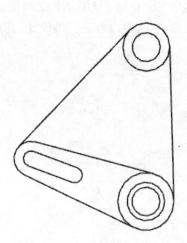

图 4 - 107　草图轮廓

107

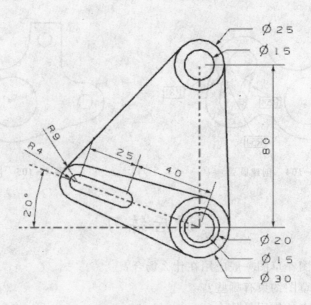

图 4 - 108　草图约束

本章小结

　　本章主要介绍了 UG NX 二维图的概念,二维图的应用,以及二维图的基本操作等基础知识,这些内容是三维设计的前提和基础,需要读者熟练掌握。

第 5 章　实体特征设计

本章导读

UG NX 提供了常用的实体特征、扫描特征和设计特征,利用这些特征,可以方便地设计一些简单的基本零件。

希望读者熟练掌握 UG NX 中创建实体特征的方法和使用技巧。

5.1　体素特征

5.1.1　长方体

建立边于坐标系平行的长方体,选择"插入"→"设计特征"→"块"菜单项或单击"成型特征"工具条上的"块"按钮 ,弹出如图 5-1 所示的"块"对话框,利用对话框顶部的"类型"选项组可以选择通过以下 3 种方式创建长方体。

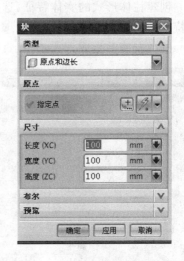

图 5-1　"原点和边长"类型方式

- "原点和边长":单击"类型"中的" 原点和边长"选项,即可进入"原点和边长"创建方式,通过指定原点和边的长度来创建长方体,如图 5-1 所示。
- "两个点,高度":单击"类型"中的" 两个点和高度"选项,即可进入"两个点和高度"创建方式。在"长方体"可变显示区域输入 ZC 轴方向上的高度值,以及两个底面对角点的位置,单击"确定"按钮,即可创建一个长方体,如图 5-2 所示。
- "两个对角点":单击"类型"中的" 两个对角点"选项,即可进入"两个对角点"创建方式,选择长方体的两个对角点后,单击"确定"按钮,即可创建一个长方体如图 5-3 所示。

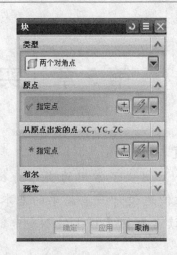

图 5-2 "两点和高度"类型方式   图 5-3 "两个对角点"类型方式

5.1.2 圆 柱

创建柱体形式的实体特征,选择"插入"→"设计特征"→"圆柱"菜单项或单击"成型特征"工具条上的"圆柱"按钮 ,弹出如图 5-4 所示的"圆柱"对话框。

圆柱有两种生成方式:"轴、直径和高度"和"圆弧和高度",如图 5-5 所示。

图 5-4 "圆柱"对话框   图 5-5 圆柱类型列表

- "轴、直径和高度":确定一个矢量方向作为圆柱体轴线方向,在"属性"栏内设置圆柱体的"直径"和"高度"参数,最后指定创建圆柱体的低面圆心的位置坐标,即可创建一个圆柱体。
- "圆弧和高度":在"属性"栏内设置圆柱体的"高度",然后在绘图区内选择已绘制的一圆弧,系统就会以圆弧的半径作为圆柱的半径,以圆弧所在平面的法线方向为圆柱的轴线方向,在所选取的圆弧上创建一个圆柱体。

5.1.3　圆　锥

　　该功能用来创建锥形的实体特征,选择"插入"→"设计特征"→"圆锥"菜单项或单击"成型特征"工具条上的"圆锥"按钮 ,弹出如图 5-6 所示对话框。

　　圆锥有 5 种创建方式:"直径,高度"、"直径,半角"、"底部直径,高度,半角"、"顶部直径,高度,半角"和"两个共轴的圆弧"。

　　① "直径,高度":选择一个矢量方向作为圆锥的轴线方向,然后在弹出的对话框中分别输入"底部直径"、"顶部直径"和"高度"数值,单击"确定"后,选择底面圆心放置的位置,最后单击"确定"按钮,即可创建一个圆锥,如果"顶部直径"不为 0,则创建一个圆台。

　　② "直径,半角":选择一个矢量方向作为圆锥的轴线方向,然后在弹出的对话框中分别输入"底部直径"、"顶部直径"和"半角"数值,单击"确定"后,选择底面圆心放置的位置,最后单击"确定"

图 5-6　"圆锥"对话框

按钮,即可创建一个圆锥,如果"顶部直径"不为 0,则创建一个圆台。

　　③ "底部直径,高度,半角":选择一个矢量方向作为圆锥的轴线方向,然后在弹出的对话框中分别输入"底部直径"、"高度"和"半角"数值,单击"确定"后,选择底面圆心放置的位置,最后单击"确定"按钮,即可创建一个圆锥,如果"底部直径">"高度"×Tan("半角"),则创建一个圆台。

　　④ "顶部直径,高度,半角":选择一个矢量方向作为圆锥的轴线方向,然后在弹出的对话框中分别输入"顶部直径"、"高度"和"半角"数值,单击"确定"后,选择底面圆心放置的位置,最后单击"确定"按钮,即可创建一个圆锥,如果"顶部直径"不为 0,则创建一个圆台。

⑤"两个共轴的圆弧"：前提条件是已存在不在同一平面内的两个共轴线圆弧，单击"圆锥"对话框上的"两个共轴的圆弧"按钮，选择"底部圆弧"，接着选择"顶部圆弧"，最后单击"确定"按钮，即可创建一个圆锥，两个圆弧的轴线则为圆锥的轴线方向。

5.1.4 球

该功能用来创建球体形式的实体特征，选择"插入"→"设计特征"→"球"菜单项或单击"成型特征"工具条上的"球"按钮 ⬤，弹出如图 5 - 7 所示的对话框。

球有 2 种创建方式："中线点和直径"和"圆弧"，创建比较简单。

① "中线点和直径"：设定球心位置和球的直径即可。

② "圆弧"：前提条件是已存在一段圆弧，选择该圆弧，即可在该圆弧上创建一个球体，球心为圆弧的圆心。

图 5 - 7 "球"对话框

5.2 设计特征

常见的有拉伸、旋转、凸台、腔体操作，设计特征是参数化的，修改其参数，即可以修改模型，其创建过程类似于零件粗加工过程，通过命令可添加材料到实体（如圆台、凸垫等）或从实体上去除材料（如孔、腔体、键槽和沟槽等）。该命令可通过菜单"插入"→"设计特征"找到，也可以通过"设计特征"工具条找到，如图 5 - 8 所示为"设计特征"工具条。

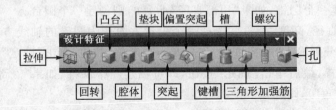

图 5 - 8 "设计特征"工具条

创建设计特征的一般步骤如下：

① 选择放置平面。

② 选择水平参考。

③ 确定特征参数。

④ 对特征进行定位。

1. 拉　伸

拉伸是将线条或闭合的曲线作为剖面曲线,按指定的方向拉伸一个线性距离而形成片体或实体的操作。其效果如图 5-9 所示。

拉伸命令操作步骤如下。

① 选择下拉菜单"起始"→"建模"命令,进入建模状态。

② 单击"设计特征"工具条上的"拉伸"按钮 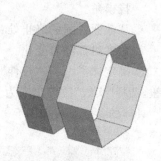,弹出"拉伸"对话框,如图 5-10 所示。

图 5-9　拉伸体或拉伸片体

③ 选择曲线:可选择实体表面、实体边缘、曲线或草图曲线、片体边缘作为拉伸对象。

④ 确定拉伸方向:在选择曲线后,系统默认以该曲线所在平面的法线方向为拉伸方向,并以黄箭头表示该方向,可通过单击"指定矢量"中的"自动判断的矢量"按钮 来选择拉伸方向,也可以通过单击"矢量构造器" 来创建一个新的方向。

⑤ 设置拉伸距离:方向箭头为双向可拖动手柄,用鼠标拖动拉伸至需要距离,也可利用"拉伸"对话框的"限制"选项组中的"开始距离"和"结束距离"设置拉伸距离,还可通过"开始"和"结束"后面的下拉列表框来控制拉伸距离。

⑥ 设置偏置距离:在选择"偏置"复选框后,在对话框上将会添加"偏置"和"距离"文本框,可在此设置偏置距离,数值分别为原始曲线内外偏置的距离,具体内外的划分,还要根据偏置方向来确定。偏置方式有 3 种:"单侧"、"双侧"和"对称"。

图 5-10　"拉伸"对话框

⑦ 设置拔模角:在"拔模"选项组中,选择拔模的类型,一共有如下几种。

- 从起始限制：即从刚开始拉伸的面开始拔模。
- 从截面：即拉伸出来的截面可以设置一个面或者多个面的拔模角。
- 从截面-不对称角：这个用在对称拉深或者正负拉伸的时候，可设置一个或多个面上下不等的拔模角。
- 从截面-对称角：这个用在对称拉深或者正负拉伸的时候，可设置截面整体的拔模角。
- 从截面匹配的终止处：在终止处调整拔模角，从而使起始和终止截面的拔模角度对都随着变化。

⑧ 确定体类型，在"拉伸"对话框上"体类型"选项中有"实线"和"片体"两种单选按钮，选择"实线"拉伸出来为实体，选择"片体"拉伸出来为片体。

具体的参数设置如图 5 – 11 所示。

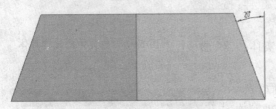 

(a) 拔模角参数的设置（从起始偏置20）   (b) 偏置参数的设置（对称偏置10）

图 5 – 11 参数设置

5.2.2 课堂练习一：拉伸件

本例将介绍如图 5 – 12 所示的零件的设计过程。在设计过程中，综合使用各种基本建模方法逐一在已有模型上添加新的特征，直到完成模型的设计。

① 选择"文件"→"新建"→"模型"菜单项，新建名称为 lashenjian.prt 的部件文档。

② 单击"草图"按钮，在"草图"对话框中选择"在平面上"选项，选择 XC – YC 平面作为草图平面，单击"确定"按钮，进入草图模式。

③ 单击"圆"按钮，绘制两个圆直径分别为 75 和 150，如图 5 – 13 所示。

④ 单击"约束"按钮，添加如下约束：圆心在原点，并且两个圆同心。

⑤ 单击"完成草图"按钮，返回建模窗口，草图如图 5 – 14 所示。

⑥ 单击"拉伸"按钮，选择先前创建的草图作为截面线串，起始距离为 0，结束距离为 200，单击"确定"按钮，添加拉伸特征结果如图 5 – 15 所示。

⑦ 单击"草图"按钮，在"草图"对话框中选择"在平面上"，选择 XC – ZC 平面作为草图平面。

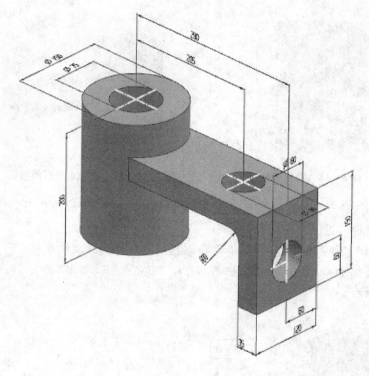

图 5-12　拉伸件

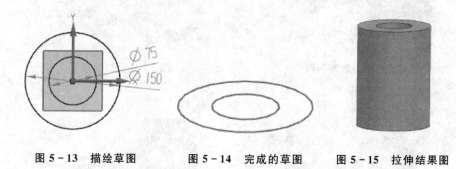

图 5-13　描绘草图　　　　图 5-14　完成的草图　　　　图 5-15　拉伸结果图

⑧ 单击"确定"按钮,进入草图模式,绘制如图 5-16 所示的草图曲线,绘制图示截面,单击"完成草图"按钮，返回建模窗口。

⑨ 单击"拉伸"按钮，选择步骤⑧创建的草图作为截面线串,起始距离为 75/2,结束距离为 290,选择"求和"布尔操作,单击"确定"按钮,添加拉伸特征结果如图 5-17 所示。

⑩ 单击"草图"按钮，在"草图"对话框中选择"在平面上"选项,选择步骤⑨创建的特征的上平面为草图平面,如图 5-18 所示。

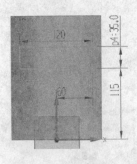

图 5-16 草图描绘

图 5-17 拉伸求和后的特征

⑪ 单击"确定"按钮,进入草图模式,绘制如图 5-19 所示的草图曲线,单击"完成草图"按钮▨,返回建模窗口。

⑫ 单击"拉伸"按钮▥,选择步骤⑪创建的草图作为截面线串(图 5-20 为示意图),深度起始为 0,终止为 150,选择"求和"布尔操作,单击"确定"按钮,效果如图 5-21 所示。

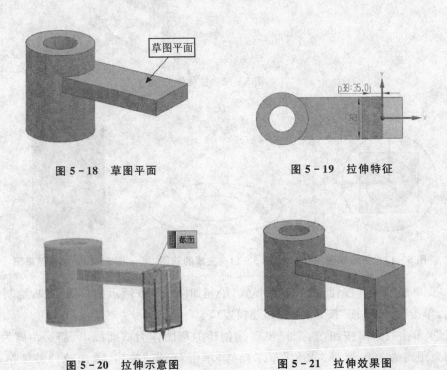

图 5-18 草图平面

图 5-19 拉伸特征

图 5-20 拉伸示意图

图 5-21 拉伸效果图

⑬ 单击"草图"按钮▣,在"草图"对话框中选择"在平面上"选项,草图平面选择图 5-18 所示平面。

⑭ 单击"确定"按钮,进入草图模式,绘制如图 5-22 所示的草图曲线,约束圆心

在 X 轴上。单击"完成草图"按钮，返回建模窗口。

⑮ 单击"拉伸"按钮，选择步骤⑭创建的草图作为截面线串，深度起始为 0，结束为贯通，选择"求差"布尔操作，单击"确定"按钮，添加拉伸特征，结果如图 5 - 23 所示。

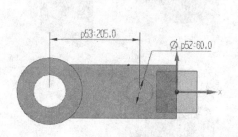

图 5 - 22　草图描绘图

图 5 - 23　拉伸求差特征

⑯ 单击"草图"按钮，在"草图"对话框中选择"在平面上"选项，草图平面选择图 5 - 24 所示平面。

⑰ 单击"确定"按钮，进入草图模式，绘制如图 5 - 25 所示的草图曲线，约束圆心在 Y 轴上。单击"完成草图"按钮，返回建模窗口。

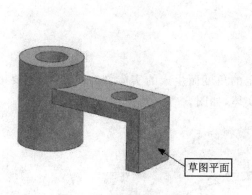

图 5 - 24　草图描绘平面

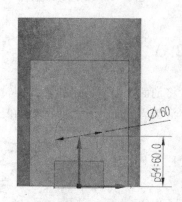

图 5 - 25　草图描绘图

⑱ 单击"拉伸"按钮，选择上一步创建的草图作为截面线串，深度起始为 0，结束为 35，选择"求差"布尔操作，单击"确定"按钮，添加拉伸特征结果如图 5 - 27 所示。

⑲ 单击"边倒圆"按钮，对图 5 - 28 所示边进行边倒圆，参数值为 20，最终结果如图 5 - 29 所示。

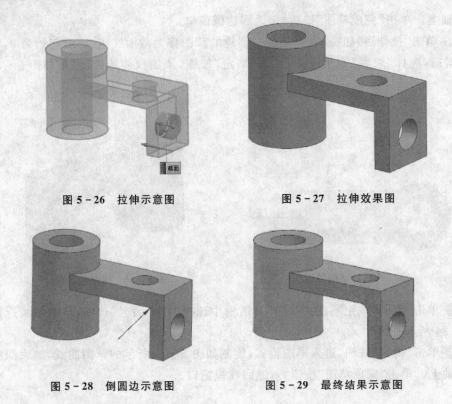

图 5 - 26　拉伸示意图　　　　　　　　图 5 - 27　拉伸效果图

图 5 - 28　倒圆边示意图　　　　　　　图 5 - 29　最终结果示意图

5.2.3　回　转

　　将剖面线串绕指定的轴线旋转一定的角度而生成的实体称为回转体,主要用于创建沿圆周方向具有相同剖面的复杂实体,如图 5 - 30 所示。

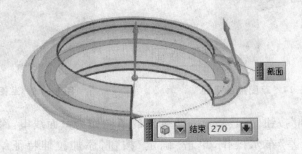

图 5 - 30　回转体

回转命令的操作步骤如下。

　　① 单击"设计特征"工具条上的"回转"按钮🔧,弹出"回转"对话框,如图 5 - 31 所示。

②选择回转截面。

③单击"回转"对话框"轴"选项组中"指定矢量"后的"自动判断的矢量"按钮 $\nearrow_\uparrow$，确定回转轴。

④在"回转"对话框中"极限"选项组下面的"起点"和"结束"下拉列表框中选择不同选项设置回转角度，也可根据"开始"和"终止"的选项来确定回转角度的大小。回转方向符合"右手法则"，握住右手，大拇指与回转轴方向一致，四指环绕方向即为回转方向。

⑤选择体类型,各参数设置效果如图 5 - 32 所示。

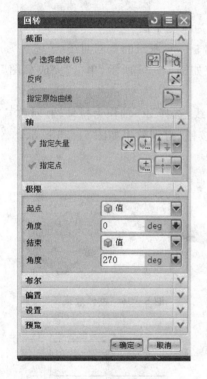

图 5 - 31 "回转"对话框

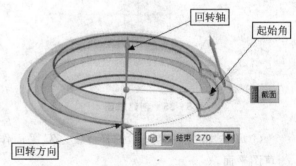

图 5 - 32 回转参数设置

5.2.4　课堂练习二:回转件

本例将介绍一个回转件的设计过程。在设计过程中,综合使用各种基本建模方法逐一在已有模型上添加新的特征,直到完成模型的设计,零件如图 5 - 33 和图 5 - 34 所示。

①选择"文件"→"新建"菜单项,创建文件名为"回转件. prt"的部件文档,单位设置为 mm。

图 5 - 33　回转件　　　　　　　　图 5 - 34　回转件剖视图

② 单击"草图"按钮，选择 XC - YC 平面作为草图平面。

③ 单击"确定"按钮，进入草图模式，绘制如图 5 - 35 所示的草图曲线。

④ 添加约束：线的顶点在绝对原点，尺寸约束如图 5 - 35 所示，单击"完成草图"按钮，退出草图。

⑤ 单击"拉伸"按钮，选择草图作为拉伸曲线，选择 ZC 轴作为拉伸轴，对称拉伸 16，两侧偏置起始为 2，终止为 0。单击"确定"按钮，得到效果如图 5 - 36 所示。

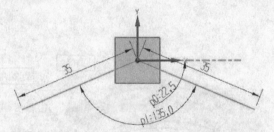

图 5 - 35　创建草图 ct1

图 5 - 36　拉伸效果

⑥ 单击"草图"按钮，选择 YC - ZC 平面作为草图平面。

⑦ 单击"确定"按钮，进入草图模式，绘制如图 5 - 37 所示的草图曲线。

⑧ 添加约束：圆心在 X 轴上，尺寸约束如图 5 - 37 所示，单击"完成草图"按钮，退出草图。

⑨ 单击"回转"按钮，绘制的草图作为截面曲线，指定矢量为 Y 轴，指定点为坐标原点。起点设置为直至选定对象，结束也设置为直至选定对象，如图 5 - 38 所示。单击"确定"按钮，结果如图 5 - 39 所示。

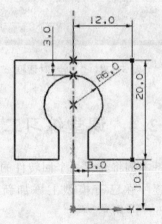

图 5 - 37　创建草图 ct2

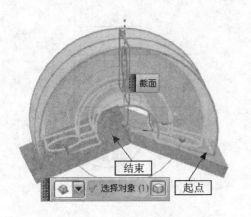

图 5-38　拉伸示意图

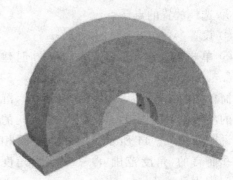

图 5-39　拉伸效果图

5.2.5　孔

在实体上创建孔的一般步骤如下。

① 选择"插入"→"设计特征"→"孔"菜单项或单击"设计特征"工具条上"孔"按钮，将会弹出"孔"对话框，如图 5-40 所示。孔分为"常规孔""钻形孔"和"螺纹间隙孔""螺纹孔""孔系列"。各种孔的实例如图 5-41 所示。

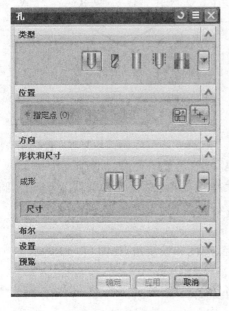

图 5-40　"孔"对话框

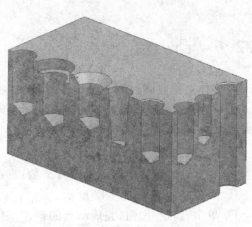

图 5-41　"孔"实例演示

② 在"孔"对话框中指定孔的类型。

③ 选择放置的点。

④ 设置参数。

⑤ 单击"确定"按钮,完成孔的创建工作。

简单孔的参数说明如图 5-42 所示,沉头孔的参数说明如图 5-43 所示,埋头孔的参数说明如图 5-44 所示。"顶锥角"是相对盲孔而言的,角度范围 0°～180°,当角度为 0°时即为平端孔。

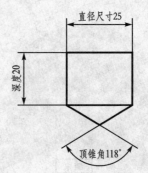

图 5-42　简单孔的参数

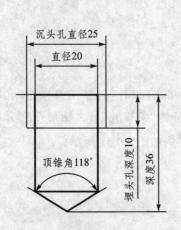

图 5-43　沉头孔的参数

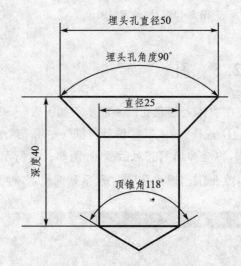

图 5-44　埋头孔的参数

5.2.6　凸　台

在实体上创建圆台的一般步骤如下。

① 选择"插入"→"设计特征"→"凸台"菜单项或单击"设计特征"工具条上"圆台"按钮 ,弹出"凸台"对话框,如图 5-45 所示。

② 选择平的放置面。

③ 在"凸台"对话框内设置圆台参数:直径、高度和拔模角,如图 5-46 所示。

④ 定位圆台,如图 5-47 所示。

⑤ 单击"确定"按钮,完成凸台的创建工作。

图 5 - 45　"凸台"对话框

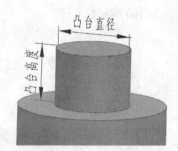

图 5 - 46　凸台参数

图 5 - 47　凸台定位

5.2.7　腔　体

在实体上创建腔体的一般步骤如下。

① 选择"插入"→"设计特征"→"腔体"菜单项或单击"设计特征"工具条上"腔体"按钮，将会弹出"腔体"对话框，如图 5 - 48 所示。

② 选择腔体类型，腔体有 3 类："圆柱"、"矩形"和"通用"，其中"圆柱"和"矩形"较为常用。

③ 选择放置面。

④ 设置"腔体"参数。

图 5 - 48　"腔体"对话框

⑤ 选择水平参考，"圆柱"类腔体不需要选择水平参考。

⑥ 定位腔体。

⑦ 单击"确定"按钮，完成腔体的创建工作。

"腔体"对话框中三种类型腔体的说明如下所述。

(1) 圆柱形腔体

单击"圆柱形"按钮，弹出如图 5 - 49(a)所示的圆柱形腔体"编辑参数"对话框，其参数设置如图 5 - 49(b)所示。

(2) 矩形腔体

单击"矩形"按钮，弹出如图 5 - 50(a)所示的"矩形腔体"对话框，其参数设置如

图 5-50(b)所示。

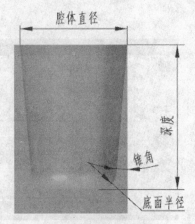

(a) "编辑参数"对话框　　　　　　(b) 圆柱形腔体参数

图 5-49　圆柱形腔体

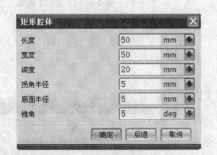
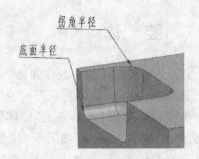

(a) "矩形腔体"对话框　　　　　　(b) 矩形腔体参数

图 5-50　矩形腔体

(3) 通用常规腔体

单击"通用"按钮,弹出图 5-51(a)所示的"常规腔体"对话框,设定参数如该对话框所示。操作步骤如下。

① 选择放置面,可以为曲面。

② 选择放置面轮廓,这个轮廓可以是外部曲线。

③ 选择底面,这个可以由放置面偏置出来,也可以由其他方式产生,定义偏置距离。

④ 单击"应用"按钮。

图 5-51(b)是参数示意图,图 5-51(c)是完成的常规腔体图,曲线是放置面的轮廓图。

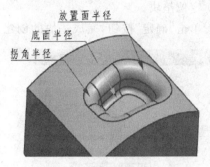

(b) 参数设置

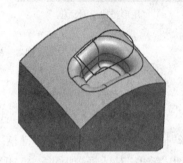

(a) "常规腔体" 对话框　　　　　　　(c) 完成后的效果图

图 5 - 51　通用腔体

5.2.8　垫　块

在实体上创建垫块的一般步骤如下。

① 选择 "插入" → "设计特征" → "垫块" 菜单项,或单击 "设计特征" 工具条上 "垫块" 按钮 ,弹出 "垫块" 对话框,如图 5 - 52 所示。

图 5 - 52　"垫块" 对话框

② 单击 "矩形" 按钮选择平的放置面。

③ 选择水平参考。

④ 设置垫块参数,各参数的设置如图 5 - 53 所示。

⑤ 定位垫块。

⑥ 单击"确定"按钮，完成垫块的创建工作。

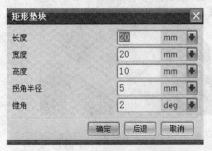

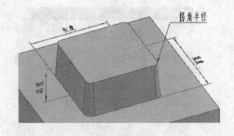

（a）"矩形垫块"对话框　　　　　　　　（b）矩形垫块参数

图 5－53　矩形垫块

5.2.9　键　槽

选择"插入"→"设计特征"→"键槽"菜单项或单击"设计特征"工具条上"键槽"按钮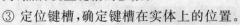，弹出"键槽"对话框，如图 5－54 所示。

键槽的类型包括"直角坐标"、"球形端槽"、"U 形槽"、"T 型键槽"和"燕尾槽"5 种，同时各种类型键槽都可设置为"通槽"方式。

在实体上创建键槽的一般步骤如下。

① 指定键槽类型。

② 选择实体平面或基准平面作为键槽放置平面和通槽平面，并指定键槽的轴线方向，然后设置键槽的参数。

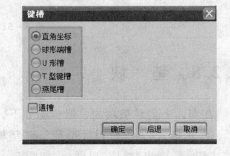

图 5－54　"键槽"对话框

③ 定位键槽，确定键槽在实体上的位置。

当在图 5－54 所示的"键槽"对话框中选择创建某类槽时，都会弹出对象选择对话框，让用户选择放置平面，可选择实体表面或基准平面作为放置平面。指定槽的放置平面后，系统会让用户选择水平参考，用于指定槽的长度方向，可选择实体边、面或基准轴作为槽的水平参考方向，即长度方向。

1．直角坐标

若在"键槽"对话框中选中"直角坐标"单选项，则可在实体上创建矩形键槽。在选择放置平面和指定水平参考方向（即长度方向）后，会弹出如图 5－55（a）所示的"矩形键槽"对话框，在各文本框中输入相应参数后，利用定位方式对话框确定矩形键槽的位置,则系统可在实体上创建指定参数的矩形键槽。图5-55(b)所示的就是这种方式的图例。

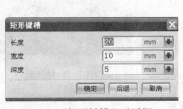

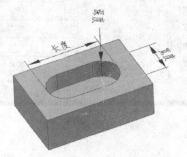

（a）"矩形键槽"对话框　　　　　　　　　（b）矩形键槽图例

图5-55　矩形键槽

2. 球形端槽

若在"键槽"对话框中选中"球形端槽"单选项,则可在实体上创建球形键槽。在选择放置平面和指定水平参考方向(即长度方向)后,弹出如图5-56(a)所示的"球形键槽"对话框,在各文本框中输入相应参数后,利用定位方式对话框确定球形键槽位置,则系统可在实体上创建指定参数的球形键槽,图5-56(b)所示的就是这种方式的图例。

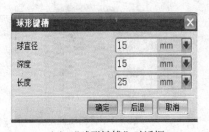

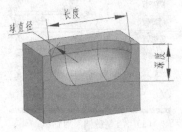

（a）"球形键槽"对话框　　　　　　　　　（b）球形键槽图例

图5-56　球形键槽

3. U形槽

若在"键槽"对话框中选择"U形槽"单选项,则可在实体上创建U形槽。在选择放置平面和指定水平参考方向(即长度方向)后,弹出如图5-57(a)所示的"U形槽"对话框,在各文本框中输入相应参数后,利用定位方式对话框确定U形键槽位置,则系统可在实体上创建指定参数的U形键槽,图5-57(b)所示的就是这种方式的图例。

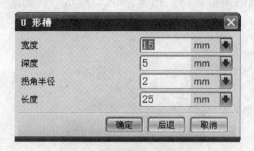

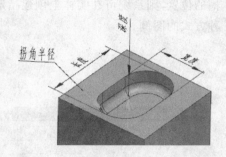

（a）"U形槽"对话框   （b）U形键槽图例

图 5-57　U 形键槽

4．T 形键槽

若在"键槽"对话框中选中"T 型键槽"单选项，则可在实体上创建 T 型键槽。在选择放置平面和指定水平参考方向（即长度方向）后，弹出如图 5-58（a）所示的"T 型键槽"对话框，在各文本框中输入相应参数后，利用定位方式对话框确定 T 型键槽位置，则系统可在实体上创建指定参数的 T 型键槽，图 5-58（b）所示的就是这种方式的图例。

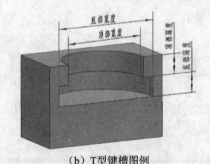

（a）"T型键槽"对话框   （b）T型键槽图例

图 5-58　T 型键槽

5．燕尾槽

若在"键槽"对话框中选中"燕尾槽"单选项，则可在实体上创建燕尾槽。在选择放置平面和指定水平参考方向（即长度方向）后，会弹出如图 5-59（a）所示的"燕尾槽"对话框，在各文本框中输入相应参数后，利用定位方式对话框确定燕尾槽位置，则系统可在实体上创建指定参数的燕尾槽，图 5-59（b）所示的就是这种方式的图例。图 5-59（c）、（d）为参数示意图。

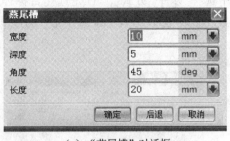

（a）"燕尾槽"对话框

（b）燕尾槽示意图

（c）燕尾槽参数1

（d）燕尾槽参数2

图 5 - 59 燕尾槽

5.2.10 课堂练习三：键槽

① 首先通过拉伸操作创建如图 5 - 60 所示的操作对象（尺寸由读者自行设定）。

② 选择"插入"→"基准/点"→"基准平面"菜单项，接受系统默认的"自动判断的平面"选项，选择小圆柱面，则得到如图 5 - 61 所示的基准平面，单击"确定"按钮。

③ 选择"插入"→"基准/点"→"基准轴"菜单项，接受系统默认的"自动判断的平面"选项，选择小圆柱的轴线，单击"确定"按钮，得到如图 5 - 62 所示的基准轴。

图 5 - 60 操作对象

图 5 - 61 创建基准平面

图 5 - 62 创建基准轴

④ 选择"插入"→"设计特征"→"键槽"菜单项或单击"设计特征"工具条上"键槽"按钮，在弹出的"键槽"对话框中选择"直角坐标"，选择基准平面为放置面，基准轴为水平参考，生成方向为与实体相交方向，如图 5 - 63 所示。

⑤ 在弹出的"矩形键槽"对话框内输入各个参数，如图 5 - 64 所示参数，单击"确定"按钮。

⑥ 定位键槽。在弹出的"定位"对话框中选择"水平"方式，首先选择目标体为圆柱端面边缘，在弹出的"设置圆弧的位置"对话框中选择"圆弧中心"选项，如图 5 - 65 所示。

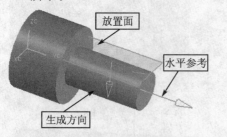

图 5 - 63　放置面、生成方向和水平参考

图 5 - 64　编辑键槽参数

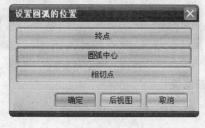

图 5 - 65　设置圆弧的位置

⑦ 选择工具体为键槽的中心线，在弹出的"创建表达式"对话框内输入数值 15，如图 5 - 66 所示。

图 5 - 66　创建表达式

⑧ 单击"确定"按钮，即可完成矩形键槽的创建，如图 5 - 67 所示。

图 5 - 67　完成的键槽

5.2.11 槽

选择"插入"→"设计特征"→"槽"菜单项或单击"设计特征"工具条上"槽"按钮
，将会弹出"槽"对话框，如图 5-68 所示。

在实体上创建环形槽的一般步骤如下：

先选择环形槽类型，再指定圆柱面或圆锥面作为环形槽放置面，然后设置环形槽
参数，最后用定位方式对话框，确定环形槽在实体上的位置。另外环形槽可以在实体
表面上或实体内部。图 5-69 所示的就是关于槽的图例。

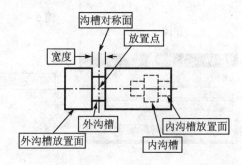

图 5-68 "槽"对话框   图 5-69 槽图例

槽类型包括矩形、球形端槽和 U 形槽三种。下面分别详细介绍一下这三种环形
槽类型的用法。

1. 矩 形

① 在"槽"对话框中选择"矩形"类型，则可在实体上创建矩形槽。

② 选择该类型后，会弹出对象选取对话框，让用户选择矩形沟槽的放置面，可在
实体上选择圆柱面或圆锥面作为放置面。

③ 弹出如图 5-70(a)所示的矩形槽参数对话框，图 5-70(b)为参数示例，在文
本框中输入相应参数后，弹出"定位槽"对话框，如图 5-71 所示。

④ 分别选择圆柱或圆锥边缘和沟槽对称面，在弹出的"创建表达式"对话框中输
入沟槽距端面的距离，如图 5-72(a)所示，单击"确定"按钮，则系统可在实体上按指
定参数创建矩形沟槽。图 5-72(b)为矩形槽示意图。

2. 球形端槽

① 在"槽"对话框中选择"球形端槽"类型，则可在实体上创建球形端槽。

② 选择该类型后，会弹出对象选取对话框，让用户选择球形端槽的放置面，可在
实体上选择圆柱面或圆锥面作为放置面。

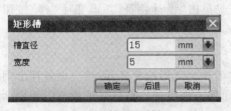

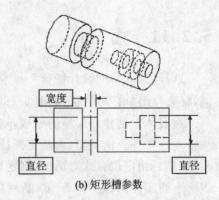

(a) "矩形槽" 对话框　　　　　　　　　　(b) 矩形槽参数

图 5 - 70　矩形槽

图 5 - 71　定位槽

(a) "创建表达式" 对话框　　　　　　　　(b) 矩形槽示意图

图 5 - 72　创建矩形沟槽

③ 弹出如图 5 - 73(a)所示的"球形端槽"对话框,图 5 - 73(b)为参数示例,在文本框中输入相应参数后,弹出"定位槽"对话框,定位类似矩形槽定位,单击"确定"按钮,则系统可在实体上按指定参数创建球形端沟槽。

3. U 形槽

① 在"槽"对话框中选择"U 形槽"类型,则可在实体上创建 U 形槽。

② 选择该类型后,会弹出对象选取对话框,让用户选择 U 形槽的放置面,可在实体上选择圆柱面或圆锥面作为放置面。

③ 然后会弹出如图 5 - 74(a)所示的"U 形槽"对话框,图 5 - 74(b)为参数示例,在文本框中输入相应参数后,弹出"定位槽"对话框,定位类似矩形槽定位,单击"确

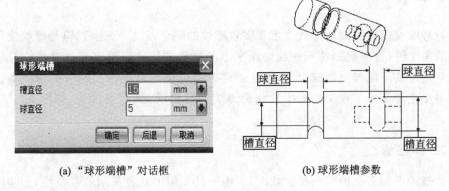

(a)"球形端槽"对话框　　　　　　　(b)球形端槽参数

图 5-73　球形端槽

定"按钮,则系统可在实体上按指定参数创建 U 形槽。

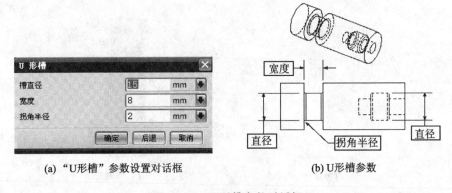

(a)"U形槽"参数设置对话框　　　　　(b)U形槽参数

图 5-74　U 形槽参数对话框

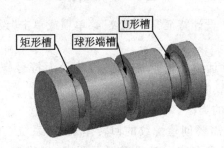

图 5-75　各种沟槽示意图

5.2.12　螺　纹

使用螺纹命令能在具有圆柱面的特征上创建"符号螺纹"和"详细螺纹"。这些特征包括孔、圆柱、凸台以及圆周曲线扫掠产生的减去或增添部分。

1. 符号螺纹

符号螺纹以虚线圆的形式显示在要攻螺纹的一个或几个面上。符号螺纹使用外部螺纹表文件(可以根据特殊螺纹要求来定制这些文件),以确定默认参数。符号螺纹一旦创建就不能被复制或引用,但在创建时可以创建多个符号和可引用副本。该螺纹类型主要是为了在工程图中转化为螺纹简易画法,创建速度快,如图 5 - 76(a)所示。

2. 详细螺纹

该形式更加逼真地显示螺纹状况,但由于其几何形状及显示的复杂性,创建和更新的时间都要长很多。详细螺纹创建后可以复制或引用。效果图如图 5 - 76(b)所示。

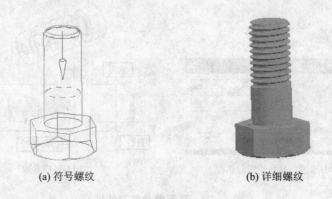

(a) 符号螺纹   (b) 详细螺纹

图 5 - 76　螺纹类型

① 选择"插入"→"设计特征"→"螺纹"菜单项或单击"设计特征"工具条上的"螺纹"按钮 。

② 弹出"螺纹"对话框,如图 5 - 77(a)所示为符号螺纹的创建参数对话框,图 5 - 77(b)为详细螺纹的创建参数对话框。

③ 选择创建螺纹的类型。

④ 在绘图区选择需要创建螺纹的回转体表面,系统会根据回转体表面的参数自动确定螺纹参数,用户在使用时只需根据要求,稍作修改即可。修改时,在参数输入上也有 2 种选择,即可手工输入,也可从螺纹参数列表中选择,然后输入螺纹长度,选择旋向,指定螺纹起始面,螺纹生成方向,最后单击"确定"按钮即可创建螺纹特征。

螺纹的各特征参数如图 5 - 78 所示。

(a) 符号螺纹创建参数设置对话框　　　　　(b) 详细螺纹创建参数设置对话框

图 5 - 77　螺纹参数

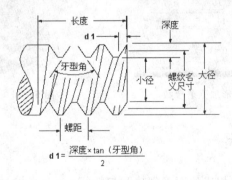

$$d1 = \frac{深度 \times \tan（牙型角）}{2}$$

图 5 - 78　螺纹参数示意图

135

5.2.13 三角形加强筋

使用"三角形加强筋"命令将沿着两个面集的相交曲线来添加三角形加强筋特征。

① 选择"插入"→"设计特征"→"三角形加强筋"菜单项或单击"设计特征"工具条上的"三角形加强筋"按钮　。

② 弹出"三角形加强筋"对话框,如图5-79所示。

③ 选择第一组面,单击中键确认,再选择第二组面。修剪选项可选择"修剪与缝合"和"不修剪",方法可以选择"沿曲线"或"位置度"。设定三角形加强筋的位置与参数,单击"确定"按钮,效果如图5-80所示。

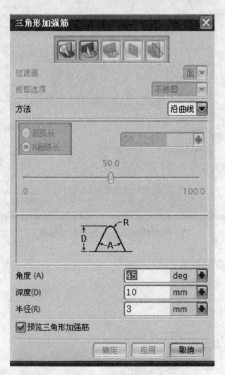

图5-79　三角形加强筋参数

图5-80　三角形加强筋示意图

5.2.14 凸　起

"凸起"命令用于在相连的面上创建凸起特征。

① 单击"设计特征"工具条上的"凸起"按钮　,或者选择"插入"→"设计特征"→"凸起"菜单项。

② 系统弹出"凸起"对话框,如图 5 - 81 所示。

5.2.15　偏置凸起

使用"偏置凸起"命令可以偏置点或者曲线,生成垫块,然后通过侧壁把它连接到输入片体。需要注意的是,偏置凸起需要在片体上而不是在实体上创建。

单击"设计特征"工具条上的"偏置凸起"按钮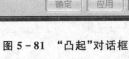,或者选择"插入"→"设计特征"→"偏置凸起"菜单项,系统会弹出"偏置凸起"对话框,如图 5 - 82 所示。偏置凸起有两种,一种是曲线偏置,一种是点偏置,分别如图 5 - 83 和图 5 - 84 所示。

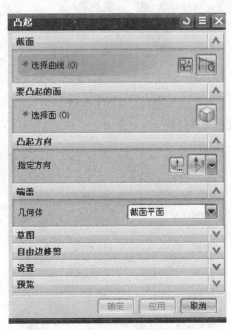

图 5 - 81　"凸起"对话框

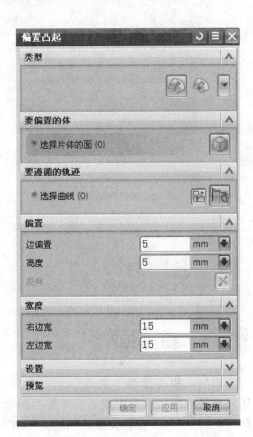

图 5 - 82　"偏置凸起"对话框

图 5 - 83 是由曲线偏置创建的偏置凸起,单击"偏置凸起"按钮,在下拉菜单中选择"曲线选项",参数设定如图 5 - 83(a)所示,其结果如图 5 - 83(b)所示。图 5 - 84 是由点创建的偏置凸起,参数设定如图 5 - 84(a)所示,其结果如图 5 - 84(b)所示。

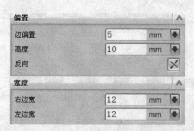
(a) 由曲线创建偏置凸起参数设定

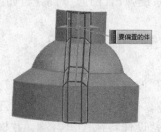
(b) 由曲线创建偏置凸起效果

图 5 - 83　由曲线创建偏置凸起

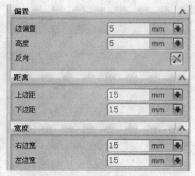
(a) 由点创建偏置凸起参数设定

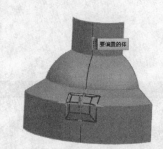
(b) 由点创建偏置凸起效果

图 5 - 84　由点创建偏置凸起

5.3　扫　掠

5.3.1　扫　掠

　　由剖面曲线沿着一条或一系列曲线、边或面为导线扫掠而生成的实体称为扫掠体,剖面曲线可以为开放或封闭的草图、曲线、边或面。

　　单击"插入"→"扫掠"→"扫掠"菜单项, 或者从"扫掠"工具条上单击"扫掠"按钮,就会出现"扫掠"对话框,如图 5 - 85 所示。

图 5 - 85　"扫掠"对话框

5.3.2　课堂练习四：冰激凌

① 选择"插入"→"曲线"→"⊙多边形"菜单项。

② 设置多边形边数为 6，如图 5-86 所示。

③ 单击"内切圆半径"按钮，并指定内切圆半径为 50、方位角为 0，分别如图 5-87 和图 5-88 所示。

④ 指定原点为放置点，单击"确定"按钮，结果如图 5-89 所示。

图 5-86　"多边形"对话框

图 5-87　"多边形"对话框

图 5-88　多边形参数对话框

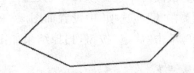

图 5-89　创建的多边形

⑤ 选择"插入"→"曲线"→"╱直线"菜单项。

⑥ 在"曲线"对话框中，起点选择╬选项，出现"点构造器"对话框，这里选择默认的原点，单击"确定"按钮。

⑦ 调整视图，使直线沿 Z 轴方向，输入长度值为 100，如图 5-90 所示。

⑧ 单击"确定"按钮，结果如图 5-91 所示。

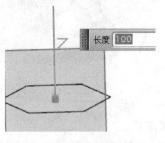

图 5-90　创建直线的参数

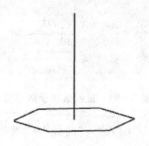

图 5-91　创建的直线

⑨ 按 F8 键摆正视图,单击"分析"→"⬚⬚测量距离"选项。

⑩ 设定类型为"长度",并选择创建的六边形进行测量,如图 5 - 92 所示。

图 5 - 92　测量六边形的长度

⑪ 单击"确定"按钮,退出"测量距离"对话框。

⑫ 单击"插入"→"扫掠"→"⬚扫掠"菜单项。

⑬ 截面线串选择步骤④创建的六边形,引导线选择步骤⑦创建的直线。

⑭ 在"截面选项"中设置如图 5 - 93 所示的参数。

⑮ 单击"确定"按钮,扫掠结果如图 5 - 94 所示。

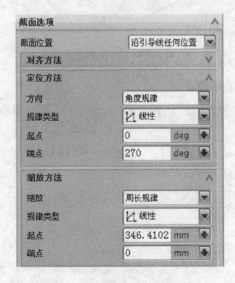

图 5 - 93　截面选项参数设置

图 5 - 94　扫掠结果

⑯ 单击"插入"→"曲线"→"基本曲线"菜单项。

⑰ 在"基本曲线"对话框中单击"圆"按钮,如图 5 - 95 所示。

⑱ 在跟踪条中输入圆心的坐标值为:(0,0,0),并按回车键。

⑲ 在 ⟋ 60.0000 中输入 60,按回车键,结果如图 5－96 所示。

图 5－95　基本曲线对话框

图 5－96　扫掠结果

⑳ 单击"拉伸"按钮,截面曲线选择步骤⑲创建的圆,方向选择－Z。

㉑ 拉伸参数设置如图 5－97 所示。

㉒ 单击"确定"按钮,并隐藏不需要的曲线,结果如图 5－98 所示。

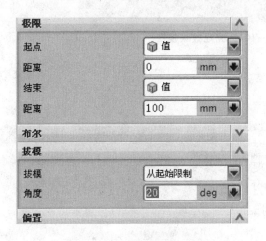

图 5－97　拉伸参数设置

图 5－98　拉伸结果

㉓ 单击"编辑"→"对象显示"菜单项,如图 5－99 所示。选择扫掠体,单击"确定"按钮。

㉔ 单击"颜色"对话框,并选择白色,如图 5－100 所示,单击"确定"按钮。

㉕ 回到"编辑对象显示"对话框,单击"应用"按钮,再单击 选择新对象 复选框。

㉖ 选择拉伸体,步骤同第㉔步,设置颜色为粉红色。

㉗ 单击"确定"按钮,创建冰激凌如图 5－101 所示。

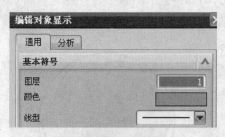
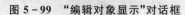

图 5-99　"编辑对象显示"对话框

图 5-100　颜色选项

图 5-101　完成效果视图

5.3.3　样式扫掠

样式扫掠就是从一组曲线,创建一个精确、光滑的 A 级曲面。单击"插入"→"扫掠"→" 样式扫掠"菜单项,或者从"扫掠"工具条上单击"样式扫掠"按钮,就会出现"样式扫掠"对话框,如图 5-102 所示。

样式扫掠分四种:"一条引导线"、"一条引导线串,一条接触线串"、"一条引导线串,一条方位线串"、"两条引导线串"。

下面以一个简单实例来说明"样式扫掠"的创建。

① 打开本书所附随书光盘中的"实例源文件"→"第 5 章"→"样式扫掠"文件。

图 5-102　"样式扫掠"对话框

142

② 单击"插入"→"扫掠"→"样式扫掠"菜单项,系统弹出"样式扫掠"对话框。

③ 在类型中选择"两条引导线串"选项,截面曲线的选择如图 5－103 所示,引导曲线的选择如图 5－104 所示。

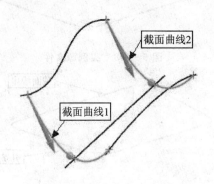

图 5－103　截面线串的选择

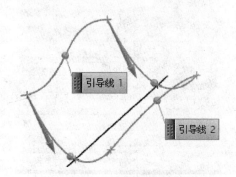

图 5－104　引导线的选择

④ 扫掠属性参数的设置如图 5－105 所示,其中"参考"选项选择"至脊线"。

⑤ 在形状控制里面选择"部分扫掠",在这里使用系统默认的完全扫掠。

⑥ 单击"确定"按钮,扫掠结果如图 5－106 所示。

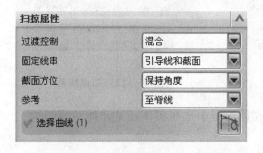

图 5－105　扫掠属性参数设置

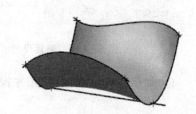

图 5－106　扫掠结果

5.3.4　沿引导线扫掠

单击"插入"→"扫掠"→"沿引导线扫掠"菜单项,或者从"扫掠"工具条上单击"沿引导线扫掠"按钮,就会出现"沿引导线扫掠"对话框,如图 5－107 所示。

下面通过一个实例来演示沿引导线扫掠的应用。

① 打开本书所附随书光盘中的"实例源文件"→"第 5 章"→"沿引导线扫掠"文件,如图 5－108 所示。

② 单击"沿引导线扫掠"按钮,系统弹出"沿引导线扫掠"对话框。在图形窗口选择截面线串和引导线,如图 5－109 所示。

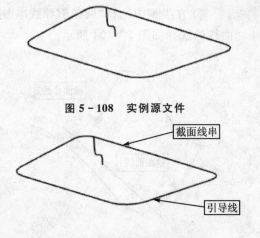

图 5 - 108   实例源文件

图 5 - 107   沿引导线扫掠

图 5 - 109   截面线串和引导线选取

③ 输入偏置值,如图 5 - 110 所示,系统默认的偏置值为 0,在输入了偏置值的情况下,会生成具有一定厚度的壳体,如图 5 - 111 所示。

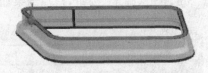

图 5 - 110   偏置设置

图 5 - 111   扫掠结果

④ 如果需要可以设置"布尔操作",在体类型中选择实体还是片体。

5.3.5   变化扫掠

使用变化的扫掠命令可以沿一条或多条引导线创建有变化的扫掠特征。

创建"变化的扫掠"的要点是截面草图与引导线之间必须要有"通过"约束关系,选择的第一条引导线为主引导线,它与截面草图之间的关系是通过创建基于轨迹的草图来建立的。主引导线控制截面在扫掠过程中的方位。其他的引导线则在进入草图生成器后,通过求取交点的功能来实现。截面草图可以事先绘制好,也可以在激活"变化的扫掠"命令后,使用"绘制截面"选项来创建特征内部的草图。

下面通过一个实例来演示沿变化的扫掠的创建。

① 打开本书所附光盘中的"实例源文件"→"第 5 章"→"变化的扫掠"文件,如图 5 - 112 所示。

② 单击"插入"→"扫掠"→"   变化的扫掠"菜单项,或者按快捷键 V,系统就会

弹出"变化的扫掠"对话框,在"截面"选项组下单击"绘制截面"按钮，系统会弹出"创建草图"对话框。"平面方位"选项组中将"方向"选择为"垂直于轨迹"选项,如图 5-113 所示。

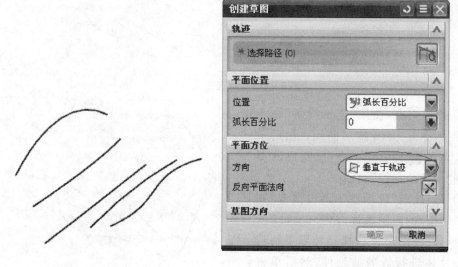

图 5-112 实例源文件   图 5-113 "创建草图"对话框

③ 在图形窗口选取一条曲线作为主引导线,将平面位置拖拉到合适的位置,让它与其他的曲线都相交,如图 5-114 所示。

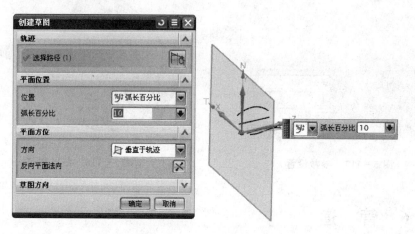

图 5-114 创建草图

④ 单击"确定"按钮或按鼠标中键进入草图生成器。在"草图操作"工具条上单击"交点"按钮，系统就会弹出"交点"对话框,在图形窗口选择另外一条曲线,求取曲线与草图平面的交点,然后单击"应用"按钮。继续以同样的方式求取其余 3 条曲线与草图平面的交点,如图 5-115 所示。

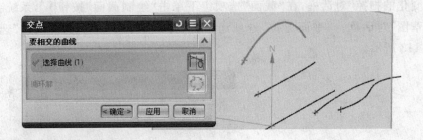

图 5 - 115　确定交点

⑤ 捕捉交点,使用"艺术样条"命令 绘制如图 5 - 116 所示曲线。然后单击工具条的 完成草图 按钮,完成草图并回到"变化的扫掠"对话框。

⑥ 在"极限"选项组下可以设置"开始"或"结束"的限制条件,如图 5 - 117 所示。也可以在图形窗口拖动控制手柄将生成的片体进行修剪或延伸,然后单击"确定"按钮或者按鼠标中键创建扫掠特征,如图 5 - 118 所示。

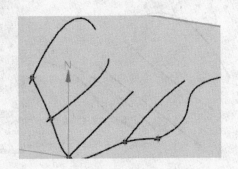

图 5 - 116　样条曲线

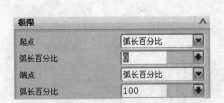

图 5 - 117　参数设置

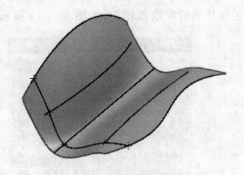

图 5 - 118　扫掠结果

5.3.6　管　道

与"沿引导线扫掠"相似,"管道"命令通过沿着一个或多个相切连续的曲线或边扫掠一个圆形横截面来创建单个实体。

单击"插入"→"扫掠"→" 管道"菜单项,系统就会弹出"管道"对话框,如图 5 - 119 所示。

创建"管道"的操作比较简单,具体步骤如下。

① 选择管道路径,可以是曲线或者边,必须是相切连续。

② 输入值作为管道的外径,也可以选择性地输入内直径的值。如果内直径为 0,那么创建的是实心管道。

③ 在"设置"选项组中设置输出选项,可以是多段也可以是单段。如果选择"单段",则生成单段的光滑的体,如图 5 - 120 所示。

图 5 - 119　"管道"对话框

图 5 - 120　管道的创建

5.4　实体综合实例一

5.4.1　案例预览

本节将介绍一个活塞零件的绘制过程。该零件的主体是一个圆柱体,主要需要解决的问题是特征的定位,以及修剪体的定位问题。最终的效果如图 5 - 121 所示。

5.4.2　案例分析

本案例是一个活塞零件的绘制实例。通过对零件的基本分析可知,该零件的主体是一个圆柱体,所以在实际绘制中,先绘制一个圆柱,通过拉伸功能添加特征,再通过抽壳和镜像特征操作来完成实体的创建。设计流程如图 5 - 122 所示。

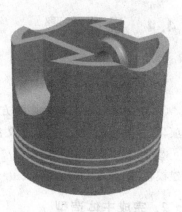

图 5 - 121　活塞零件效果图

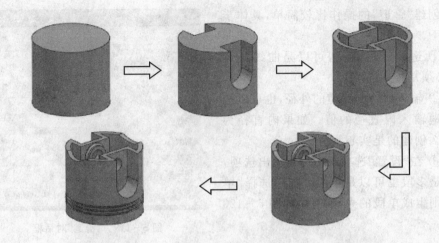

图 5 - 122　设计流程图

5.4.3　常用命令

- "草图"："成型特征"工具条上的"草图"按钮。
- "圆柱"："设计特征"工具条上的"圆柱"按钮。
- "拉伸"："设计特征"工具条上的"拉伸"按钮。
- "边倒圆"："特征操作"工具条中的"边倒圆"按钮。
- "镜像特征"："关联复制"工具条上的"镜像特征"按钮。

5.4.4　设计步骤

1. 新建零件文件

① 在桌面上双击 UG 快捷方式图标进入基本环境,然后选择"文件"→"新建"菜单项,选择类型为"模型",给新文件指定路径和文件名,单击"确定"按钮。

② 在工具条中单击"起点"/"建模"按钮,或者使用"Ctrl+M"组合快捷键,切换到建模模式。

2. 完成主体造型

① 绘制圆柱体。单击"建模"工具条上的"圆柱"按钮,进入"圆柱"对话框,设置参数如图 5 - 123 所示,圆柱体结果如图 5 - 124 所示。

② 选择"插入"→"基准/点"→"基准 CSYS"菜单项,并设置比例因子为 2.0。

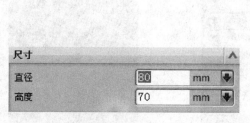

图 5 - 123　参数设置　　　　　　　图 5 - 124　圆柱体

③ 创建拉伸草图曲线。选择"设计特征"工具条上的"拉伸"按钮 ，系统弹出"拉伸"对话框,单击"绘制截面"按钮 ,弹出如图 5 - 125 所示的"创建草图"对话框,进入草图环境,在"草图平面"选项组的"平面方法"中选择"自动判断"选项,并指定平面为 Y - Z 平面,单击"确定"进入草图环境。

④ 绘制草图如图 5 - 126 所示,注意添加约束,使顶部横线在 X 轴,圆心在 Z 轴。

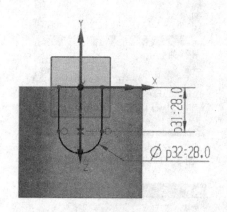

图 5 - 125　"创建草图"对话框　　　图 5 - 126　绘制草图

⑤ 单击"确定"按钮,回到"拉伸"环境,自动判断拉伸矢量为 Y,参数设定如图 5 - 127 所示,单击"确定"按钮,拉伸效果如图 5 - 128 所示。

⑥ 镜像特征。选择"建模"工具条中的"镜像特征"按钮 ,系统弹出图 5 - 129 所示的"镜像特征"对话框,选择步骤⑤中创建的拉伸特征为"镜像特征","镜像平面"选择 Y - Z 平面,单击"确定"按钮,镜像结果如图 5 - 130 所示。

⑦ 单击"建模"工具条的"抽壳"按钮 ,系统弹出"抽壳"对话框,如图 5 - 131 所示,选择上部面为移除面,创建抽壳体如图 5 - 132 所示。

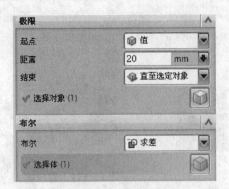

图 5 – 127 参数设定

图 5 – 128 拉伸效果

图 5 – 129 "镜像特征"对话框

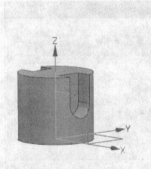

图 5 – 130 镜像特征效果图

图 5 – 131 创建基准平面

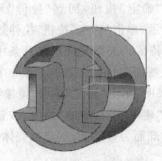

图 5 – 132 抽壳体效果图

⑧ 单击"建模"工具条的"拉伸"按钮█,系统弹出"拉伸"对话框,单击"绘制截面"按钮█,进入草图环境,"草图平面"选择如图所示平面,"草图原点"选择边的中点,如图 5-133 所示,单击"确定"进入草图环境,绘制草图如图 5-133 所示,注意约束圆心在 Y 轴。

⑨ 单击█ 完成草图按钮,回到"拉伸"对话框,参数设定见图 5-134,拉伸示意图见图 5-135,结果图见图 5-136。

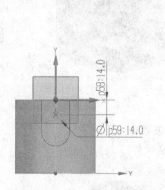

图 5-133 拉伸草图

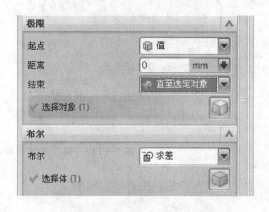

图 5-134 拉伸参数设置

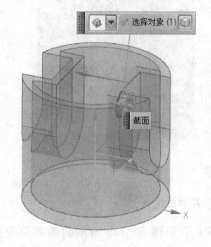

图 5-135 拉伸示意图

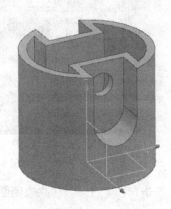

图 5-136 拉伸效果

⑩ 单击"插入"→"来自曲线集的曲线"→"偏置"菜单项,系统弹出"偏置曲线"对话框,设置"类型"为距离,指定"曲线"为拉伸内轮廓,偏置方向向外,"偏置距离"为4,参数设定及结果如图 5-137 所示。

⑪ 单击"建模"工具条的"拉伸"按钮█,选择上一个拉伸的内边缘及偏置曲线,"方向"选择-X,布尔操作选择"求和",如图 5-138 所示。

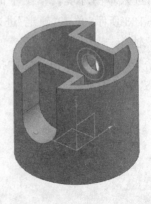

图 5 - 137　偏置曲线参数设置及效果

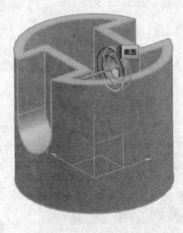

图 5 - 138　拉伸曲线

⑫ 单击"建模"工具条的"边倒圆"按钮![icon]，如图 5 - 139 所示的参数设定及边的选取。

⑬ 单击"建模"工具条的"镜像特征"按钮，在"相关特征"下拉列表中选中图 5 - 140 所示 3 个特征，并选择 Y - Z 平面为镜像平面，单击"应用"按钮，镜像效果如图 5 - 141 所示。

⑭ 单击"建模"工具条的"拉伸"按钮![icon]，单击"绘制截面"按钮![icon]，进入草图环境，"草图平面"选择 X - Z 平面，单击"确定"按钮，进入草图环境。

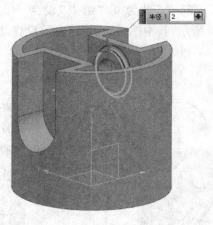

图 5 – 139　"边倒圆"对话框参数设置及边的选取

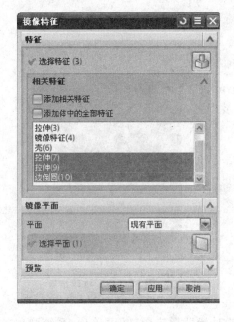

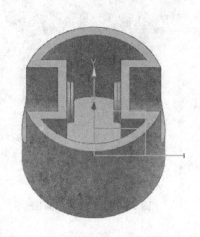

图 5 – 140　镜像特征列表　　　　　　　　　**图 5 – 141　镜像特征**

⑮ 绘制草图截面如图 5 – 142 所示,注意约束圆心在 Y 轴。单击  完成草图按钮退出草图环境,回到"拉伸"对话框。

⑯ 拉伸参数设置如图 5 – 143 所示,拉伸示意图如图 5 – 144 所示,拉伸结果如图 5 – 145 所示。

⑰ 单击"建模"工具条的"拉伸"按钮,"截面曲线"选择底部的边界面,"指定矢

153

量"为−Z 轴,"起始距离"为10,"终止距离"为12,"布尔操作"选择"求差","偏置"选择"两侧","起点"设为0,"结束"设为−2,单击"确定"按钮,创建拉伸结果如图5−146 所示,其中图(a)为拉伸参数设置,图(b)为拉伸示意图,图(c)为拉伸结果。

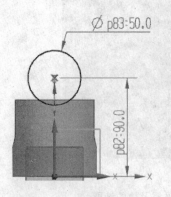

图5−142　草图参数设置

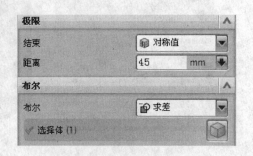

图5−143　拉伸参数设置

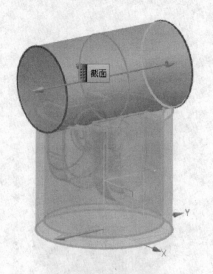

图5−144　拉伸示意图

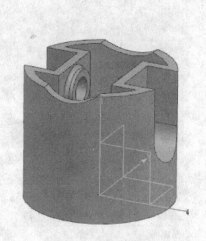

图5−145　拉伸结果

⑱ 单击"插入"→"关联复制"→"　对特征形成图样"菜单项,系统弹出"对特征形成图样"对话框,指定上一步骤的拉伸特征为"阵列特征","参考点"自动选择为圆弧中心,"阵列定义"选项组中"布局"设为"线性","方向1"设为Z轴正向,"数量"设置为3,"节距"设置为4,不选择使用方向2,单击"确定"按钮,阵列结果如图5−147 所示,其中图(a)为参数设置,图(b)为阵列结果。

⑲ 总体示意图如图5−148 所示。

(a) 参数设置

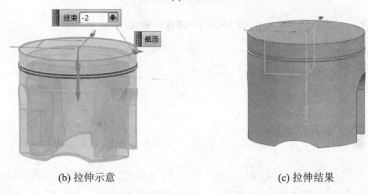

(b) 拉伸示意　　　　　　　　(c) 拉伸结果

图 5 - 146　拉伸过程示意图

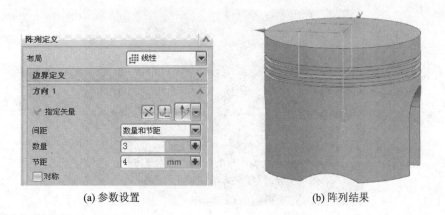

(a) 参数设置　　　　　　　　(b) 阵列结果

图 5 - 147　阵列特征

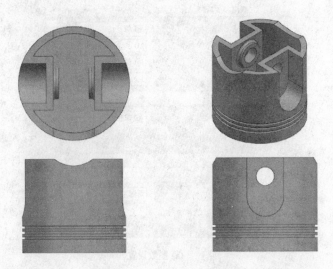

图 5 - 148   总体示意图

5.5   实体综合实例二

5.5.1   案例预览

本节将介绍一个配件的绘制过程。该零件主体是一个椭圆柱,可以先绘制大体,然后再通过特征操作添加其他的特征。最终的效果如图 5 - 149 所示。

图 5 - 149   配件效果图

5.5.2　案例分析

　　本案例是配件的制作,通过分析,可以看出是由一个椭圆柱通过"修剪体",添加"特征操作"如"拉伸求和"、"旋转求差"、"拉伸求和"、"边倒圆"等一系列操作成型的。其设计流程如图 5 – 150 所示。

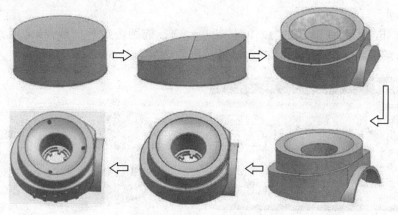

图 5 – 150　设计流程图

5.5.3　常用命令

- "草图":"成型特征"工具条上的"草图"按钮。
- "拉伸":"建模"工具条上的"拉伸"按钮。
- "回转":"建模"工具条上的"回转"按钮。
- "求和":"特征操作"工具条中的"求和"按钮。
- "镜像特征":"建模"工具条上的"镜像特征"按钮。
- "边倒圆":"特征操作"工具条中的"边倒圆"按钮。
- "偏置曲面":"偏置/缩放"工具条的"偏置曲面"。
- "抽壳":"偏置/缩放"工具条的"抽壳"。
- "修剪体":"特征操作"工具条中的"修剪体"按钮。

5.5.4　设计步骤

1. 新建零件文件

　　① 在桌面上双击 UG 快捷方式图标进入基本环境,然后选择"文件"→"新建"菜

单项,给新文件指定路径和文件名,单击"确定"按钮。

② 在工具条中单击"起始"→"建模"按钮,或者使用"Ctrl+M"组合快捷键,切换到建模模式。

2. 构造实体模型

① 单击"插入"→"曲线"→"椭圆"菜单项,选择"坐标原点"为放置点,椭圆参数设置如图5-151所示。

② 单击"建模"工具条的"拉伸"按钮，选择椭圆为拉伸曲线,拉伸距离为18。其他选择系统默认设置,单击"确定"按钮,拉伸结果如图5-152所示。

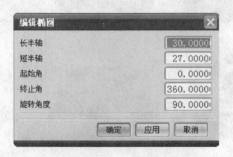

图5-151 椭圆参数设置

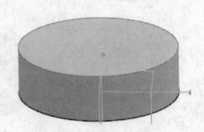

图5-152 拉伸结果

③ 单击"拉伸"按钮,在拉伸对话框中单击"绘制截面"按钮，选择Y-Z平面为绘图平面,单击"确定"按钮,进入草图环境。

④ 绘制如图5-153所示草图,并注意添加尺寸约束。单击 完成草图按钮,回到"拉伸"对话框。

⑤ 在"极限"选项组中设置"拉伸类型"为"对称值",设置"距离"为30,单击"确定"按钮,完成拉伸。结果如图5-154所示。

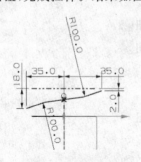

图5-153 草图参数

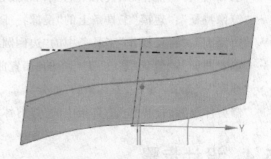

图5-154 拉伸示意图

⑥ 单击"插入"→"修剪"→"修剪体"菜单项,选择拉伸实体为"目标","工具"选择拉伸片体,注意调节修剪方向,单击"确定"按钮,并隐藏曲线,修剪示意图如图5-155所示。修剪结果如图5-156所示。

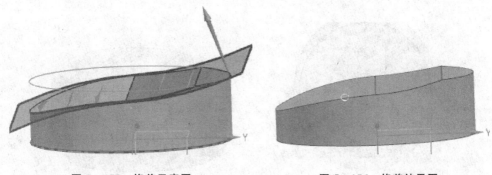

图 5 - 155　修剪示意图　　　　　　　　　　图 5 - 156　修剪结果图

⑦ 继续使用"修剪体"命令,"目标"仍然选择上一步的实体,在"工具"选项组的"刀具选项"下拉列表框中选择"新平面",指定 X - Z 平面为修剪平面,并设置距离为25,注意调节修剪方向,修剪结果如图 5 - 157 所示。

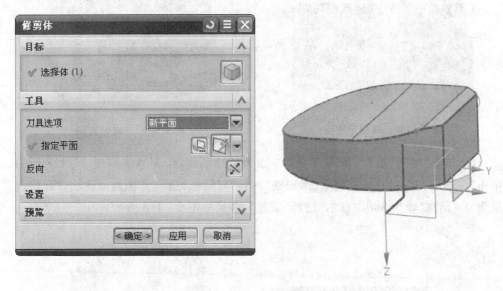

图 5 - 157　修剪效果图

⑧ 单击"拉伸"按钮,单击 X - Y 平面为草绘平面,进入草图环境,以原点为中心,绘制一个直径为 50 的圆,如图 5 - 158 所示。单击"完成草图"按钮 ![] 完成草图,回到"拉伸"对话框,在"极限"选项组中设置"开始"为 0,"结束"为 25,布尔操作选择"求和",单击"确定"按钮。拉伸结果如图 5 - 159 所示。

⑨ 单击"拉伸"按钮,单击 X - Z 平面为草绘平面,进入草图环境,绘制草图如图 5 - 160 所示。单击完成草图按钮 ![] 完成草图,回到"拉伸"对话框,"拉伸"方向选择为 Y 轴,在"极限"选项组中设置"开始"为 0,"结束"为 30,布尔操作选择"无",单击"确定"按钮。拉伸结果如图 5 - 161 所示。

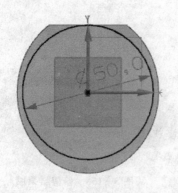

图 5－158　草图示意图

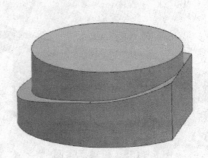

图 5－159　拉伸结果

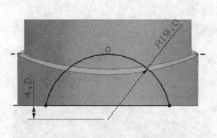

图 5－160　草图示意图

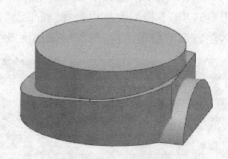

图 5－161　拉伸结果

⑩ 单击"回转"按钮,单击 Y－Z 平面为草绘平面,绘制草图如图 5－162 所示。单击"完成草图"按钮 　完成草图,回到"回转"对话框,指定 Z 轴为回转轴,"起始值"设为 0,"结束"设为 360,"布尔"选择"求差",效果如图 5－163 所示。

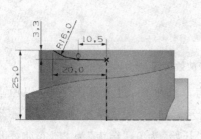

图 5－162　草图示意图

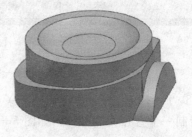

图 5－163　旋转结果

⑪ 单击"拉伸"按钮,选择 X－Y 为草图平面,单击"确定"进入草绘环境,绘制草图曲线如图 5－164 所示。单击 　完成草图按钮,回到"拉伸"环境,指定－Z 为拉伸方向,"起始"距离为 5,"结束"为"直至选定对象",选择回转面作为结束对象,"布尔"操作选择"求差",单击"确定"按钮,拉伸结果如图 5－165 所示。

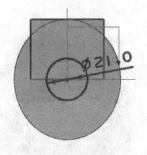

图 5 - 164　草图示意图

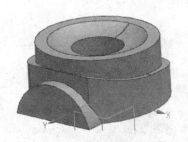

图 5 - 165　拉伸结果

⑫ 单击"插入"→"偏置/缩放"→"抽壳"菜单项,选择两个面作为"要穿透的面",抽壳参数设置及效果如图 5 - 166 所示。

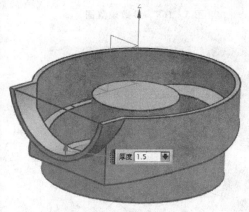

图 5 - 166　抽壳参数设置及效果示意图

⑬ 单击"拉伸"按钮,选择 X - Y 为草图平面,单击"确定"进入草绘环境,绘制草图曲线如图 5 - 167 所示。单击 完成草图 按钮,回到"拉伸"环境,指定 - Z 为拉伸方向,"起始"距离为 0,"结束"为 10,"布尔"操作选择"求差",如图 5 - 168 所示。单击"确定"按钮,拉伸结果如图 5 - 169 所示。

⑭ 单击"拉伸"按钮,选择上一次的拉伸表面为草图平面,单击"确定"进入草绘环境,绘制草图曲线如图 5 - 170 所示。单击 完成草图 按钮,回到"拉伸"环境,指定 - Z 为拉伸方向,"起始"距离为 0,"结束"为 1.5,"布尔"操作选择"求和",单击"确定"按钮,拉

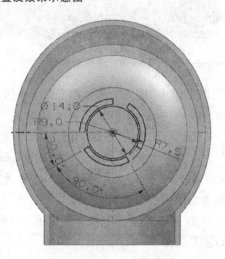

图 5 - 167　草图示意图

伸结果如图 5-171 所示。

图 5-168 参数设置图

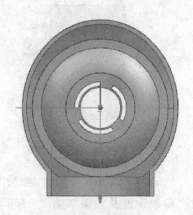

图 5-169 拉伸结果

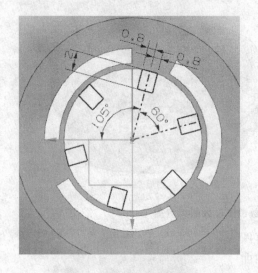

图 5-170 草图示意图

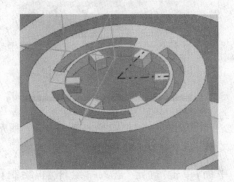

图 5-171 拉伸结果

⑮ 单击"插入"→"细节特征"→"边倒圆"选项,按图 5-172 所示对图形进行边倒圆,参数设置见图 5-173 所示。

⑯ 单击"拉伸"按钮,选择 X-Y 为草图平面,单击"确定"进入草绘环境,绘制草图曲线如图 5-174 所示。单击 完成草图按钮,回到"拉伸"环境,指定-Z 为拉伸方向,"起始"距离为 0,"结束"为"贯通","布尔"操作选择"求和",单击"确定"按钮,拉伸结果如图 5-175 所示。

⑰ 选择步骤⑯中拉伸的内孔,仍然做"拉伸",参数设置如图 5-176 所示,拉伸的结果如图 5-177 所示。

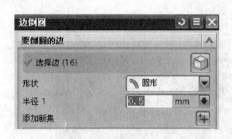

图 5 - 172　边倒圆参数设置

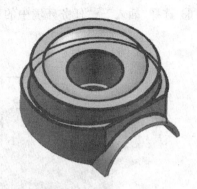

图 5 - 173　倒圆示意图

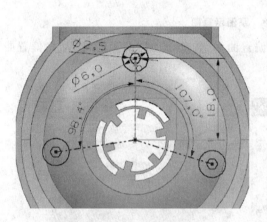

图 5 - 174　草图示意图

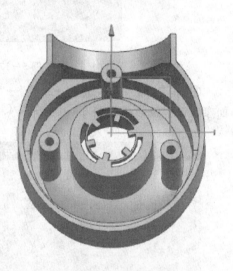

图 5 - 175　拉伸效果

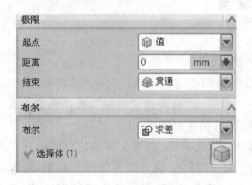

图 5 - 176　拉伸参数设置

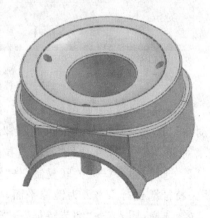

图 5 - 177　拉伸效果

⑱ 选择"插入"→"任务环境中的草图"菜单项，创建草图如图5-178所示。

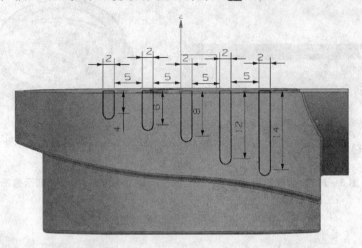

图5-178　草图示意图

⑲ 单击"插入"→"偏置→缩放"→"偏置曲面"选项，设置"偏置距离"为1，偏置曲面参数设置及效果如图5-179所示。

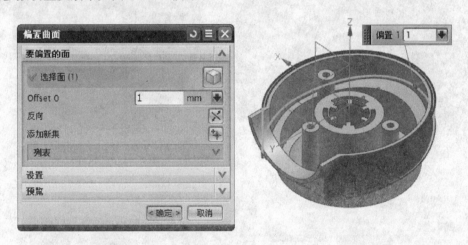

图5-179　偏置曲面参数设置及效果示意图

⑳ 单击"建模"工具条的"拉伸"，选择步骤⑱创建的草图，"起点"设置为"直至选定对象"，选择实体的外表面为起点，"结束"设置为"直至选定对象"，选择偏置曲面为结束对象，"布尔"操作选择"求和"，拉伸过程及结果如图5-180所示。

㉑ 选择"插入"→"关联复制"→"镜像特征"菜单项，设置步骤⑳"拉伸"的特征为"相关特征"，选择Y-Z为镜像平面，单击"确定"按钮，镜像结果如图5-181所示。

㉒ 选择"插入"→"细节特征"→"边倒圆"菜单项，对图示的边进行倒圆角，值为0.5，其过程如图5-182所示。

图 5 – 180　拉伸过程示意图

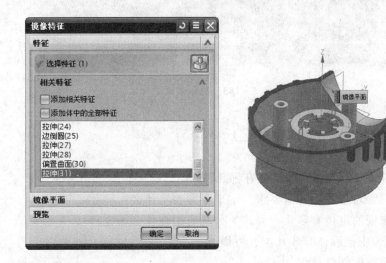

图 5 – 181　镜像操作

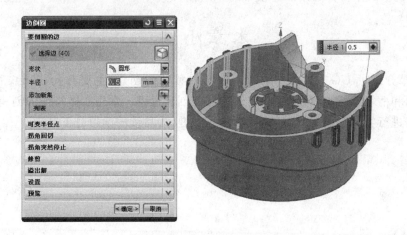

图 5 – 182　边倒圆操作

㉓ 总体效果如图 5-183 所示。

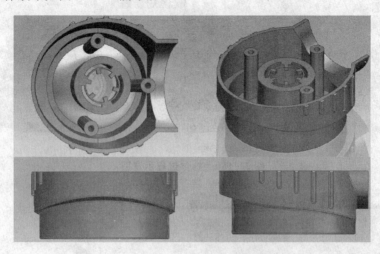

图 5-183　总体效果

课后练习

1. 在 UG NX 中实体成型特征有哪几种？
2. 成型特征对放置面有何要求？水平参考表示什么？
3. 成型特征的定位有哪几种方式？分别应用在什么场合？
4. UG NX 中把腔体分成几类？可以互换吗？
5. 说明键槽的创建过程。
6. 说明成型特征在产品建模中的作用。

本章小结

　　本章介绍了 UG NX 8.0 中常用的实体特征的创建，主要有孔、凸台、腔体、垫块、键槽和槽等，详细介绍了这些实体特征的创建过程。常用实体特征的创建基本相似，这是进行实体建模的基础，请读者熟练掌握，为后续的学习打下基础。

第6章 特征操作

本章导读

使用特征操作命令可以在现有的几何体或者特征的基础上添加新的特征或者进行关联复制,常见的特征操作包括:布尔操作、细节特征、面操作、裁剪操作、关联复制。

希望读者能熟练掌握 UG NX 中特征操作的方法和技巧。

"特征"工具条如图6-1所示。

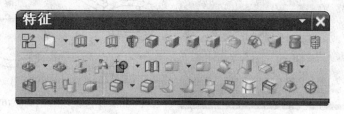

图6-1 "特征"工具条

6.1 组合体

6.1.1 布尔操作

布尔运算操作用于确定在 UG NX 建模中多个实体之间的合并关系。布尔操作中的实体称为目标体和工具体。目标体是首先选择的需要与其他实体合并的实体或片体。工具体是用来修改目标体的实体或片体。在完成布尔运算操作后,工具体成为目标体的一部分。

布尔运算操作包括求和、求交和求差运算,它们分别用于实体之间的结合、实体之间相减或产生相交实体的操作。

1. 求 和

求和布尔运算用于将两个或两个以上不同的实体结合起来,也就是求实体间的并集。

① 单击"特征"工具条中的"求和"按钮或选择"插入"→"组合"→"求和"菜单项，会弹出"求和"对话框，如图 6-2 所示，选择目标体。

② 在绘图工作区中选择需要与其他实体相加的目标体后，弹出"类选择"对话框，此时可选择与目标体相加的实体或片体为工具体。

③ 完成工具体选择后，系统会将所选工具体与目标体合并成一个实体或片体。如图 6-3 所示的就是这种操作的图例。

图 6-2　"求和"对话框

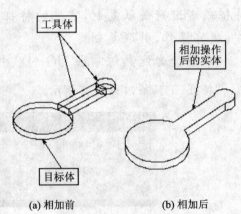

(a) 相加前　　　　(b) 相加后

图 6-3　"求和"操作

2. 求　差

求差布尔操作用于从目标体中减除一个或多个工具体，也就是求实体间的差集。

① 单击"特征"工具条中的"求差"按钮或选择"插入"→"组合"→"求差"菜单项时，会弹出"求差"对话框，和"求和"对话框一样，选择目标体。

② 选择需要相减的目标实体后，弹出"类选择"对话框。

③ 再选择一个或多个实体作为工具实体，则系统会从目标体中减去所选的工具实体。如图 6-4 所示的就是这种操作的图例。

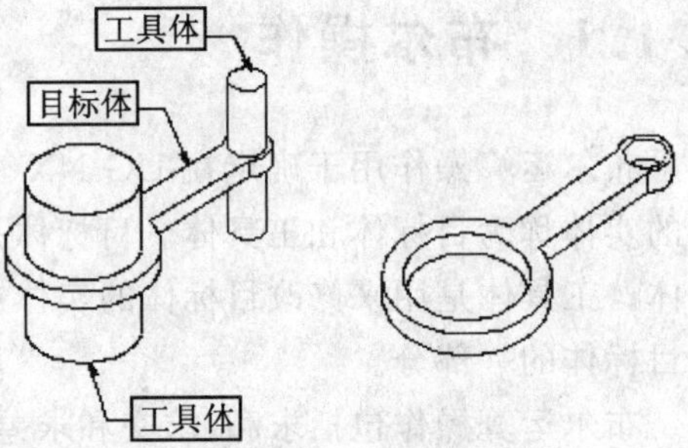

(a) 相减前　　　　(b) 相减后

图 6-4　"求差"操作

在操作时要注意的是，所选的工具实体必须与目标实体相交，否则，在相减时会产生出错信息，而且它们之间的边缘也不能重合。另外,片体与片体之间不能相减。如果选择的工具实体将目标体分割成了两部分,则产生的实体将是非参数化实体。

3. 求 交

相交布尔操作用于使目标体和所选工具体之间的相交部分成为一个新的实体,也就是求实体间的交集。

① 单击"特征"工具条中的"求交"按钮或选择"插入"→"组合"→"求交"菜单项,系统会弹出"求交"对话框,和"求和"对话框一样,让用户选择目标体。

② 选择需要相交的目标体后,弹出类选择对话框。

③ 再选择一个或多个实体作为工具体,系统会用所选目标体与工具体的公共部分产生一个新的实体或片体。图 6 - 5 所示的就是这种操作的图例。

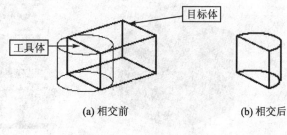

(a) 相交前   (b) 相交后

图 6 - 5 "求交"操作

操作时要注意的是所选的工具体必须与目标体相交,否则,在相交时会产生出错信息。另外,实体不能与片体相交。

6.1.2 缝合与取消缝合

1. 缝 合

使用此命令将两个或更多片体连结成一个片体。如果这组片体包围一定的体积,则创建一个实体。选定片体的任何缝隙都不能大于指定公差,否则将获得一个片体,而非实体。

如果两个实体共享一个或多个公共(重合)面,还可以缝合这两个实体。

2. 取消缝合

使用此命令可以将已存在的片体或者原先缝合的实体拆分为多个体。使用此命令可以不用考虑到模型的历史记录。

6.1.3 补 片

使用补片命令可以将实体或片体的面替换为另一个片体的面,从而修改实体或片体,还可以把一个片体补到另一个片体上。成功创建补片体特征的条件是补片工具的片体要与目标体表面形成一个封闭的区域。补片既可以对目标实体去除材料，也可以添加材料。

① 打开随书光盘文件中的补片文件，如图 6-6 所示。

② 单击"特征"工具条中的"补片"按钮或选择"插入"→"组合"→"补片"菜单项，会弹出"补片"对话框。

图 6-6　补片文件

图 6-7　"补片"对话框

③ 选择下面的实体作为"目标"，选择上面的球状片体作为"工具"，根据不同的方向，来选择取舍的区域。如果方向朝向外部，则上部圆形片体补片成为实体，效果如图 6-8 所示；如果方向朝向内部，则补片整体成为实体，效果如图 6-9 所示。

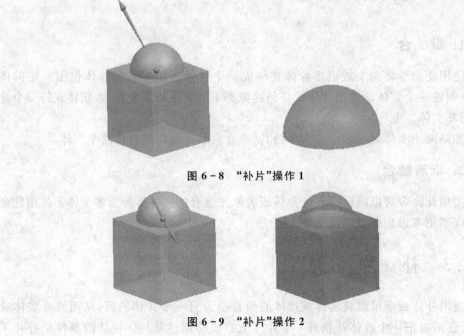

图 6-8　"补片"操作 1

图 6-9　"补片"操作 2

6.1.4　连结面

使用"连结面"命令可以将多个面连结成光滑的 B 曲面。

选择"插入"→"组合"→"连结面"菜单项,或者单击"特征"工具条中的"连结面"按钮 ，会弹出"连结面"对话框,如图 6-10 所示。

可以选择以下两种方法之一。

(1)"在同一个曲面上"

可以从选定的片体和实体上移除多余的面。边缘和顶点。在"分割面"之后,可能需要使用这个选项。

(2)"转换为 B 曲面"

可以用这个选项把多个面连接到一个 B 曲面类型的面上。选定的面必须相互是相邻的,属于同一个实体,符合 U-V 框范围,并且它们连接的边缘必须是等参数的。

下图演示了"转化为 B 曲面"的操作过程。选择两个以上的面用于连结操作时,系统会尝试成对地匹配这些面。选择面时,必须按照使匹配成对的面作为共享的边的顺序进行。

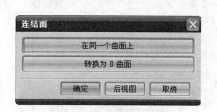

图 6-10　"连结面"对话框

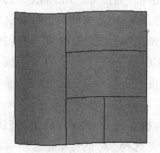

图 6-11　"转化为 B 曲面"操作

6.1.5　拼　合

使用"拼合"命令选项可以将几个曲面合并为一个曲面。以前的版本中,此命令称为"熔合"。该曲面逼近处于几个现有面上的四边区域。系统将驱动面上的点沿矢量或沿驱动曲面法矢投影到目标曲面上,然后用这些投影点构造逼近 B 曲面。

① 打开本书随书光盘文件。要做的是拼合图 6-12 所示的文件,拼合结果如图 6-13 所示。

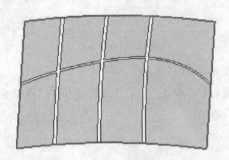

图 6-12　要拼合的片体

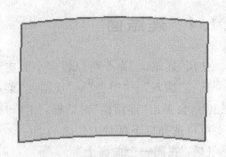

图 6-13　拼合的结果

② 从菜单栏中选择"插入"→"组合"→"拼合"选项,或者单击"特征"工具条中的"拼合"按钮 ,会弹出"拼合"对话框,如图 6-14 所示。

③ 在该对话框中,"驱动类型"选择"曲线网格","投影类型"选择"沿固定矢量",单击"确定"按钮,系统弹出"选择主曲线"对话框,如图 6-15 所示。选择非相邻的两条线为主曲线,按一下鼠标中键,系统弹出"选择交叉曲线"对话框,如图 6-16 所示。选择其余的两条线为交叉曲线,按一下鼠标中键。这时,系统弹出"矢量"对话框,如图 6-17 所示。选择 Z 轴为投影矢量,单击"确定"按钮,系统弹出"类选择"对话框,全选所有的片体,单击确定,融合片体将被创建,如图 6-13 所示。

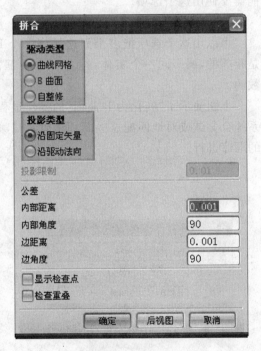

图 6-14　"拼合"对话框

图 6-15　"选择主曲线"对话框

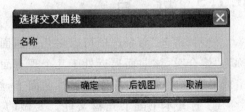

图 6-16　"选择交叉曲线"对话框

图 6-17 "矢量"对话框

6.1.6 凸起片体

使用此命令可以通过添加实体的面修改片体,好像实体是压入片体的一样。

选择"插入"→"组合"→"凸起片体"菜单项,或者单击"特征"工具条中的"凸起片体"按钮 ,系统弹出"凸起片体"对话框,如图 6-18 所示。

图 6-18 "凸起片体"对话框

① 打开本书所附光盘的实例源文件,如图 6-19 所示。

② 选择"插入"→"组合"→"凸起片体"菜单项,或者单击"特征"工具条中的"凸起片体"按钮 ,系统弹出"凸起片体"对话框。

③ 选择上部的片体作为"目标",实体作为"刀具",并通过调节"工具形状侧"来选择"凸起片体的形状"。最终结果如图 6 - 20 所示。

图 6 - 19   实例源文件

图 6 - 20   "凸起片体"结果

6.2   细节特征操作

6.2.1   边倒圆

选择"插入"→"细节特征"→"边倒圆"菜单项或单击"特征"工具条上的"边倒圆"按钮 🔲,将会弹出"边倒圆"对话框,如图 6 - 21 所示。

① UG NX 8.0 软件中的"边倒圆"对话框在"形状"中新增了"二次曲线"的类型。它的参数设置与"圆形"的是不同的。如果选择的是"圆形",就只需要设置一个半径值即可;如果选择的是"二次曲线",则根据"二次曲线法"的不同,设置不同的半径与 Rho 值。

② 可变半径点。选中一条实体边缘后,选中"边倒圆"对话框中的"可变半径点"的复选框,然后在已选择的实体边缘指定各段圆角半径的点,在参数框中输入对应圆角半径的长度,如图 6 - 22 所示,图 6 - 23 所示的是该方式的设计效果。

图 6 - 21   "边倒圆"对话框

174

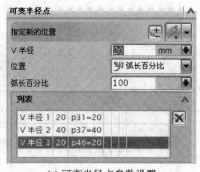

(a) 可变半径点参数设置

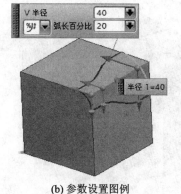

(b) 参数设置图例

图 6－22　变半径参数

③ 拐角圆角。该方式主要用于角的处理，如图 6－24 所示。选中长方体某个顶点的 3 条边，在"边倒圆"对话框内的"拐角倒角"选项组中单击"选择终点"按钮 ，选择 3 条边的交点，在实体上该 3 条边上会出现浅蓝色线条。

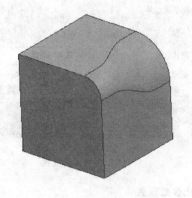

图 6－23　变半径倒圆

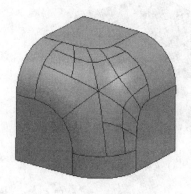

图 6－24　带拐角处处理的倒圆

④ 单击顶点部分的三个线条的交点，将会弹出 3 个方向上的偏置参数设置对话框，如图 6－25(a) 所示，输入 3 个方向上的偏置量，或者单击"拐角倒角"选项组中的"列表"列表，如图 6－25(b) 所示，即可完成拐角倒角方式创建边圆角，结果如图 6－24 所示。

⑤ 拐角突然停止。选中一条实体边缘后，在"边倒圆"对话框中的"拐角突然停止"选项组中单击"选择终点"的"点"按钮 ，指定末端点位置，在"弧长"文本框中输入长度，如图 6－26(a) 所示，也可在对话框中相应文本框里根据某种形式来确定，如图 6－26(b) 所示。图 6－27 所示的是该方式的设计效果。

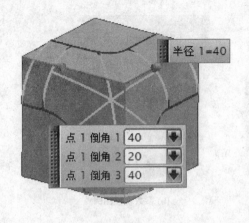
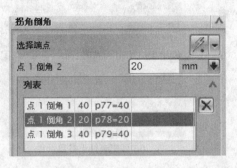

（a）光标跟随输入框设置　　　　　　　　（b）在列表内设置

图 6-25　拐角倒角参数

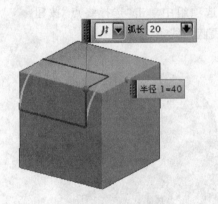
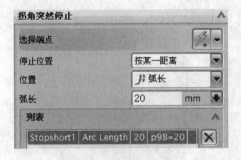

（a）光标跟随输入框设置　　　　　　　　（b）在列表内设置

图 6-26　拐角突然停止参数设置

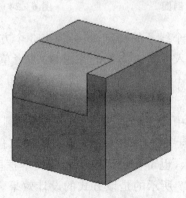

图 6-27　拐角突然停止

6.2.2　倒斜角

选择"插入"→"细节特征"→"倒斜角"菜单项或单击"特征"工具条上的"倒斜角"按钮 ，弹出"倒斜角"对话框，如图 6 - 28 所示。

倒斜角有对称偏置、非对称偏置、偏置和角度这 3 种方式。

1. 对称偏置

在"倒斜角"对话框中的"偏置"选项组中的"横截面"中单击"对称"按钮，选择所需倒角的一条或多条边，在"距离"文本框

图 6 - 28　"倒斜角"对话框

中输入偏置距离，单击"确定"按钮即可创建对称的倒角，其结构示意图、参数设置和效果如图 6 - 29 所示。

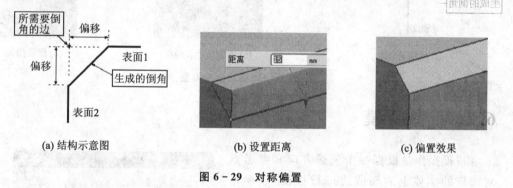

(a) 结构示意图　　　　　　　　(b) 设置距离　　　　　　　　(c) 偏置效果

图 6 - 29　对称偏置

2. 非对称偏置

在"倒斜角"对话框中的"偏置"选项组中的"横截面"中单击"非对称"按钮，选择所需倒角的一条或多条边，在对话框中的"距离 1"和"距离 2"文本框中分别输入偏置参数。可单击对话框中的"反向偏置"按钮 来互换"距离 1"和"距离 2"的位置，单击"确定"按钮即可创建非对称的倒角，其结构示意图、参数设置和效果如图 6 - 30 所示。

3. 偏置和角度

在"倒斜角"对话框中的"偏置"选项组中的"横截面"中单击"偏置和角度"按钮，选择所需倒角的一条或多条边，在对话框中的"距离"和"角度"文本框中分别输入偏

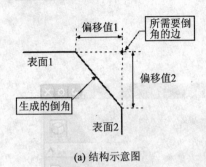

(a) 结构示意图　　　　　(b) 设置距离　　　　　(c) 偏置结果

图 6 - 30　非对称偏置

置参数。可单击对话框上的"反向偏置"按钮 设定偏置面和偏置角度方向，单击"确定"按钮即可创建偏置和角的倒角，其结构示意图、参数设置和效果如图 6 - 31 所示。

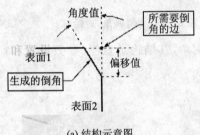

(a) 结构示意图　　　　　(b) 设置角度和距离　　　　(c) 偏置结果

图 6 - 31　偏置和角度偏置

6.2.3　拔　模

拔模操作是根据一个矢量方向和参考点对指定的实体上的面或边进行拔模，该操作可用于修改实体上的一个或多个面和边。选择"插入"→"细节特征"→"拔模"菜单项或单击"特征"工具条上的"拔模"按钮 ，将会弹出"拔模"对话框，如图 6 - 32 所示。

拔模类型有 4 种：从平面拔模、从边拔模、与多个面相切拔模、至分型边拔模。

1. 从平面拔模

该方式是系统默认的形式。单击对话框中的"类型"选项组中的"从平面"按钮，可进行面拔模。

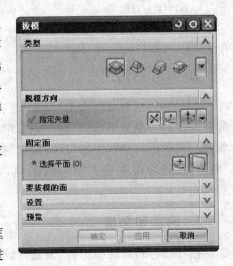

图 6 - 32　"拔模"对话框

　　选择拔模方向,可通过矢量构造器来实现,接着选择固定平面,然后选择需要拔模的平面,然后在"角度"文本框中输入拔模角度,单击"确定"按钮,即可完成"从平面"操作,如图 6-33 所示。

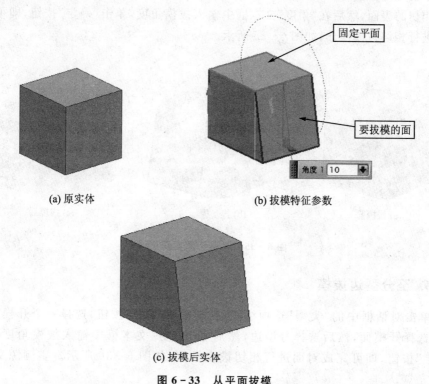

(a) 原实体　　　　　　　　　　　(b) 拔模特征参数

(c) 拔模后实体

图 6-33　从平面拔模

2. 从边拔模

　　单击对话框中的"类型"选项组中的"从边拔模"按钮,选择一个拔模方向,接着选择需要拔模的边缘,然后在"角度"后面的文本框中输入拔模角度,单击"确定"按钮,即可完成从固定边拔模操作,如图 6-34 所示。

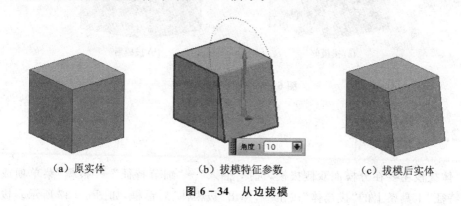

（a）原实体　　　　　（b）拔模特征参数　　　　　（c）拔模后实体

图 6-34　从边拔模

3. 与多个面相切拔模

单击对话框中的"类型"选项组中"与多个面相切"按钮,选择一个开模方向,接着选择相切的表面,然后在"角度"文本框中输入拔模角度,单击"确定"按钮,即可完成对面进行相切拔模操作,如图6-35所示。

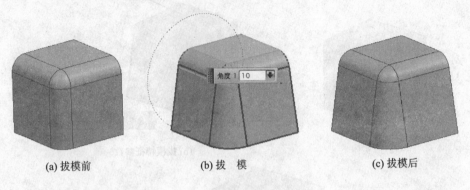

(a) 拔模前　　　　　　(b) 拔　模　　　　　　(c) 拔模后

图6-35　与多个面相切拔模

4. 至分型边拔模

单击对话框中的"类型"选项组中"拔模至分型边"按钮,选择一个开模方向,接着选择开模面,然后选择分型边,然后在"角度"文本框中输入拔模角度,单击"确定"按钮,即可完成对面进行相切拔模操作,如图6-36所示。实例源文件见随书光盘。

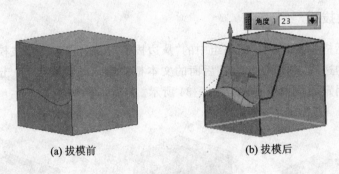

(a) 拔模前　　　　　　　(b) 拔模后

图6-36　至分型边拔模

6.2.4　拔模体

体拔模主要在分模面双侧拔模,选择"插入"→"细节特征"→"拔模"菜单项或单击"特征"工具条上的"拔模体"按钮，弹出"拔模体"对话框,如图6-37所示。拔模体共有 2 种类型:"从边"和"要拔模的面"。

1. 从 边

操作步骤如下。

① 选择"类型"下拉列表中的"从边"选项。

② 选择分模面或基准面。

③ 设定开模方向。

④ 选择上方环分割。

⑤ 选择下方环分割。

⑥ 在"角度"文本框中输入拔模角数值,单击"确定"按钮,完成操作。

各要素的位置如图 6 - 38(a)所示,图 6 - 38(b)为该操作的效果。

图 6 - 37 "拔模体"对话框

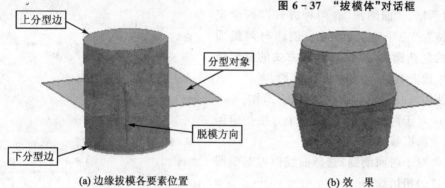

(a) 边缘拔模各要素位置   (b) 效 果

图 6 - 38 从边拔模

2. 要拔模的面

操作步骤如下。

① 选择"类型"下拉列表中的"要拔模的面"选项。

② 选择分模面或基准面。

③ 设定开模方向。

④ 选择拔模面。

⑤ 在"角度"文本框中输入拔模角数值,单击"确定"按钮,完成操作。

各要素的位置如图 6 - 39(a)所示,图 6 - 39(b)为该操作的效果。

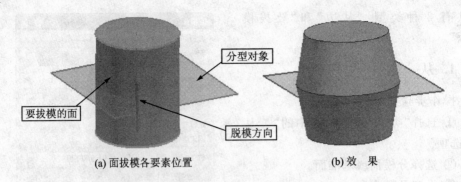

(a) 面拔模各要素位置　　　　(b) 效　果

图 6 - 39　要拔模的面

6.2.5　面倒圆

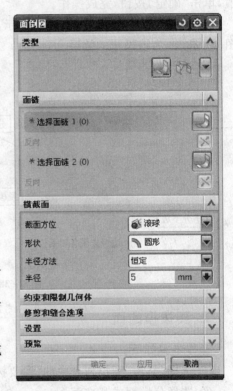

图 6 - 40　"面倒圆"对话框

选择"插入"→"细节特征"→"面倒圆"菜单项,或者单击"特征"工具栏中的"面倒圆"按钮 ,弹出如图 6 - 40 所示的"面倒圆"对话框。"面倒圆"有两种方式:"两个定义面链"、"三个定义面链"。创建与两组面相切的复杂圆角,可设置两种方式的圆形横截面生成方法:滚动球和扫掠截面。

使用"面倒圆",可以进行以下操作。

- 对于两面倒圆,使用多个方法指定倒圆横截面。
- 对于两面倒圆,选择曲线以控制倒圆的相切线。
- 在不相邻或来自不同体的两个面之间创建倒圆。
- 将倒圆作为单独的片体进行创建,而不将它们缝合到现有的体上。
- 将倒圆的端部修剪至选定的面或位置。

1. 面　链

① 选择面链 1 :用于选择面倒角的第一个面集。单击该按钮,窗口选择第一个面集。选择第一个面集后,视图工作区会显示一个矢量箭头。此矢量箭头应该指向倒角的中心,如果默认的方向不符合要求,可单击 按钮,使方向反向。

② 选择面链 2 ：用于选择面倒角的第二个面集。单击该按钮,在视图区选择第二个面集。

2. 横截面

(1) 截面方位

"滚球":创建滚球面倒圆,该面倒圆类似于滚球始终与输入面接触时所创建的表面。横截面平面由两个接触点和球心定义。

"扫掠截面":创建扫掠截面倒圆,其表面由一个沿脊线长度方向扫掠且垂直于脊线的横截面控制。

(2) 形　状

"圆形":选择该选项,则用定义好的圆盘与倒圆面相切来进行倒圆。

"对称二次曲线":选择该选项,则用两个偏移值和指定的脊线构成的对称的二次曲面与选择的两面集相切进行倒角。

"不对称二次曲线":选择该选项,则用两个偏移值和指定的脊线构成的不对称的二次曲面与选择的两面集相切进行倒角。

3. 约束和限制几何体

(1) 选择重合曲线

用于沿一条边滚制倒圆。选择此选项时,倒圆沿边滚出,并且不与面保持相切。倒圆半径保持恒定。

(2) 选择相切曲线

用于选择曲线,倒圆将沿该曲线与面集保持相切。

对于圆形倒圆,可以借助相切曲线串定义半径。

对于二次曲线倒圆,将与包含相切曲线串的壁相对的偏置计算为由相切曲线串定义的最小偏置或恒定的或可变的偏置。

6.2.6　软倒圆

使用"软倒圆"命令可以在选定的面集之间创建相切及曲率连续的圆角面。此命令具有以下功能。

- 由于横截面不是圆形的,可以使这些圆角比其他圆角具有更佳的外观。
- 控制横截面的形状。
- 创建具有更佳抗逆性属性的设计。
- 选择各种选项来修剪圆角并将其附着到面上。

选择"插入"→"细节特征"→"软倒圆"菜单项,或者单击"特征"工具栏中的"软倒圆"按钮 ,会弹出如图 6-41 所示的"软倒圆"对话框。该命令用于根据两相切曲线及形状控制参数来决定倒圆形状,可以更好地控制倒圆的横截面形状。"软倒圆"与"面倒圆"的选项与操作基本相似。不同之处在于"面倒圆"可指定两相切曲线来决定倒角类型及半径,而"软倒圆"则根据两相切曲线及形状参数来决定倒角的形状,如图 6-42 所示。

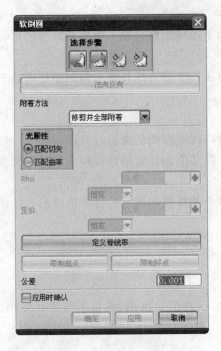

图 6-41 "软倒圆"对话框

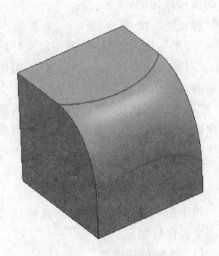

图 6-42 软倒圆实例

6.2.7 桥 接

使用桥接命令可创建片体以连接两个面。在创建桥接的时候,可以进行以下操作。

- 在桥接及定义曲面之间指定相切或曲率连续性。
- 使用一个或两个侧面或线串来使桥接遵循其轮廓。
- 拖动该桥接片体以更改它的形状。

选择"插入"→"细节特征"→"桥接"菜单项,或者单击"特征"工具栏中的"桥接"按钮，会弹出如图 6-43 所示的"桥接曲面"对话框。

UG NX 8.0 的桥接曲面和以往版本的有较大区别。UG NX 8.0 中对话框的格式更像以前的"桥接曲线"界面的格式。

创建"桥接曲面"的操作方法如下:先选择一个边,系统自动调到第二个边的选取;然后用户可以通过"约束"下面的复选框"连续性"、"相切幅值"、"流向"及"边限制"选项来控制曲面的形状,结果如图 6 - 44 所示。

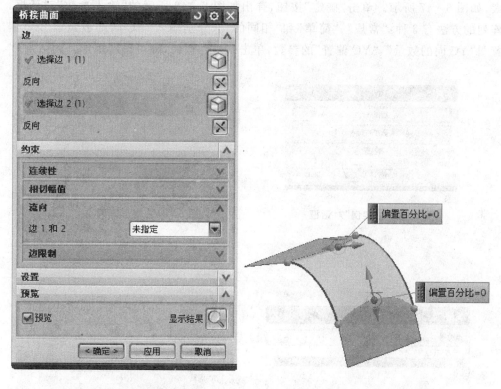

図 6 - 43　"桥接曲面"对话框　　　　图 6 - 44　桥接曲面

6.3　关联复制

6.3.1　实例特征

　　在建模过程中经常需要建立一些按照一定规律分布且完全相同的特征,如对称体,或某相同要素关于某基准面对称等。对于这种情况可以先建立一个特征,然后通过"实例特征"建立其余的特征,可以提高设计效率,而且这些特征相互关联,修改一个,其他都跟着变化。

　　选择"插入"→"关联复制"→"实例特征"菜单项或单击"特征"工具条上的"实例特征"按钮，会弹出如图 6 - 45 所示的"实例"对话框,包括以下三种类型。

1. 矩形阵列

　　"矩形阵列"是将特征平行于 XC 轴和 YC 轴进行阵列,如图 6 - 46 所示。在"实

185

例"对话框中单击"矩形阵列"按钮,在弹出的"实例"对话框中选择需要阵列的特征要素,如图6-47所示。单击"确定"按钮,弹出如图6-48所示的"输入参数"对话框,阵列的方法有3种:"常规"、"简单"和"相同的"。分别输入"XC向的数量"、"XC偏置"、"YC向的数量"、"YC偏置"的参数,单击"确定"按钮,则可得到矩形阵列结果。

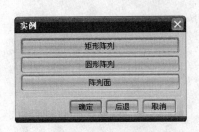

图6-45 "实例"对话框

图6-46 矩形阵列

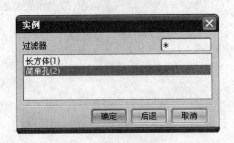

图6-47 选择阵列特征

图6-48 "输入参数"对话框

①"一般":从已存在特征建立一引用特征并确认所有几何体,允许特征越过实体面的边缘,可以从一个表面跨越到另一个表面。

②"简单":类似于"一般"方式,但可消除额外的数据确认和优化操作,加速阵列的建立。

③"相同的":较前两种方法,"相同的"方式的阵列是建立引用阵列最快的方法,阵列过程中只进行最少量的数据确认,然后复制平移主特征的所有表面和边缘,每一个引用都是原特征的精确复制。

2. 圆形阵列

圆形阵列是将所选特征绕指定的轴线,分布在回转半径上。在"实例"对话框中单击"圆形阵列"按钮,在弹出"实例"对话框中选择要阵列的特征要素,单击"确定"按钮,弹出如图6-49所示的"实例"对话框,阵列的方法有"常规"、"简单"、"相同"这三种,与"矩形阵列"相同。在"数字"和"角度"文本框中输入相应的值,单击"确定"按钮,在弹出的"回转轴选择"对话框选择回转轴(有 2 种方式:"基准轴"和"点和方向"),选择回转轴后单击"确定"按钮,图 6-50 是圆形阵列的示意图。

图 6-49 圆形阵列参数设置对话框

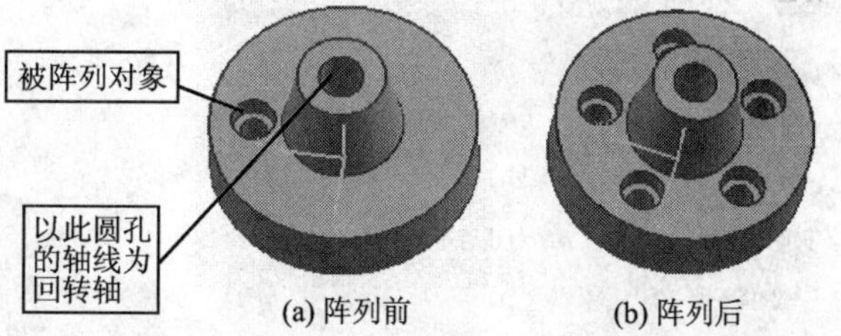

图 6-50 圆形阵列

3. 阵列面

创建一个面或一组面的矩形阵列、圆形阵列或镜像阵列。这个命令的用法与"同步建模"的"阵列面"命令的类似,在这不详细叙述。

6.3.2 镜像体

使用镜像体命令可以跨基准平面镜像整个体。例如,可以使用此命令来形成左侧或右侧部件的另一侧的部件。

- 在镜像体时,镜像特征与原始体关联。不能在镜像体中编辑任何参数。
- 可以指定镜像特征的时间戳记,以便稍后添加到原始体中的任何特征都不反映到该镜像体中。

在"特征"工具条上单击"镜像体"按钮,首先选择被镜像的实体,然后选择镜像平面,单击"确定"按钮,即可完成镜像特征操作,如图 6-51 所示。

图 6-51 镜像特征操作

6.3.3 镜像特征

镜像特征是针对实体上的某个或部分特征关于某平面对称情况,单击"特征"工具条上的"镜像特征"按钮,在打开如图 6-52 所示的"镜像特征"对话框,在"相关特征"下拉列表框内选择需要镜像的特征,然后单击"选择特征"选项中的"镜像平面"按钮，或按一下鼠标中键,选择实体的一个表面或基准面作为镜像平面,单击"确定"按钮,即可完成镜像特征操作,如图 6-53 所示的结果。

图 6-52 "镜像特征"对话框

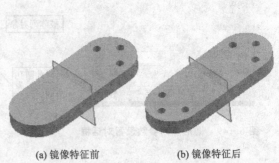

(a) 镜像特征前　　　　　　(b) 镜像特征后

图 6-53 镜像特征

6.3.4 复合曲线

使用"复合曲线"命令可从工作部件中抽取曲线和边,其功能相当于"抽取曲线"和"连接曲线"两个命令的组合。输入曲线可以是单条曲线、多条曲线或尾部相连的曲线链,还可以抽取实体的边作为复合曲线。

单击"特征"工具条中的"复合曲线"按钮或者选择"插入"→"关联复制"→"复合曲线"菜单项,系统就会弹出"复合曲线"对话框,如图 6-54 所示。

要创建复合曲线特征,则需要选择要复制的曲线或边。选择时可以利用选择条上的"选择意图"选项来辅助选取。如果需要,还可以编辑曲线串的起点和方向,以及隐藏原始曲线。

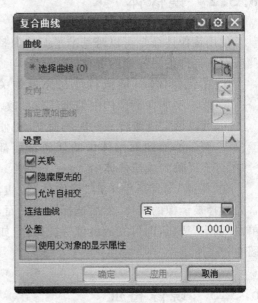

图 6-54 复合曲线

6.3.5　抽取体

使用"抽取体"命令通过从其他体中抽取面来创建关联体。"抽取体"可以抽取面、面区域和体。

抽取出来的面或体可以进行以下的操作。

① 保留部件的内部体积用于分析。

② 在一个显示处理中部件的文件中创建多个体。

③ 测试更改分析方案而不修改原始模型。

具体步骤是：选择"插入"→"关联复制"→"抽取体"菜单项或单击"特征操作"工具条上的"抽取体"按钮 ，弹出如图 6-55 所示的"抽取体"对话框。其中，"曲面类型"包含"与原先相同"、"三次多项式"、"一般 B 曲面"这 3 种。

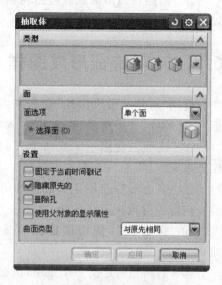

图 6-55　"抽取体"对话框

6.3.6　实例几何体

在保持与父几何体的关联性的同时，使用实例几何体命令来创建设计的副本，以重用于复制几何体与基准。通过它，可以轻松地复制几何体和基准。

选择"插入"→"关联复制"→"实例几何体"菜单项，或者单击"特征"工具条的"实例几何体"按钮 ，系统就会弹出"实例几何体"对话框，如图 6-56 所示。

"实例几何体"的类型包含"来源/目标"、"镜像"、"平移"、"旋转"、"沿路径"这 5 种。具体说明如下。

① "来源/目标"：创建从一个点或 CSYS 位置到另一个点或 CSYS 位置的几何体。

② "镜像"：跨平面镜像几何体。

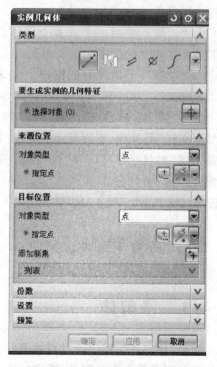

图 6-56　"实例几何体"对话框

③ "平移"：在指定的方向平移几何体。

④ "旋转"：绕指定的轴旋转几何体，可以添加偏置距离以实现螺旋放置。

⑤ "沿路径"：沿曲线或边路径创建几何体，可以为每个实例添加偏置旋转角度以达到螺旋效果。

6.3.7 对特征形成图样

使用"对特征形成图样"命令来对特征形成图样，阵列的定义有"线性"、"多边形"、"螺旋式"、"沿路径"、"常规"、"参考"。

① "线性"：使用一个或两个方向来定义布局。

② "多边形"：使用正多边形和可选的径向间距参数来定义布局。

③ "螺旋式"：使用螺旋路径定义布局。

④ "沿路径"：定义一个布局，该布局遵循一个连续的曲线链和可选的第二曲线链或矢量。

⑤ "常规"：使用一个或多个目标点或者坐标系定义的位置来定义布局。

⑥ "参考"：使用现有的图样定义来定义布局。

选择"插入"→"关联复制"→"对特征形成图样"菜单项，或者单击"特征"工具条上的"对特征形成图样"按钮 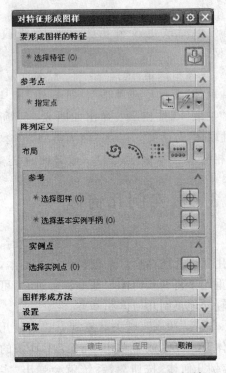，系统就会弹出"对特征形成图样"对话框，如图 6-57 所示。

图 6-57 "对特征形成图样"对话框

6.4 修剪特征

6.4.1 修剪体

使用"修剪体"，可以通过面或平面来修剪一个或多个目标体。可以指定要保留的体部分以及要舍弃的部分，把目标体修剪成想要的几何体的形状。

使用"修剪体"命令应注意：

- 必须至少选择一个目标体。
- 可以从相同的体选择单个面或多个面，或选择基准平面来修剪目标体。
- 可以定义新平面来修剪目标体。

　　选择"插入"→"修剪"→"修剪体"菜单项或单击"特征"工具条上的"修剪体"按钮，弹出如图 6 - 58 所示的"修剪体"对话框。选择要裁剪的目标体，然后选择"工具"复选框，单击选择所用的工具面或基准平面，确定修剪方向，也可通过"反向"按钮 来调整，单击"确定"按钮，即可完成实体的修剪操作。

图 6 - 58　"修剪体"对话框

　　如图 6 - 59 所示，分别选择"球"为"目标"，选择基准平面为工具体，修剪结果如图 6 - 59(b)所示。

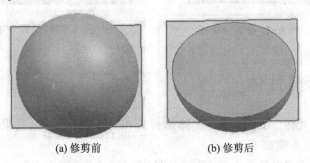

(a) 修剪前　　　　　　(b) 修剪后

图 6 - 59　修剪体

6.4.2　拆分体

　　使用"拆分体"命令可将实体或片体拆分为使用一组面或基准平面的多个体，还可以在命令内部创建草图，并通过拉伸或旋转草图来创建拆分工具。此命令创建关联的拆分体特征，其显示在模型的历史记录中。可以更新、编辑或删除特征。

　　此命令适用于将多个部件作为单个部件建模，然后视需要进行拆分的建模方法。例如，可将由底座和盖组成的机架作为一个部件来建模，随后将其拆分。

　　分割体操作类似于修剪体操作，执行该操作后，将会得到两个实体特征，原实体参数全部丢失，不可再进行编辑，分割面也会消失，如图 6 - 60 所示。

选择"插入"→"修剪"→"拆分体"菜单项或单击"特征"工具条上的"拆分体"按钮，弹出如图 6-61 所示的"分割体"警告对话框，单击"确定"按钮，系统弹出"拆分体"对话框，如图 6-62 所示，选择要分割的实体后，按一下鼠标中键，选择拆分工具，定义合适的分割面后单击"确定"按钮，即可完成分割操作。

图 6-60　分割效果

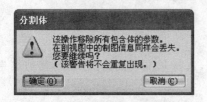

图 6-61　"分割体"警告对话框

图 6-62　"拆分体"对话框

6.4.3　修剪片体

使用"修剪片体"命令可以将片体修剪为相交面与基准，以及投影曲线和边。使用此命令的一般步骤如下。

① 单击"特征"工具条上的"修剪片体"按钮，或选择"插入"→"修剪"→"修剪片体"菜单项。

② 在"目标"选项组中，选择要修剪的片体，片体即高亮显示。

③ 在"边界对象"选项组中，选择要用来修剪所选片体的对象，此例中选择曲线为"边界对象"。

④ 从"投影方向"选项组中选择投影方向，对于本例是选择垂直于面。

⑤ 在"区域"选项组中，使用选择组中的选项来选择边界（由要舍弃的曲线和曲面定义）内部的片体区域。

⑥ 单击"确定"按钮或"应用"按钮来创建修剪的片体特征，修剪的结果是高亮显示的部分被保留。具体参数设置如图 6-63 所示。

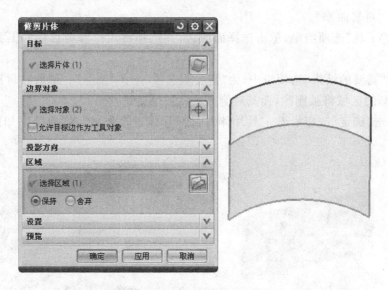

图 6-63　"修剪片体"对话框

6.4.4　取消修剪

"取消修剪"命令允许移除加上的边界,以及在所选面的线性方向上延伸平面、圆柱面和圆锥面。无需抽取多个面然后延伸它们,使用"取消修剪"命令即可在现有模型的特定区域上执行额外的建模任务。可以将实体或片体的面用作输入,会复制选择的面并沿着面的轴加以延伸,从而创建关联的未修剪特征。

6.4.5　修剪与延伸

此命令允许使用由边或曲面组成的一组工具对象来延伸和修剪一个或多个曲面。

使用此命令的一般步骤如下。

① 选择"插入"→"修剪"→"修剪与延伸"菜单项。

② 在"类型"选项组中选择"直至选定对象"选项。在"目标"选项组中选择"面或边变成活动的"。

③ 在图形窗口中,选择要修剪的面或边,分别如图 6-64 和图 6-65 所示。

④ 在"设置"选项组中,将"延伸方

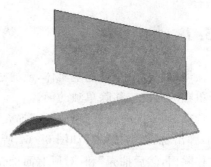

图 6-64　目标面

法"选择为"自然曲率"。

⑤ 在"工具"选项组中,单击选择面或边,并选择将用作修剪目标的工具片体的片体边。

⑥ 在"需要的结果"选项组中,为"箭头侧选项"选择"删除"。修剪时目标片体上与矢量同侧的区域将被删除,而其对侧区域将被保持。

⑦ 单击"确定"按钮沿着工具片体对目标片体进行修剪。修剪结果如图 6-66 所示。

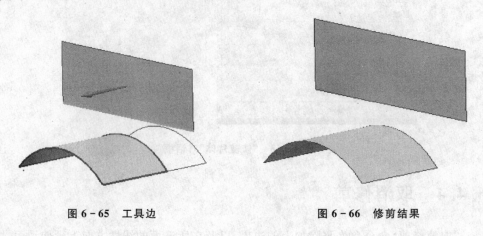

图 6-65　工具边　　　　　　　　　　　图 6-66　修剪结果

6.4.6　分割面

通过"分割面"命令,可以使用多个分割对象(如曲线、边、面、基准平面和/或实体)来分割现有体的一个或多个面(这些面应是关联的)。可以使用分割面在部件、图样、模具或冲模的模型上创建分型边。

6.5　偏置/缩放特征

6.5.1　抽　壳

使用"抽壳"命令可挖空实体,或通过指定壁厚来绕其创建壳单元。也可以为面指派单独的厚度或移除单独的面。

选择"插入"→"偏置/缩放"→"抽壳"菜单项或单击"特征"工具条上的"抽壳"按钮 ,弹出"抽壳"对话框,如图 6-67 所示。利用该对话框,可以创建两种形式的抽壳:"移除面,然后抽壳"和"对所有面抽壳"。

1. 移除面,然后抽壳

单击"特征"工具条上的"抽壳"按钮 ,在"类型"下拉列表中选择"移除面,然后抽壳"选项,在"厚度"文本框中输入厚度值,选择需要移除的实体表面,单击"确定"按钮,即可完成移除面抽壳操作,如图 6 - 68 所示。

利用"备选厚度"选项组可以创建变化厚度的抽壳。首先选中"备选厚度"复选框,然后选择厚度需要变化的表面,在"厚度"文本框中输入厚度值,单击"备选厚度"中的"添加新集"按钮 ,再选择不同厚度的抽壳面,直到全部设置完成,所有的设置都将会在列表中显示出来,如图 6 - 69所示。这样变化的厚度就会在列表框内显示出来,单击"确定"按钮,即可完成"组合厚度"抽壳操作,如图 6 - 70 所示。

图 6 - 67 "抽壳"对话框

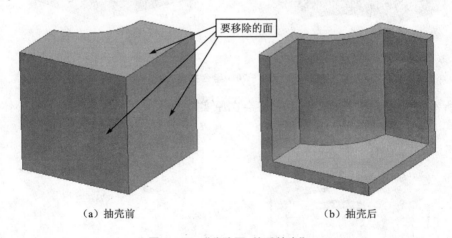

（a）抽壳前　　　　　　　　　　　　（b）抽壳后

图 6 - 68 "移除面,然后抽壳"

2. 对所有面抽壳

使用"抽壳"命令可以对体的所有面进行抽壳,且不移除任何面。

单击"特征"工具条上的"抽壳"按钮 ,在弹出的"抽壳"对话框的"类型"下拉列表中选择"对所有面抽壳"选项,然后选择需要抽壳的实体,在"厚度"文本框中输入厚度值,选择需要挖孔的实体,单击"确定"按钮,即可在实体内部进行挖空,如图 6 - 71

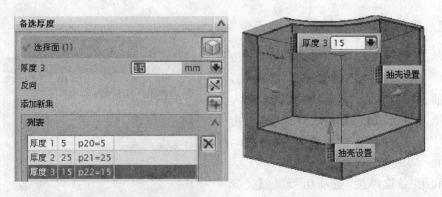

图 6－69　组合抽壳示意图

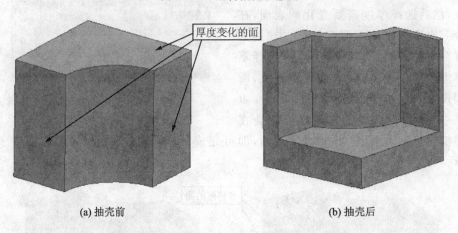

（a）抽壳前　　　　　　　　　　　　　　　　　　（b）抽壳后

图 6－70　组合抽壳

（a）所示。如果单击"反向"按钮　，将会在原实体的外围创建设定厚度的空心体，如图 6－71（b）所示。

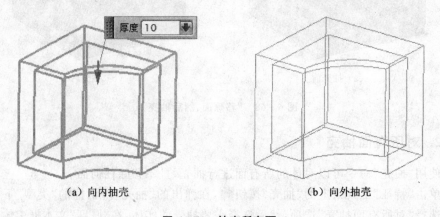

（a）向内抽壳　　　　　　　　　　　　　　　（b）向外抽壳

图 6－71　抽壳所有面

6.5.2 缩放体

使用"缩放体"命令可以缩放实体和片体。比例应用于几何体而不用于组成该体的独立特征。此操作完全关联。

可以使用三种不同的比例法：均匀、轴对称或常规。

选择"插入"→"偏置/缩放"→"缩放体"菜单项或单击"特征"工具条上的"缩放体"按钮，会弹出"缩放体"对话框，如图 6-72 所示，比例类型有 3 种：均匀、轴对称和常规。

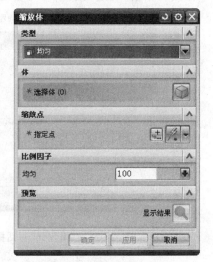

- 均匀：将实体沿 X、Y 和 Z 三个方向采用相同的比例因子进行缩放。
- 轴对称：首先确定一个对称轴，分别设定在该轴方向和其他方向上的比例因子进行缩放，如图 6-73 所示。
- 常规：在 X、Y 和 Z 三个方向上分别设定不同的比例因子进行缩放，如图 6-74 所示。

图 6-72 "缩放体"对话框

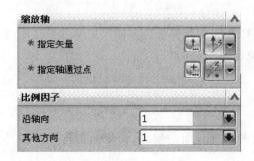

图 6-73 轴对称缩放

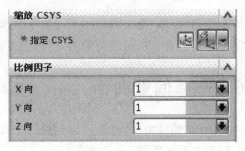

图 6-74 常规缩放

6.5.3 偏置面

使用"偏置面"命令可以沿面的法向偏置一个或多个面。

如果体的拓扑不更改，则可以根据正的或负的距离来偏置面。可以将单个偏置面特征添加到多个体中。

注意："加厚"命令与"偏置面"命令相似。可以通过"加厚"命令来使用布尔选项，但只能通过"偏置面"命令来添加或移除材料。

选择"插入"→"偏置/缩放"→"偏置面"菜单项或单击"特征"工具条上的"偏置面"按钮 ，会弹出"偏置面"对话框，如图 6-75 所示。首先选择需要偏置的平面或曲面，在"偏置"文本框中输入偏置的参数（注意偏置方向，可以通过偏置参数的正负来控制），单击"确定"按钮，即可实现偏置操作，如图 6-76 所示。

图 6-75 "偏置面"对话框

图 6-76 偏置操作

6.5.4 加 厚

使用"加厚"命令可将一个或多个连接的面或片体偏置为实体。加厚效果是通过将选定面沿着其法向进行偏置，然后创建侧壁而生成的。

6.5.5 偏置曲面

使用"偏置曲面"命令可以创建一个或多个现有面的偏置，结果是与选择的面具有偏置关系的新体（一个或多个）。

通过沿所选面的曲面法向来偏置点，UG NX 可以创建真实的偏置曲面。指定的距离称为偏置距离。可以选择任何类型的面来创建偏置。

选择"插入"→"偏置/缩放"→"偏置曲面"菜单项或单击"特征"工具条上的"偏置曲面"按钮 ，会弹出"偏置曲面"对话框，如图 6-77 所示。首先选择需要偏置的平面或曲面，在"偏置"文本框中输入偏置的参数（注意偏置方向，可以通过偏置参数的正负来控制），单击"确定"按钮，即可实现偏置操作，如图 6-78 所示。

图 6-77　"偏置曲面"对话框

图 6-78　"偏置曲面"操作

6.5.6　可变偏置

使用"可变偏置"命令为单个面创建可变偏置曲面,必须为每个点指定四个点和一个距离。如果删除原先的曲面,则也删除可变偏置曲面;如果变换原始曲面,则可变偏置曲面更新到相应的新位置。

注意:在默认情况下,"可变偏置"选项不显示在"偏置/缩放"菜单中。通过使用角色具有完整菜单的高级功能可以进行查看。

创建"可变偏置"的一般步骤如下。

① 打开"可变偏置"曲面对话框。系统会提示选择一个面。

② 选择面时,会打开"点构造器"对话框。系统会提示在选定的面上指定四个点。

③ 选择四个点。对于选定的各个点,在可变偏置曲面对话框的距离字段中指定一个距离值。系统会保留前一个点的距离值。

注意:如果输入一个与基本曲面的曲率半径相比很大的偏置距离,则系统可能会产生一个自相交偏置曲面。由于相同的原因,这四个偏置距离不应该相差太大。

选择并定义第四个点时,系统会创建可变的偏置曲面特征。

6.5.7　大致偏置

使用"大致偏置"命令可以通过使用较大偏置距离从一组面或片体来创建没有自相交、尖锐边或拐角的偏置片体。在使用"偏置面"和"偏置曲面"命令无法生成较大的大致偏置时,可以从一组面或片体进行此操作。

选择"插入"→"偏置/缩放"→"大致偏置"菜单项或单击"特征"工具条上的"大致偏置"按钮，将会弹出"大致偏置"对话框，如图 6-79 所示。

6.5.8　片体到实体助理

"片体到实体助理"命令通过自动执行一组片体的缝合（缝合）然后加厚（加厚）的过程，由几组未缝合片体生成实体。如果指定的片体造成这个过程失败，那么将自动完成对它们的分析，以找出问题的根源。有时此过程将得出简单推导出的补救措施，但是有时必须重新构建曲面。

"片体到实体助理"命令能够检测并更正很多能够导致加厚失败的几何条件，并且当试图使用外部 CAD/CAM 系统的

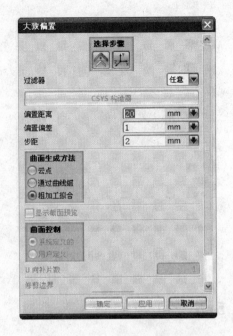

图 6-79　"大致偏置"对话框

数据时，它将是一个非常实用的工具。使用此选项将首先对输入的数据进行检查，以确保其有效。如果输入数据显示为有效，那么系统会首先尝试缝合它，然后加厚结果，最后检查结果的有效性。如果由于一些原因，输入结果无效，那么将高亮显示有问题的几何体，以便编辑或替换它。

如果输入的数据确实有效，但是系统却不能生成输出实体，那么分析和补救选项可用。尝试失败之后，用户可以查看发生问题的区域，并指定系统应该使用哪一类补救方法来解决问题。最简单的方法是允许使用各种形式的补救方法，然后单击"确定"或"应用"按钮，然后系统将努力更正数据问题并创建一个实体。

片体到实体助理基本步骤如下。

①　使用目标片体的选择步骤选择一个片体，要在此片体上生成具有一定厚度的实体。片体上显示的箭头表示第一偏置的方向。在图 6-80 的示例中，选中了单个片体，而箭头显示偏置方向。

②　[可选]使用工具片体选择步骤来选择要缝合到目标中的片体。如果跳过这一步，则不会执行缝合操作，并且只进行加厚操作。在图 6-81 的示例中，框选了其余的工具片体（以橙色显示）。

③　输入第一和第二偏置数据，以给实体增加厚度。在图例中，第一偏置是 2，而第二偏置是 0。

④　如果已经选中了一个或多个工具片体，则输入所需的缝合公差。在图例中，缝合公差是 0.010。

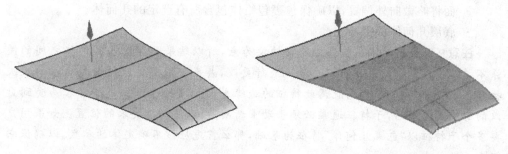

图 6-80　"片体到实体助理"操作　　　　　　图 6-81　工具片体

⑤ 单击"应用"按钮,系统执行输入曲面的有效性检查。如何发现任何问题,"提示行"上将显示信息"不能缝合单个片体",并且相应的分析结果显示选项变为可用。单击"适用于用户实际情况"选项,并尝试解决问题。在此,选择"显示片体边界",则片体边界在图形窗口高亮显示,如图 6-82 所示。

⑥ 解决了任何输入检查故障后,指定要使用的"补救选项",并再次单击"应用"按钮。如果输入检查成功执行,系统将尝试使用指定的参数和补救创建实体。在此,将缝合公差调为 0.1,单击"确定",实体创建成功,如图 6-83 所示。

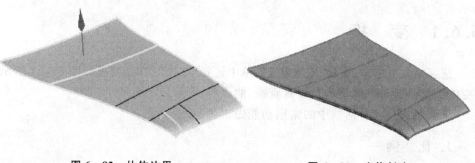

图 6-82　片体边界　　　　　　　　　　　图 6-83　实体创建

⑦ 如果输入片体通过了第一次有效性检查,则系统会尝试创建实体。如果这步操作成功,将创建实体,并且自己检查有效性。如果新实体通过了最后的有效性检查,那么此实体的创建就是最终结果。

6.5.9　包裹几何体

通过计算要围绕实体的实体包络体,用平的面的凸多面体可有效地"收缩包裹",使用"包裹几何体"命令简化了详细模型。原先的模型可以由任意数量的实体或片体、曲线和点组成。

当使用"包裹几何体"命令时:

· 输入的几何体转换化为点,然后这些点包裹在由平的面构成的单个实体上。

· 面将略微向外偏置,以确保包裹包络体包含所有选定的几何体。

· 底层几何体保持不变。

注意:因为几何体在包裹之前要转换为点,所以结果面和输入几何体之间的关系不总是很清楚。结果体可以广泛地进行更改,甚至可以用更改到特征输入的次级操作。当更新特征时,任何脱离此特征的边缘或面构建的子特征都非常容易受到更改的影响。更新后,子特征通常必须手动重新附着,以便保持要求的位置。如果用户要多个子特征以"包裹几何体"特征为基础,那么首先应该不确定体的参数,以确保它不会更改。

"包裹几何体"适用于以下工作:

· 执行封装研究(例如,要简化复杂的模型)。

· 执行空间捕捉研究(例如,要获得多个不相连对象所需空间的近似值)。

· 转化线框数据(例如,作为将它转换到实体的起点)。

· 隐藏专有数据(例如,要获得不带详细信息的合理表示)。

6.6　对象的变换与移动

6.6.1　变　换

选择对象并右击,在弹出的快捷菜单中选择"变换"选项,弹出如图 6 - 84 所示的"变换"对话框,可以变化的对象有直线、曲线等。

下面对"变换"对话框中的常用功能做讲解。

1. 比　例

"比例"选项可把选取的对象按指定的参考点成比例地缩放。选择"变换"对话框中的"比例"选项,弹出"变换"对话框,在其中设置比例,如图 6 - 85 所示。下面对该对话框中的选项进行介绍。

图 6 - 84　"变换"对话框

图 6 - 85　"比例"设置

- 比例：设置缩放比例。
- 非均匀比例：设置坐标系上各方向的缩放比例。

2. 通过一直线镜像

"通过一直线镜像"选项可把选取的对象依据指定的参考直线作镜像。相当于在参考线的相反方向建立该对象的一个镜像。选择该选项,弹出如图 6-86 所示的对话框。下面对该对话框中的选项进行介绍。
- 两点：通过两个点,把两个点用直线连接即为所需要的参考线。
- 现有的直线：选择工作区中已经存在的一条直线作为参考线。
- 点和矢量：用点构造器指定一点,其后在矢量构造器中指定一个矢量,通过指定点的矢量即为参考直线。

3. 矩形阵列

"矩形阵列"选项可将选取的对象从阵列原点开始,沿坐标系 XY 平面建立一个等间距的矩形阵列。把源对象从指定的参考点移动或复制到阵列原点,然后沿 XC、YC 方向建立阵列。如图 6-87 所示的对话框中：DXC 表示 XC 方向间距,DYC 表示 YC 方向间距。

图 6-86　"通过一直线镜像"设置

图 6-87　"矩形阵列"设置

4. 圆形阵列

"圆形阵列"选项可将选取对象绕阵列中心建立一个等角间距的环形阵列。选择该选项后,系统弹出如图 6-88 所示的对话框,下面对该对话框中的部分选项进行介绍。
- 半径：设置环形阵列的半径值,该值等于目标对象上的参考点到目标点之间的距离。

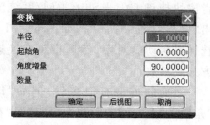

图 6-88　"圆形阵列"设置

- 起始角：设置环形阵列的起始角。

5. 通过一平面镜像

"通过一平面镜像"选项可将选取的对象依照参考平面作镜像,也就是在参考平面的相反方向建立源对象的一个镜像。选中该选项后,系统弹出如图 6-89 所示的"平面"对话框,该对话框用于选择或创建参考平面,最后选取源对象完成镜像操作。此功能实现的方法与上述类似,读者可自行练习,并观察结果。

6. 点拟合

"点拟合"选项可通过空间的 3 个点或 4 个点到另外的 3 个点或 4 个点的变化来控制实体或者片体的空间移动。选中该选项后,系统弹出如图 6-90 所示的对话框。选择要移动对象上的 3 个点或者 4 个点,然后再选要移动到的位置的对应的三个点或者 4 个点来实现对象移动。

图 6-89 "通过一平面镜像"设置

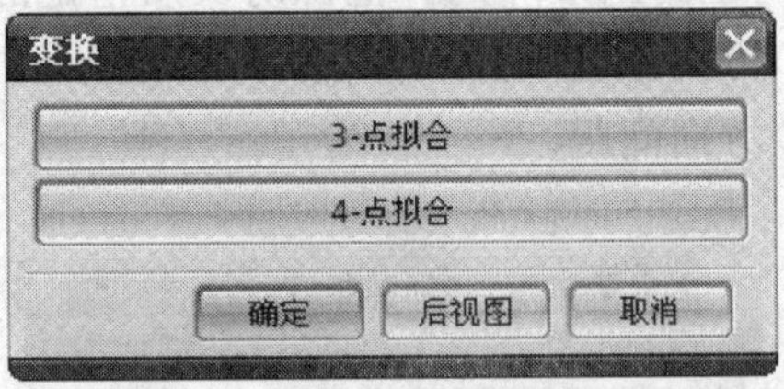

图 6-90 "点拟合"设置

6.6.2 移动对象

使用"移动对象"命令可以将所选的对象按所指定的方式进行移动或者复制。

选择"编辑"→"移动对象"菜单项,或者按快捷键 Ctrl+Shift+M,系统就会弹出"移动对象"对话框,如图 6-91 所示。选择要移动的对象,然后指定变换运动的方式及参数。

运动的类型有很多种,例如"动态"、"角度"、"点之间的距离"、"距离"、"径向距离"、"点到点"、"根据三点旋转"、"将轴与矢量对齐"、"CSYS 到 CSYS"等,用户可根据需要进行选择。

图 6-91 "移动对象"对话框

6.7 综合案例一：镂空球的设计

6.7.1 案例预览

※（参考用时：20 分钟）

本节将介绍镂空球的设计过程。该零件是个多边体的零件，是由正多边形和五角星装配而成。中间再加以有界平面勾出镂空的效果。最终效果如图 6-92 所示。

6.7.2 案例分析

图 6-92 镂空球效果图

本案例是一个镂空球的设计实例。通过对零件的基本分析可知，该零件是由正多边形和五角星装配而成。中间再加以有界平面勾出镂空的效果。在具体的绘制过程中，先做好一个正多边形和五角星，然后通过移动对象和变换命令，再实现整个球的设计。具体设计流程如图 6-93 所示。

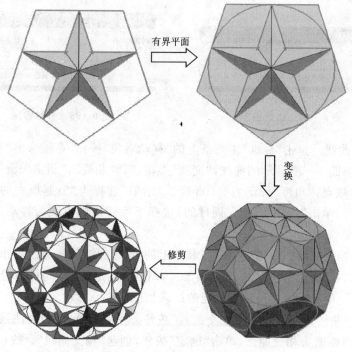

图 6-93 设计流程图

6.7.3 设计步骤

1. 新建零件文件

✦(参考用时:1分钟)

① 在桌面上双击UG快捷方式图标进入基本环境,然后选择"文件"→"新建"菜单项,给新文件指定路径和文件名,单击"确定"按钮。

② 在工具条中选择"开始"→"建模"选项,或者使用"Ctrl+M"组合快捷键,切换到建模模式。

2. 设计步骤

✦(参考用时:20分钟)

① 绘制五边形。选择"曲线"工具条上的"多边形"按钮📍,系统弹出"多边形"对话框,如图6-94所示,设置"边数"为5,单击"确定"按钮。接着在图6-95中设置"内切圆半径"为30,"方位角"为0,单击"确定"按钮。系统弹出"点的选择"对话框,这里了我们使用系统默认的"0,0,0"作为放置点。单击"确定"按钮,图形窗口出现一个五边形。

图6-94 边数设定

图6-95 参数设定

② 移动曲线。单击"标准"工具条上的"移动对象"按钮,系统弹出"移动对象"对话框。选择如图6-96所示的曲线,"变换"类型选择"角度","指定矢量"为Z轴,"轴点"为直线的端点,"角度"设定为-108度。"结果"选择为"复制原先的",其他的为系统默认设置,单击"应用"按钮。同样的,选择下面相邻的直线为移动的对象,角度设定为108度,结果如图6-97所示。

③ 创建相交曲线。单击"特征"工具条上的"回转"按钮🔧,系统弹出"回转"对话框。"截面"选择直线2,"轴"选择直线1。单击"应用"按钮。同样的,选择3为"截面",4为"轴",单击"确定"按钮。创建的结果如图6-98所示。

④ 单击"曲线"工具条上的"相交曲线"按钮🔩,系统弹出"相交曲线"对话框,分别选择两个圆锥面为相交曲面,单击"确定"按钮,创建"相交曲线"。按快捷键Ctrl+B,选择实体与步骤②创建的移动的曲线,和其中的一条相交曲线为对象,进行隐藏。

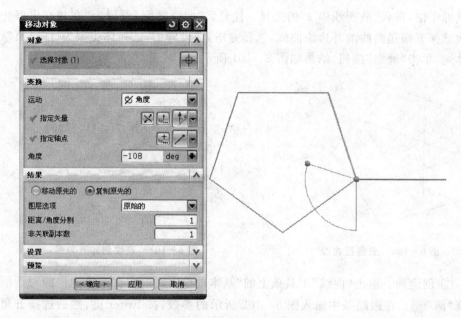

图 6-96　移动对象

其结果如图 6-99 所示。

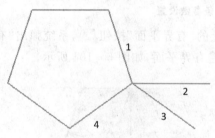

图 6-97　移动对象的结果

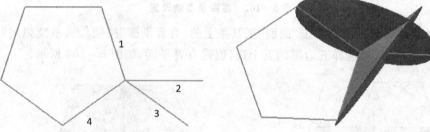

图 6-98　回转体

⑤ 绘制基本曲线。单击"曲线"工具条
上的"基本曲线"按钮，系统弹出"基本曲
线"对话框。选择五边形曲线的各个中点来
创建五角星曲线，结果如图 6-100 所示。

⑥ 创建五角星。单击"曲面"工具条上
的"直纹"按钮，系统弹出"直纹"对话框。
在"截面曲线 1"中单击按钮，系统弹出"点
构造器"对话框，在"输出坐标"的 Z 中输入
9，单击"确定"按钮，回到"直纹"对话框。单

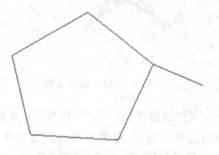

图 6-99　相交曲线

击鼠标中键,进入"截面线串 2"的选择。注意将"曲线规则"设置为"在相交出停止",依次选择五角星曲线的外边缘曲线,选择完毕,在设置中,选择体类型为"图纸页"(即片体)。单击"确定"按钮,结果如图 6-101 所示。

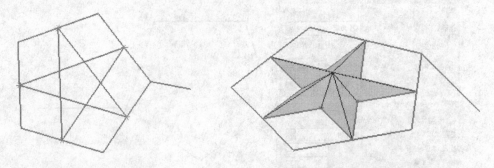

图 6-100　五角星曲线　　　　　　图 6-101　直纹创建五角星

⑦ 创建圆。单击"曲线"工具条上的"基本曲线"按钮 ,在系统弹出的对话框中选择"圆" 。在跟踪条中输入图 6-102 所示的参数,按 Enter 键,然后选择五角星的顶点作为放置点,圆弧创建完毕,如图 6-103 所示。

图 6-102　跟踪条参数设置

⑧ 创建有界平面。单击"曲面"工具条上的"有界平面"按钮 ,系统弹出"有界平面"对话框,依次选择五边形的五个边,创建有界平面,如图 6-104 所示。

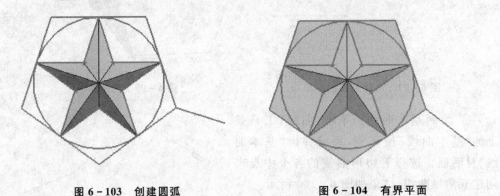

图 6-103　创建圆弧　　　　　　图 6-104　有界平面

⑨ 创建变换。单击"标准"工具条上的"变换"按钮 ,系统弹出"类选择"对话框,选择五角星、有界平面和圆为变换的对象,单击"确定"按钮,在"变换"对话框中选择"点拟合"选项,单击"确定"按钮,在后续对话框中单击"3 点拟合"选项,系统弹出"点的选择"对话框。参照图 6-105,依次选择点 1、2、3,4、5、6,也就是六个点。选择

完毕,系统再次弹出"变换"对话框,单击"复制"按钮,创建变换的结果如图 6-106
所示。

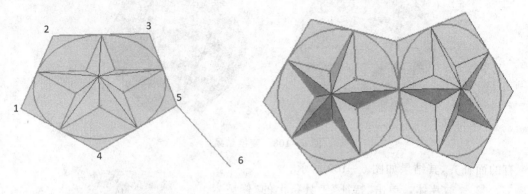

图 6-105　点的选择　　　　　　　图 6-106　变换的结果

⑩ 移动对象。单击"标准"工具条上的"移动对象"按钮 ，选择步骤⑨创建的变
换对象为"移动对象","运动"选项选择"角度","矢量"指定为 Z 轴,轴点为"坐标原
点","角度"设置为 72,"结果"设置为"复制原先的","非关联副本数"设置为 4,单击
"确定"按钮,完成对象移动。具体设置如图 6-107 所示。

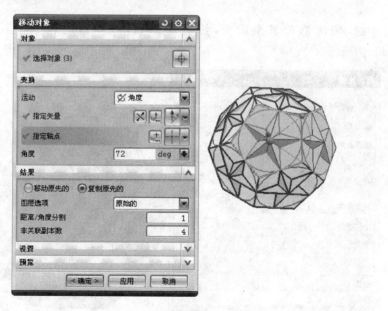

图 6-107　移动对象参数设置

⑪ 通过"变换"中的"3 点拟合"来创建一个"变换体"。一定要注意点的选取顺
序,不要将实体变换反向。变换的结果如图 6-108 所示。

⑫ 接下来的步骤也是比较简单的,通过"移动对象"和"变换"的综合应用,将所

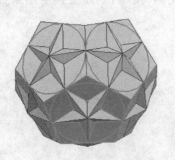

图 6 - 108　变换结果

有的面补齐,其结果如图 6 - 109 所示。

⑬ 修剪片体。单击"特征"工具条上的"修剪
片体"按钮，系统弹出"修剪片体"对话框,选择
有界平面创建的五边面作为"目标",选择圆作为
边界对象,"投影方向"选项选择"垂直与曲线平
面",并通过单击"区域"来查看取舍的区域,可以
通过"预览"来查看修剪的结果,如图 6 - 110
所示。

同样的,依次修剪其余的面,修剪结果如
图 6 - 111 所示。

图 6 - 109　补齐所有面

图 6 - 110　修剪的结果

⑭ 编辑对象。隐藏所有的曲线,单击
"实用工具"中的"编辑对象显示"按钮 🔳 ,选
择所有的五角星,单击"确定"按钮,在"颜
色"复选框中单击颜色选项,在调色板中选
择 ID 为 108 的绿色,单击"确定"按钮,回到
"编辑对象显示"对话框,单击"应用"按钮。
单击"选择新对象",选择其余的片体,按照
上述步骤,编辑颜色显示为 ID 为 1 的白色,
单击"确定"按钮,完成对象的编辑。镂空球
的设计也即完成,效果如图 6 - 112 所示。

图 6 - 111　整体修剪的结果

图 6 - 112　镂空球的效果图

6.8　综合案例二:仪表盘设计

6.7.1　案例预览

✹(参考用时:30 分钟)

本节将介绍仪表盘的绘制过程。
该零件在于灵活运用拉伸功能以及圆
台和孔的定位功能,注意在止口与孔的
翻边造型设计中拉伸功能的运用技巧。
最终的效果如图 6 - 113 所示。

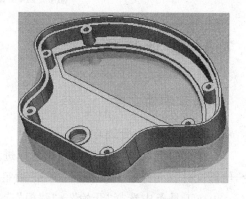

图 6 - 113　仪表盘效果图

6.7.2 案例分析

本案例是一个仪表盘的设计实例。通过对图纸的基本分析可知,该零件是一个壳体,可以通过拉伸功能完成整体造型,在使用外壳功能对零件抽壳,然后再使用拉伸功能完成窗口造型,通过圆台和孔的功能设计安装孔,最后再通过拉伸功能完成止口和翻边的设计。具体设计过程如图 6-114 所示。

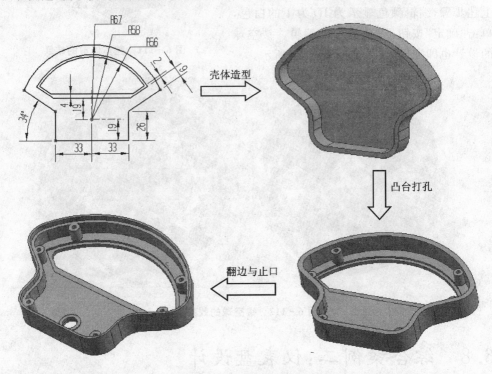

图 6-114 设计流程图

6.7.3 设计步骤

1. 新建零件文件

❋(参考用时:1 分钟)

① 在桌面上双击 UG 快捷方式图标进入基本环境,然后选择"文件"→"新建"命令,给新文件指定路径和文件名,单击"确定"按钮。

② 在工具条中选择"开始"→"建模"选项,或者使用"Ctrl+M"组合快捷键,切换到建模模式。

2. 构造大体形状

✸(参考用时:10分钟)

① 绘制草图曲线。选择"特征"工具条上的"草图"按钮,使用系统默认的草绘平面,进入草图绘制界面,绘制出如图 6-115 所示的草图曲线,并完成约束,单击按钮退出草图。

② 拉伸草图曲线。选择"特征"工具条上的"拉伸"按钮,将"选择意图"选项改为"相连曲线",单击鼠标选中刚刚绘制草图曲线最外圈的一根曲线,则最外圈曲线自动被全部选中,设置起始值为 0,结束值为 14.5,单击"确定"按钮,完成拉伸操作,效果如图 6-116 所示。

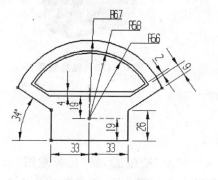

图 6-115　草图曲线

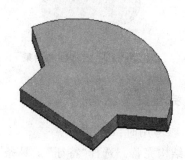

图 6-116　拉伸外圈草图效果

③ 边缘倒圆角操作。选择"特征"工具条中的"边倒圆"按钮,选择如图 6-117 所示的 6 个边缘,设置倒圆参数为 12.7,单击"确定"按钮,效果如图 6-118 所示。

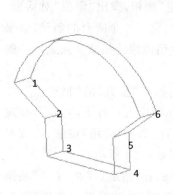

图 6-117　倒圆角效果

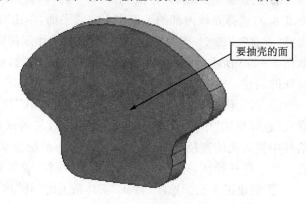

图 6-118　倒圆边示意图

④ 实体抽壳操作。选择"特征"工具条上的"外壳"按钮,将厚度参数改为 3.2,选择如图 6-118 所示的面,单击"确定"按钮,效果如图 6-119 所示。

⑤ 拉伸修剪操作。选择"特征"工具条上的"拉伸"按钮▦,将"选择意图"选项改为"相连曲线",单击鼠标选择如图 6 - 115 所示最里面一圈曲线,则最里面一圈曲线自动被全部选中,设置起始值为 0、结束值为 5,再单击"布尔"复选框按钮,在弹出的下拉选项中选择"求差"按钮🖉,单击"确定"按钮,完成拉伸操作,效果如图 6 - 120 所示。

图 6 - 119   实体抽壳效果   图 6 - 120   修剪效果

3. 完善细节结构

✿(参考用时:19 分钟)

① 结构完善。选择"特征"工具条上的"拉伸"按钮▦,将"选择意图"选项改为"相连曲线",单击鼠标选择如图 6 - 115 所示中间一圈曲线,设置起始值为 2,结束值为 5,再单击对话框"布尔"复选框,在弹出的下拉选项中选择"求差"按钮🖉,单击"确定"按钮,完成拉伸操作,效果如图 6 - 121 所示。

② 创建圆台。选择"特征"工具条上的"凸台"按钮🗔,输入圆台参数,直径 6.5,高度 8.3,选择壳体内部的平面作为放置平面,单击"确定"按钮,弹出"定位"对话框,选择"垂直"按钮✕,按照图 6 - 122 所示的尺寸定位圆台,完成 6 个圆台的创建,效果如图 6 - 123 所示。此处也可以先创建完成一侧的,然后用镜像特征命令完成另一侧特征的创建。

③ 创建孔操作。选择"特征"工具条上的"孔"按钮🗔,在"位置"的"指定点",注意在"选择意图"中开启"圆心捕捉"按钮⊙,单击鼠标选择任意圆台上的圆心,在对话框中输入孔的直径 2.5,深度 8,其余的为系统默认设置,单击"应用"按钮,完成打孔操作。同样操作,完成所有圆台的打孔操作,效果如图 6 - 124 所示。

④ 创建沉头孔。选择"特征"工具条上的"孔"按钮🗔,在"指定点"处,单击"绘制截面"按钮🔡,绘制如图 6 - 125 所示的点,单击"完成草图"按钮🏁退出草图,回到"孔"的对话框。在"形状和尺寸"下拉菜单中选择"沉头孔"按钮🔩,输入"沉头直径"为 9.5、"沉头深度"为 2、"直径"为 8.5,其余参数为系统默认设置,单击"确定"按钮,则完成打孔操作。效果如图 6 - 126 所示。

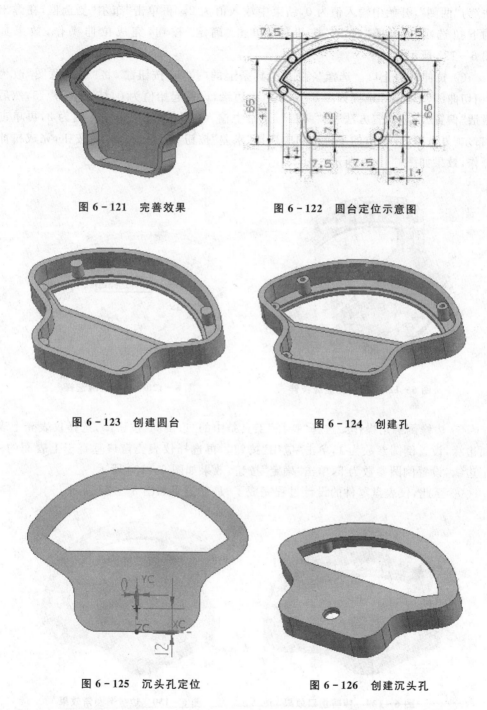

图 6－121　完善效果　　　　图 6－122　圆台定位示意图

图 6－123　创建圆台　　　　　图 6－124　创建孔

图 6－125　沉头孔定位　　　　图 6－126　创建沉头孔

⑤ 拉伸沉头孔边缘。选择"特征"工具条上的"拉伸"按钮 ，单击鼠标选择沉头
孔在壳体内部的边缘，设置起始值为 0，结束值为 −0.5，然后激活"偏置"项，"偏置方

法”为“两侧”，开始中输入值为 0，结束中输入值为 2。再单击“布尔”复选框，在弹出的下拉选项中选择“求和”按钮，单击“确定”按钮，完成拉伸操作，效果如图 6－127 所示。

⑥ 拉伸修剪止口。选择“特征”工具条上的“拉伸”按钮，将“选择意图”改为“相切曲线”，用鼠标选择如图 6－128 所示边缘，设置起始值为 0，结束值为－3，然后激活“偏置”项，“偏置方法”为“两侧”，开始中输入值为 0，结束中输入值为 2，再单击“布尔”复选框，在弹出的下拉选项中选择“求差”按钮，单击“确定”按钮，完成拉伸操作，效果如图 6－129 所示。

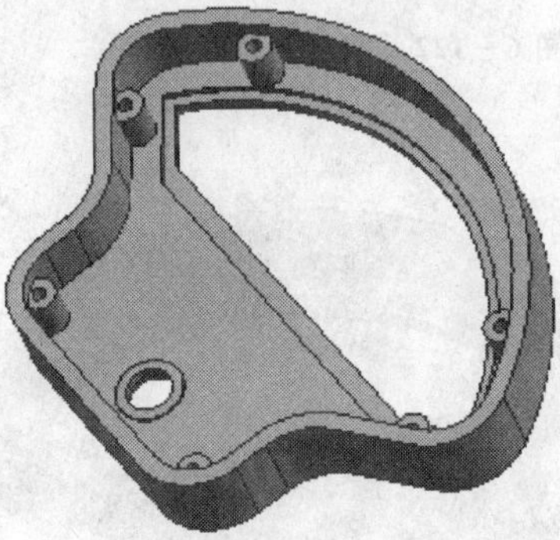

图 6－127　沉头孔边缘拉伸

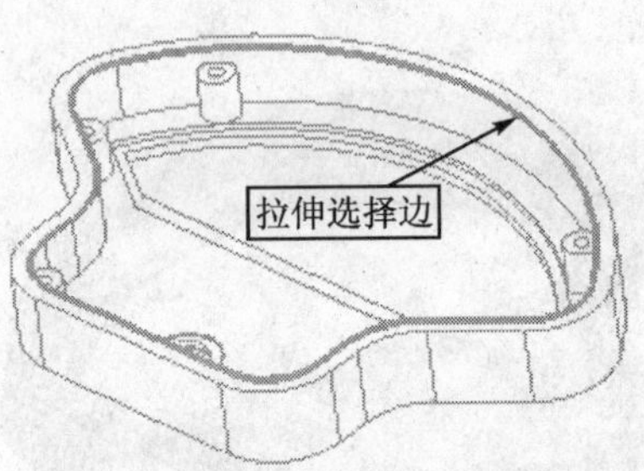

图 6－128　拉伸边缘选择

⑦ 边缘倒圆角操作。选择“特征”工具条中的“边倒圆”按钮，选择仪表壳上表面边缘，设置倒圆参数为 1，单击“应用”按钮。再选择仪表壳窗口垂直于上表面的 4 个边缘，设置倒圆参数为 5，单击“确定”按钮，效果如图 6－130 所示。

⑧ 至此，仪表盘零件的设计过程完成了，最终效果如图 6－131 所示。

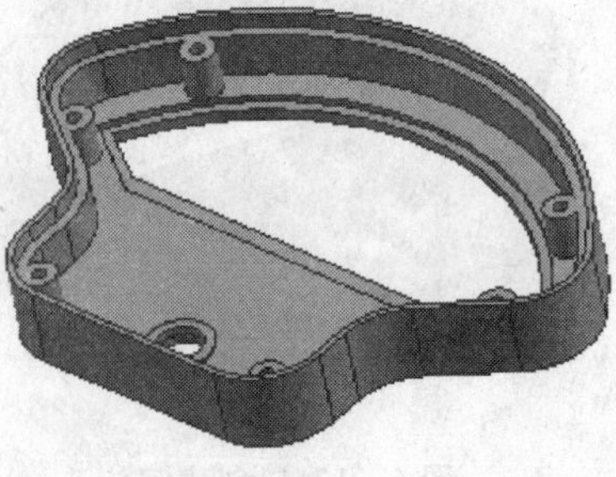

图 6－129　修剪止口效果

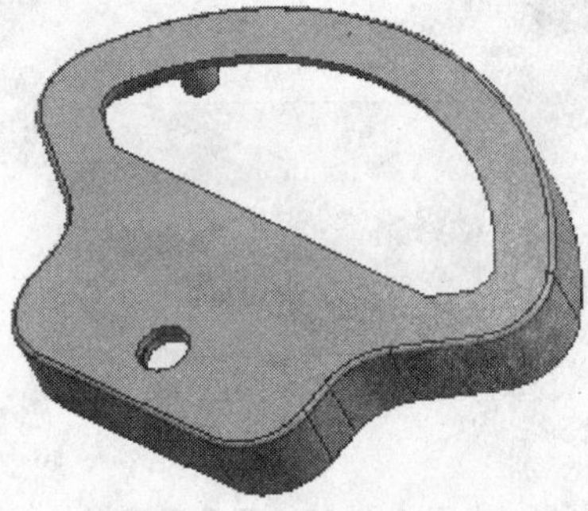

图 6－130　边缘倒圆角效果

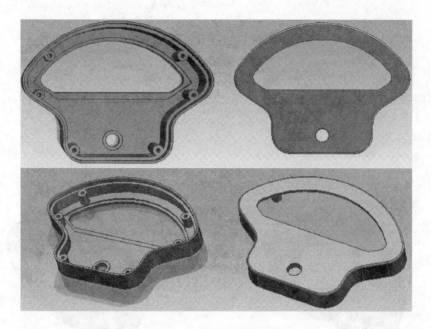

图 6 - 131　总体效果

6.9　综合案例三:充电器中盖的设计

6.9.1　案例预览

🌟(参考用时:40 分钟)

本节将介绍充电器中盖的设计过程。该产品是一个壳体零件,可以先设计整体外形,然后对于上部曲面进行处理,再设计配合部位的细节。最终效果如图 6 - 132 所示。

图 6 - 132　充电器中盖

6.9.2　案例分析

本案例是一个充电器中盖的设计实例。通过对产品的基本分析可知,在实际绘制中,可以先设计烟灰缸的整体外形,然后对其进行提取修剪,从而得到大体外形,最后通过拉伸和回转功能完成配合结构的设计。具体设计流程如图 6 - 133 所示。

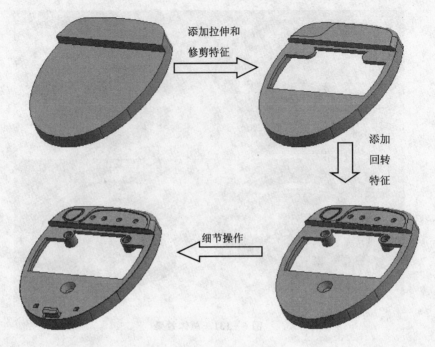

图 6 - 133　设计流程图

6.9.3　设计步骤

1. 新建零件文件

✻（参考用时：1 分钟）

① 在桌面上双击 UG 快捷方式图标进入基本环境，然后选择"文件"→"新建"菜单项，给新文件指定路径和文件名，单击"确定"按钮。

② 在工具条中选择"起始"→"建模"选项，或者使用"Ctrl＋M"组合快捷键，切换到建模模式。

2. 构造充电器中盖外形

✻（参考用时：6 分钟）

① 创建拉伸。选择"特征"工具条上的"拉伸"按钮 ▥，单击"截面"中的"绘制截面"按钮 ▩，绘制如图 6 - 134 所示的草图，单击"确定"按钮，回到"拉伸"对话框，在"极限"中设置"开始"为 0、"结束"为 12，再单击"确定"按钮，完成拉伸操作，结果如图 6 - 135 所示。

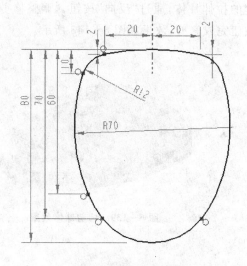

图 6 - 134　草图曲线

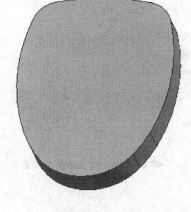

图 6 - 135　拉伸效果

② 创建修剪平面。单击"特征"工具条上的"拉伸"按钮▥，单击"截面"中的"绘制截面"按钮▦，绘制如图 6 - 136 所示的草图，单击"确定"按钮，回到"拉伸"对话框。在"极限"中设置为"对称值"，"距离"为 40，其余为系统默认设置，单击"确定"按钮，完成修剪平面的创建并退出对话框。效果如图 6 - 137 所示。

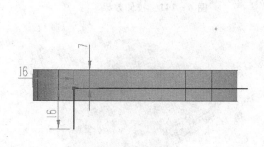

图 6 - 136　草图曲线

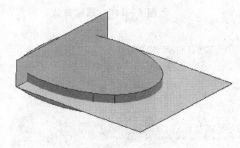

图 6 - 137　拉伸效果

③ 修剪体。单击"特征"工具条上的"修剪体"按钮▦，先单击鼠标选择步骤①创建的实体，单击鼠标中键确认，再选择刚刚创建的拉伸片体，通过"反向"按钮✖调整修剪的方向，如图 6 - 138 所示。单击"确定"按钮完成修剪，效果如图 6 - 139 所示。

④ 创建修剪平面。单击"特征"工具条上的"拉伸"按钮▥，单击"截面"中的"绘制截面"按钮▦，绘制如图 6 - 140 所示的草图，单击"确定"按钮，回到"拉伸"对话框。在"极限"选项中设置为"对称值"，"距离"为 40，其余为系统默认设置，单击"确定"按钮，完成修剪平面的创建并退出对话框。效果如图 6 - 141 所示。

⑤ 修剪体。单击"特征"工具条上的"修剪体"按钮▦，先单击鼠标选择创建的实

体,单击鼠标中键确认,再选择刚刚创建的拉伸片体,通过"反向"按钮✕调整修剪的方向,如图 6-142 所示。单击"确定"按钮完成修剪,效果如图 6-143 所示。

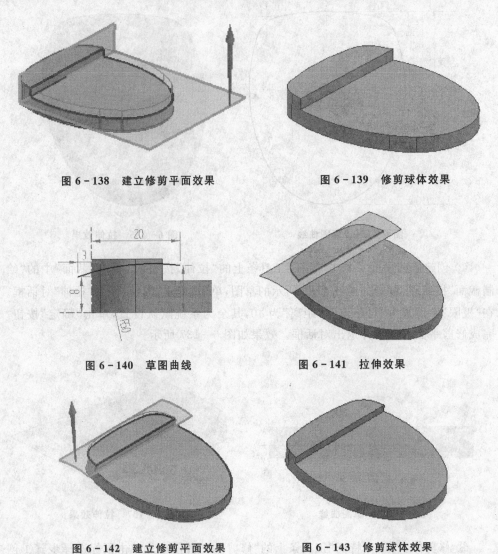

图 6-138　建立修剪平面效果

图 6-139　修剪球体效果

图 6-140　草图曲线

图 6-141　拉伸效果

图 6-142　建立修剪平面效果

图 6-143　修剪球体效果

⑥ 添加可变半径边倒圆。单击"特征"工具条中的"边倒圆"按钮◢,在"边倒圆"对话框中,"要倒圆的边"选项组的"选择边"选项被激活,如图 6-144 所示的边,单击鼠标中键确认。单击"可变半径点"选项组中的"指定新的位置"选项,然后选择如图 6-144 所示的点 1,设置其半径为 2。然后分别设定点 2 的半径为 2.5,点 3 的半径为 3,点 4 的半径为 3,点 5 的半径为 2.5,点 6 的半径为 2,单击"确定"按钮,完成可变半径倒圆角的创建,效果如图 6-145 所示。

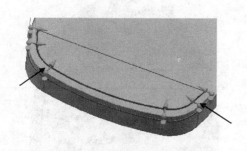

图 6－144　设置可变半径值

图 6－145　变半径倒角

⑦ 创建抽壳特征。单击"特征"工具栏上的"抽壳"按钮 ，系统弹出"抽壳"对话框，在该对话框中，"类型"选择"移除面"，然后抽壳，选择图 6－146 所示的面为要移除的面，在"厚度"文本框中输入厚度值为 2，单击"确定"按钮，完成抽壳操作，效果如图 6－147 所示。

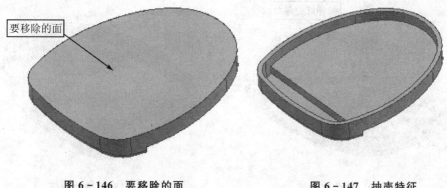

图 6－146　要移除的面

图 6－147　抽壳特征

⑧ 添加拉伸特征。单击"特征"工具条上的"拉伸"按钮 ，系统弹出"拉伸"对话框，在"截面"选项中单击"绘制截面"按钮 ，选择图 6－148 所示的面为草绘平面，选择直线的中点为坐标放置点，单击"确定"，进入草绘环境，绘制草图如图 6－149 所示，单击"完成草图"按钮 回到"拉伸"对话框。在"限制"选项中，"开始"设为 0，"结束"选择"直到选定对象"，然后选择图 6－150 所示的截面，在"布尔"选项组中单击"求差"选项，其余的按照系统默认设置，单击"确定"按钮，完成拉伸特征的创建，效果如图 6－151 所示。

⑨ 创建拉伸片体。单击"特征"工具条上的"任务环境中的草图"按钮 ，系统弹出"创建草图"对话框，选择系统默认的 X－Y 平面为草绘平面，单击"确定"按钮进入草绘环境。首先绘制一条直线，然后绘制艺术样条，注意样条的第一个点与直线是相切约束，其余每个点的具体的尺寸约束如图 6－152 所示。单击"完成草图"按钮 退

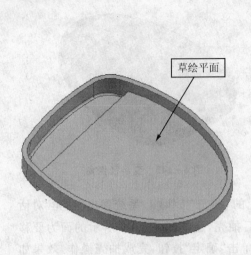

图 6－148　草绘平面

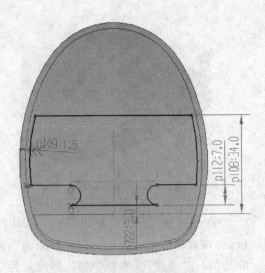

图 6－149　草图曲线

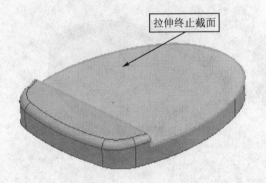

图 6－150　拉伸终止面

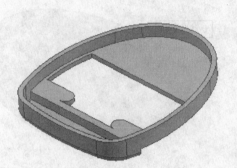

图 6－151　拉伸特征

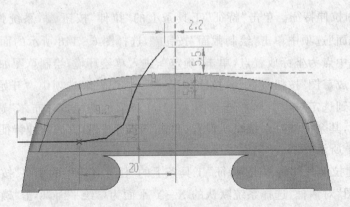

图 6－152　草图曲线

出草图。单击"特征"工具条上的"拉
伸"按钮,选择刚刚创建的草图曲线为
拉伸曲线,在"限制"选项中设置"开始"
为 0、"结束"为 16,其余的为系统默认,
单击"确定"按钮,完成拉伸片体的创
建,效果如图 6-153 所示。

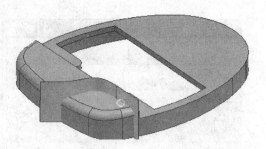

⑩ 创建偏置曲面。在菜单栏中选
择"插入"→"偏置/缩放"→"偏置曲面"
选项,系统弹出"偏置曲面"对话框,如

图 6-153 拉伸片体

图 6-154 所示,在选择条的"面规则"下拉列表中选择"单个面"选项;然后选择如
图 6-155 所示的曲面,在"偏置 1"中输入距离为 1,然后单击"反向"按钮 ⊠,调整偏
置的方向,单击"确定"按钮,完成曲面的偏置。

图 6-154 偏置曲面对话框

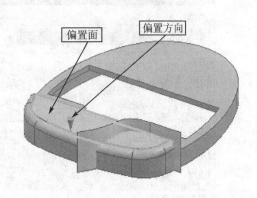

图 6-155 偏置面

⑪ 创建延伸曲面。隐藏实体,单击"特征"工具条上的"修剪和延伸"按钮 ,系
统弹出"修剪和延伸"对话框,在"类型"选项中选择"按距离","要移动的边"选择刚刚
创建的偏置曲面的边缘,"延伸"距离设置为 10,效果如图 6-156 所示。

⑫ 修剪曲面。单击"特征"工具条上的"修剪和延伸"按钮 ,系统弹出"修剪和
延伸"对话框,在"类型"选项中选择"制作拐角",目标与工具及方向的选择分别如
图 6-157 所示,单击"确定"按钮,修剪曲面完毕。

⑬ 修剪体。将实体调出,单击"特征"工具条上的"修剪体"按钮 ,"目标"选择
为实体,"工具"选择刚刚创建的修剪面,单击"确定"按钮,最终效果如图 6-158
所示。

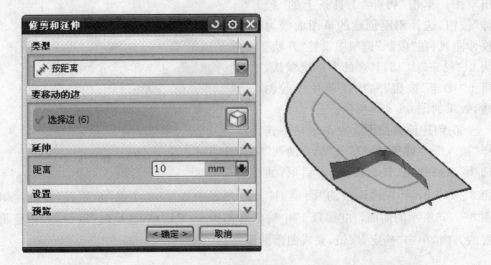

图 6-156　延伸曲面

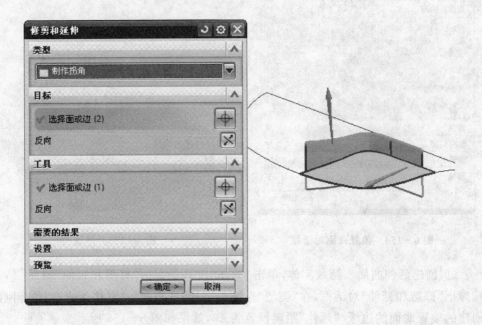

图 6-157　修剪曲面

　　⑭ 创建偏置曲面。选择"插入"→"偏置/缩放"→"偏置曲面"菜单项,系统弹出"偏置曲面"对话框,在"面规则"下拉列表中选择"单个面"选项,然后选择如图 6-159所示的曲面,在"偏置 1"中输入距离为 0.5,然后单击"反向"按钮⊠,调整偏置的方向,单击"确定"按钮,完成曲面的偏置。隐藏实体,可以看见偏置的曲面如图 6-160 所示。

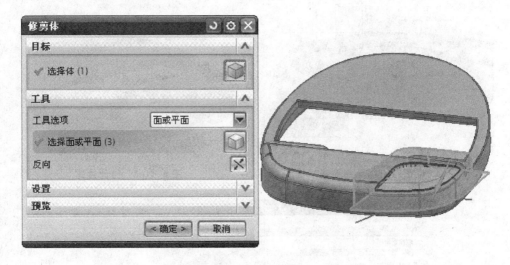

图 6 - 158　修剪体

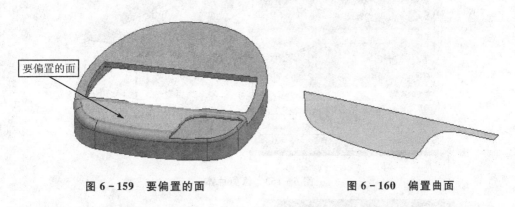

要偏置的面

图 6 - 159　要偏置的面　　　　　图 6 - 160　偏置曲面

⑮ 创建拉伸片体。单击"特征"工具条上的"任务环境中的草图"按钮，系统弹出"创建草图"对话框，选择系统默认的 X - Y 平面为草绘平面，单击"确定"按钮进入草绘环境。绘制如图 6 - 161 所示的草图，单击"完成草图"按钮 退出草图。单击"特征"工具条上的"拉伸"按钮，选择刚刚创建的草图曲线为拉伸曲线，在"限制"选项中，设置"开始"为 0，"结束"为 14，其余的为系统默认，单击"确定"按钮，完成拉伸片体的创建，效果如图 6 - 162 所示。

⑯ 修剪曲面。单击"特征"工具条上的"修剪和延伸"按钮 ，系统弹出"修剪和延伸"对话框，在"类型"选项中选择"制作拐角"，目标与工具及方向的选择分别如图 6 - 163 所示，单击"确定"按钮，修剪曲面完毕。

⑰ 修剪体。将实体调出，单击"特征"工具条上的"修剪体"按钮 ，"目标"选择为实体，工具选择刚刚创建的修剪面，单击"确定"按钮，最终效果如图 6 - 164 所示。

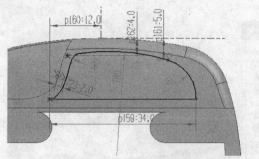

图 6 - 161　草图曲线

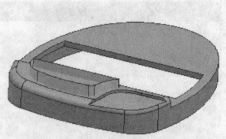

图 6 - 162　拉伸片体

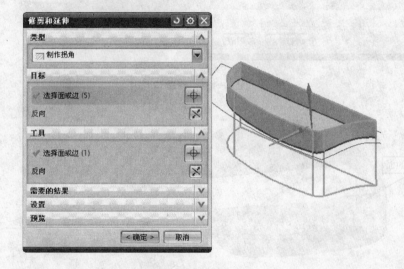

图 6 - 163　修剪片体

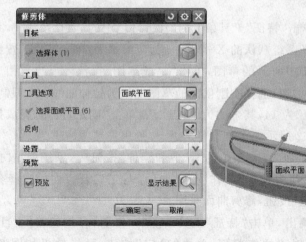

图 6 - 164　修剪体

⑱ 边倒圆。单击"特征"工具条上的"边倒圆"按钮 📦,在弹出的"边倒圆"对话框中选择图 6-165 所示的边,在"半径 1"中输入半径为 0.2,单击"应用"按钮。选择图 6-166 所示的边,在"半径 1"中输入半径为 0.5,单击"确定"按钮,完成圆角的创建。

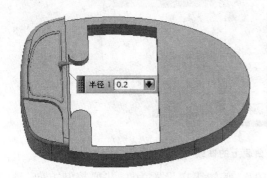

图 6-165 边倒圆 R=0.2   图 6-166 边倒圆 R=0.5

⑲ 创建偏置曲面。选择"插入"→"偏置/缩放"→"偏置曲面"菜单项,系统弹出"偏置曲面"对话框,在"面规则"下拉列表中选择"单个面"选项。然后选择如图 6-167 所示的曲面,在"偏置 1"中输入距离为 0.5,然后单击"反向"按钮 ✕,调整偏置的方向,单击"确定"按钮,完成曲面的偏置。

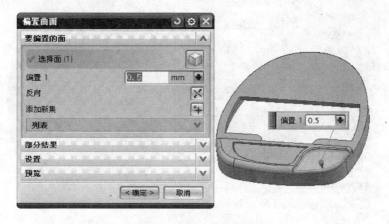

图 6-167 偏置曲面

⑳ 创建曲面上的曲线。单击"曲线"工具条上的"曲面上的曲线"按钮 📑,系统弹出"曲面上的曲线"对话框,先选择一个要创建曲面的面,然后单击鼠标中键确定,单击"封闭的"复选项然后在面上创建几个点,如图 6-168 所示。单击"确定"按钮,完成曲线的创建,此曲线没有精确的要求,大体形状即可。

㉑ 创建偏置曲线。单击"曲线"工具条上的"面中的偏置曲线"按钮 📐,系统弹出"面中的偏置曲线"对话框,在"类型"中选择"常数"选项,"曲线"中选择步骤⑳中创

图 6-168　曲面上的曲线

建的曲线,"面或平面"选择刚刚创建曲线的面,偏置距离设置为1,并要控制方向,具体如图 6-169 所示,单击"确定"按钮,完成曲线的偏置。

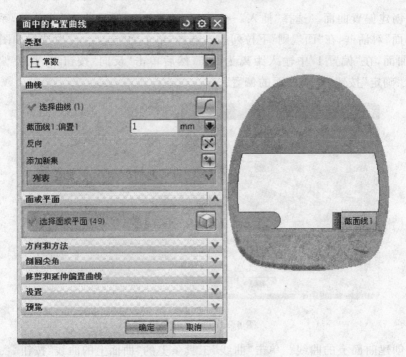

图 6-169　面中的偏置曲线

㉒ 创建拉伸特征。单击"特征"工具条上的"拉伸"按钮,系统弹出"拉伸"对话框,选择步骤⑳和㉑中创建的曲线,方向选择为-Z轴,"开始"设置为0,"结束"设置为"2",其余的设置为系统默认设置,单击"确定"按钮,完成拉伸操作,如图 6-170所示。

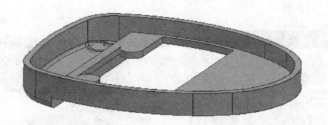

图 6 - 170　拉伸的片体

㉓ 修剪片体。隐藏实体,只显示偏置的曲面和拉伸的片体。单击"特征"工具条上的"修剪和延伸"按钮 ,系统弹出"修剪和延伸"对话框,在"类型"中选择"制作拐角",目标与工具及方向的选择分别如图 6 - 171 所示,单击"应用"按钮。再次进行拐角的创建,如图 6 - 172 所示,单击"确定"按钮,修剪曲面完毕。

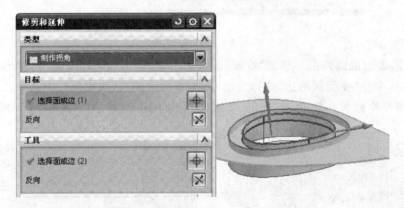

图 6 - 171　修剪片体 1

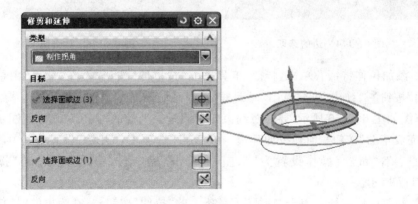

图 6 - 172　修剪片体 2

㉔ 修剪体。调出实体,单击"特征"工具条上的"修剪体"按钮 在弹出的"修剪体"对话框中将"目标"选择为实体,工具选择刚刚创建的修剪面,单击"确定"按钮,最

终效果如图6-173所示。

图6-173　修剪体

㉕ 添加边倒圆特征。单击"特征"工具条上的"边倒圆"按钮，在弹出的"边倒圆"对话框中将"要倒圆的边"选择为图6-174所示的边，单击鼠标中键确认，在半径中输入圆角半径为0.2，单击"确定"按钮，完成边倒圆的创建，如图6-175所示。

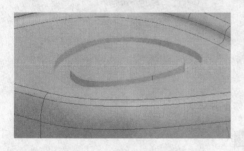

图6-174　边的选取

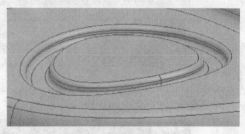

图6-175　边倒圆

㉖ 添加拉伸特征。单击"特征"工具条上的"拉伸"按钮，在"截面"中单击"绘制截面"按钮，弹出"创建草图"对话框，选择系统默认的草图平面，进入草绘环境，绘制草图如图6-176所示，要注意约束四个圆是等半径的，其余尺寸按照图示要求。单击"完成草图"按钮回到拉伸环境，在"极限"选项中，"开始"设置值为0，结束设置为"贯通"，"布尔"操作设置为"求差"。单击"确定"按钮，完成"拉伸"操作，如图6-177所示。

㉗ 添加拉伸特征。单击"特征"工具条上的"拉伸"按钮，在弹出的"拉伸"对话框中选择如图6-178所示的平面为草图放置面，单击"确定"按钮，进入草图环境。注意开启"圆心捕捉"按钮，绘制草图如图6-179所示。单击"完成草图"按钮，退出草图环境，回到"拉伸"对话框，在"极限"选项中，设置"开始"为0，"结束"为"直至

延伸部分",选择如图 6－178 所示的面作为延伸到的面,"布尔"操作选择"求和",单击"确定"按钮,完成"拉伸"操作,结果如图 6－179 所示。

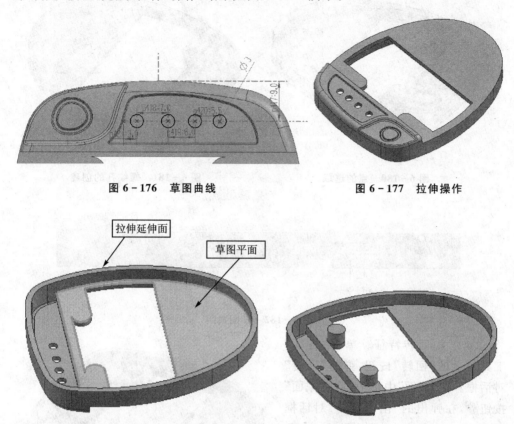

图 6－176　草图曲线　　　　　　　　　　图 6－177　拉伸操作

图 6－178　草图平面　　　　　　　　　　图 6－179　拉伸示意图

㉘ 添加螺纹孔特征。单击"特征"工具条上的"孔"按钮,在弹出的"孔"对话框中将"类型"选项选择为"螺钉间隙孔",在位置中指定步骤㉗拉深体的圆心,如图 6－180 所示,在"形状和尺寸"选项的"成形"中选择"沉头",螺纹类型选择"Socket Head 4762","螺纹尺寸"选择"M2","拟合"选择"Normal(13)"。在"尺寸"选项中设置"深度限制"为"值","深度"设置为 50,"布尔"中选择"求差",其余的为系统默认设置,单击"确定"按钮,完成螺纹孔的创建。同样的,在另外一个拉伸特征上创建一个螺纹孔,结果如图 6－181 所示。

㉙ 添加回转特征。单击"特征"工具条上的"回转"按钮,弹出"回转"对话框。在"截面"中单击"绘制截面"按钮,在弹出的"创建草图"对话框中选择"Z－Y"平面为草绘平面,在"草图方位"选项组中选择 Y 轴正方向为水平参考。单击"确定"按钮,进入草绘环境,绘制如图 6－182 所示的草图,单击"完成草图"按钮退出草图,回到"回转"对话框,以长为 7 的边为旋转轴,"开始"角度设置 0,"结束"角度设置为 360,

"布尔"选择"求和"。单击"确定"按钮,完成回转操作。结果如图 6-183 所示。

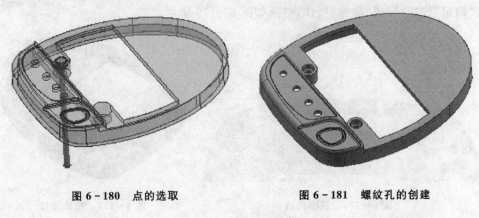

图 6-180　点的选取　　　　　　　　　图 6-181　螺纹孔的创建

图 6-182　草图曲线

㉚ 添加回转特征。单击"特征"
工具条上的"回转"按钮,弹出"回转"
对话框。在"截面"中单击"绘制截面"
按钮🔧,在弹出的"创建草图"对话框
中选择"Z-Y"平面为草绘平面,在"草
图原点"选步骤㉙创建的圆的中心为
放置点。单击"确定"按钮,进入草绘
环境,绘制如图 6-184 所示的草图,
单击"完成草图"按钮🔧退出草图,回

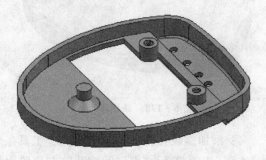

图 6-183　回转特征

到"回转"对话框,以长为 3.5 的边为旋转轴,"开始"角度设置 0,"结束"角度设置为
360,"布尔"选择"求差"。单击"确定"按钮,完成回转操作。如图 6-185 所示。

㉛ 添加螺纹孔特征。单击"特征"工具栏上的"孔"按钮,弹出"孔"对话框。在下
拉列表中选择"螺纹孔"选项,位置中的"指定点"选择刚刚回转的小端的中心,在"形
状和尺寸"选项组中的"螺纹尺寸",大小选择"M2×0.4","径向进刀"选择 0.75,"螺
纹深度"选择 3,"深度限制"选择"直至选定对象",并选择放置面的反面为选定的对
象,如图 6-186 所示,单击"确定"按钮,完成螺纹孔的创建,如图 6-187 所示。

㉜ 添加拉伸特征。单击"特征"工具条上的"拉伸"按钮,弹出"拉伸"对话框,选
择如图 6-188 所示的平面为放置面,其余的为系统默认设置,进入草图环境。单击

"草图工具"上的 按钮,添加如图 6-188 所示的内圈曲线,抽取完毕,单击"草图工具"的"偏置曲线"按钮,选择刚刚创建的曲线,向内偏置距离为 1,如图 6-188 所示,单击"完成草图"按钮 ,回到"拉伸"对话框。指定矢量为 Z 轴,在"极限"选项中,"开始"设置为 0,"结束"设置为 1,"布尔"操作选择"求差",单击"确定"按钮,完成拉伸操作,如图 6-189 所示。

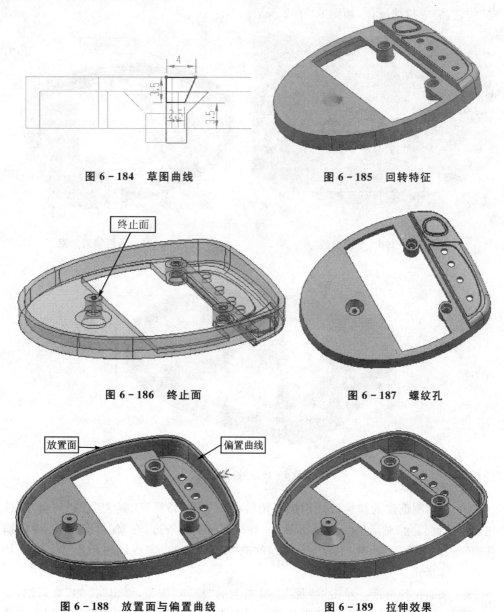

图 6-184　草图曲线　　　　　　　　图 6-185　回转特征

图 6-186　终止面　　　　　　　　　图 6-187　螺纹孔

图 6-188　放置面与偏置曲线　　　　图 6-189　拉伸效果

㉝ 添加拉伸特征。单击"特征"工具条上的"拉伸"按钮,弹出"拉伸"对话框,在"截面"选项组中单击"绘制截面"选项,选择 X－Y 平面为草绘平面,选取圆弧中心为草图的放置点,绘制草图如图 6－190 所示。单击"完成草图"按钮🔳,回到"拉伸"对话框。指定矢量为－Z 轴,在"极限"选项中,"开始"设置为 0,"结束"设置为"直至延伸部分",并选择如图 6－191 所示的面为延伸面,"布尔"操作选择"求差",单击"确定"按钮,完成拉伸操作,如图 6－192 所示。

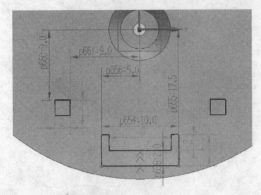

图 6－190　草图曲线

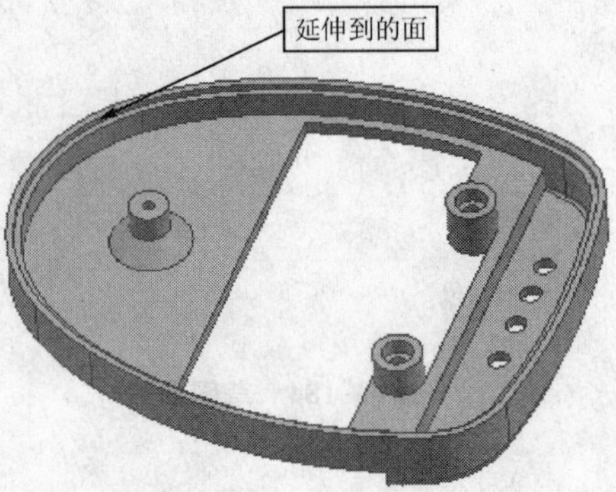

图 6－191　沿延伸到的面

延伸到的面

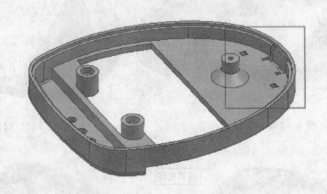

图 6－192　拉伸特征

㉞ 给刚刚创建的拉伸特征添加斜角特征。单击"特征"工具条上的"倒斜角"按钮,弹出"倒斜角"对话框。选择如图 6－193 所示的两条边,在"偏置"选项组中,"横截面"选择"对称","距离"设置为 0.5,单击"确定"按钮,完成倒斜角操作。结果如图 6－194 所示。

㉟ 添加拉伸特征。单击"特征"工具条上的"拉伸"按钮,弹出"拉伸"对话框,在"截面"选项组中单击"绘制截面",选择 Y－Z 平面为草绘平面,选取默认的原点为草图的放置点,绘制草图如图 6－195 所示。单击"完成草图"按钮🔳,回到"拉伸"对话

框。指定矢量为－Z轴,在"极限"选项中,"开始"设置为"直至延伸部分","结束"设置为"直至延伸部分",并分别选择两侧的平面为延伸面,"布尔"操作选择"求和",单击"确定"按钮,完成拉伸操作,如图6-196所示。

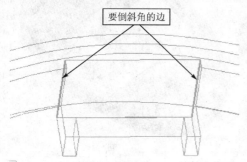

图6-193 倒斜角的边

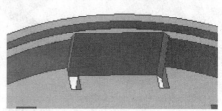

图6-194 倒斜角特征

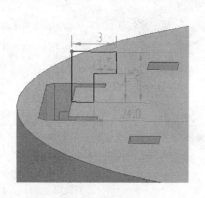

图6-195 草图曲线

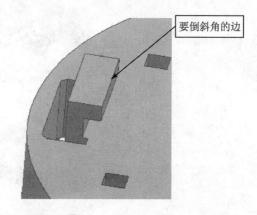

图6-196 拉伸特征

㊱ 添加倒斜角特征。单击"特征"工具条上的"倒斜角"按钮,给刚刚创建的拉伸添加倒斜角。选择如图6-196所示的边,在"偏置"选项组中,"横截面"选项选择"非对称","距离"设置"距离1"为1,"距离2"为1.5,单击"确定"按钮,完成倒斜角操作。结果如图6-197所示。

㊲ 添加边倒圆。单击"特征"工具条上的"边倒圆"按钮◯,系统弹出"边倒圆"对话框,选择图6-198中高亮显示的边,在"半径1"中设置半径为0.2,单击"确定"按钮,完成边倒圆的操作。至此,完成产品的设计。效果如图6-199所示。

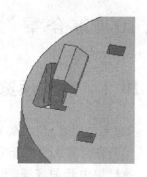

图6-197 倒斜角特征

图 6-198　倒圆角的边

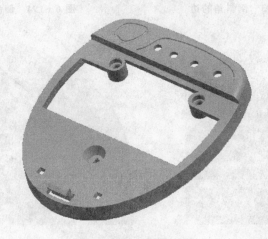

图 6-199　整体效果图

6.10　综合案例四:饮水机开关的设计

6.10.1　案例预览

✿(参考用时:40分钟)

本节将介绍饮水机开关的设计过
程。该机构由开关底座、开关手柄两
部分构成,可以先完成底座的设计,然
后通过底座辅助定位,完成手柄的设
计。最终效果如图 6-200 所示。

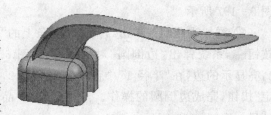

图 6-200　饮水机开关

236

6.10.2　案例分析

本案例是一个饮水机开关的设计实例。通过对产品的基本分析可知,该产品由底座、手柄两部分构成,在实际设计中,先绘制底座草图,通过拉伸、倒角功能完成底座的设计,然后借助底座的辅助定位,绘制手柄曲线,通过沿引导线扫掠、修剪等功能完成设计。具体设计流程如图 6-201 所示。

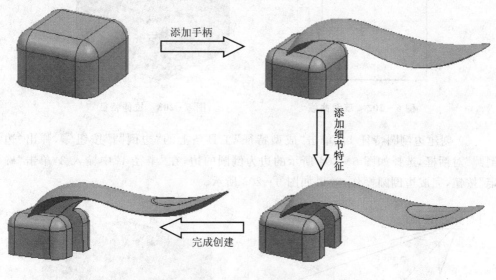

图 6-201　设计流程图

6.10.3　设计步骤

1. 新建零件文件

✿(参考用时:1 分钟)

① 在桌面上双击 UG 快捷方式图标进入基本环境,然后选择"文件"→"新建"菜单项,给新文件指定路径和文件名,单击"确定"按钮。

② 在工具条中选择"开始"→"建模"选项,或者使用"Ctrl+M"组合快捷键,切换到建模模式。

2. 构造实体

✿(参考用时:14 分钟)

① 创建拉伸特征。单击"特征"工具条上的"拉伸"按钮⬚,弹出"拉伸"对话框。

在"截面"中单击"绘制截面"按钮，使用系统默认的草图平面，单击"确定"按钮，进入草绘环境，绘制出如图6-202所示的草图曲线，并完成约束。单击 按钮退出草图，回到"拉伸"对话框，在"限制"选项组中设置"开始"为0，"结束"为10，其余的采用系统默认的值。单击"确定"按钮，完成拉伸操作，效果如图6-203所示。

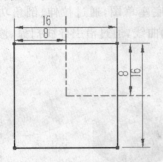

图6-202　草图曲线

图6-203　拉伸特征

② 创建边倒圆特征1。单击"成型特征"工具条上的"边倒圆"按钮 ，弹出"边倒圆"对话框，选择如图6-204所示的边为倒圆的边，在"半径1"中输入3，单击"确定"按钮，完成边倒圆操作，效果如图6-205所示。

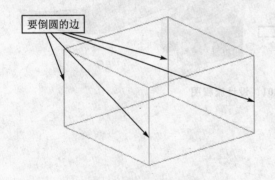

图6-204　要倒圆的边

图6-205　边倒圆的效果

③ 创建边倒圆特征2。单击"特征"工具条上的"边倒圆"按钮 ，弹出"边倒圆"对话框选择如图6-206所示的倒圆角边，在"半径1"中输入3，单击"确定"按钮，完成边倒圆操作，效果如图6-207所示。

④ 创建基准平面。单击"特征"工具条中的"基准平面"按钮 ，弹出"基准平面"对话框，在类型中选择"按某一距离"，指定X-Y平面为对象平面。在"偏置"区域的"距离"中输入8，其他的参数采用系统默认的设置，单击

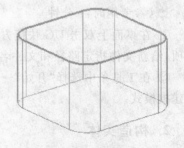

图6-206　要倒圆的边

"确定"按钮,完成基准平面的创建。效果如图6-208所示。

图6-207 倒圆角的效果

图6-208 基准平面

⑤ 创建草图1。单击"特征"工具条上的"草图"按钮▣,弹出"草图"对话框,选取Y-Z平面为草图平面,单击"确定"按钮进入草图环境。单击"草图工具"的"艺术样条"按钮✐,弹出"艺术样条"对话框。在"类型"选项中选择"根据极点",绘制如图6-209所示的草图,双击曲线1,执行"分析"→"曲线"→"曲率梳"命令,在图形窗口显示草图曲线的曲率梳,拖动草图曲线的控制点,使其曲率梳呈现图6-210所示的光滑的形状。选择"分析"→"曲线"→"曲率梳"选项,取消曲率梳的显示。同样地编辑曲线2,使其曲率梳呈现图6-211所示的形状。在"艺术样条"对话框中单击"确定"按钮。最后在端点添加约束,约束样条的端点在基准平面上,如图6-209所示。单击"完成草图"按钮▣,退出草图环境。

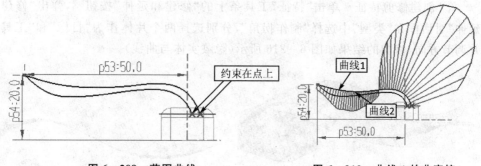

图6-209 草图曲线   图6-210 曲线1的曲率梳

⑥ 创建草图2。单击"特征"工具条上的"草图"按钮▣,弹出"草图"对话框,选取步骤④创建的基准平面为草图平面,单击"确定"按钮进入草图环境。绘制如图6-212所示的草图,点1和点2分别约束在草图1的曲线1和曲线2上。单击"完成草图"按钮▣,完成草图的创建。

⑦ 创建扫掠特征。单击"特征"工具条上的"延引导线扫掠"按钮▣,弹出"延引导线扫掠"对话框。选择如图6-213所示的"截面线串"和"引导线",结果如图6-214所示,以同样的方法创建另外的一个扫掠体,其结果如图6-215所示。

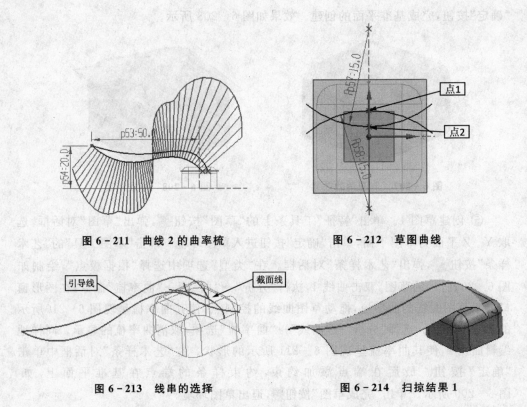

图 6 - 211　曲线 2 的曲率梳　　　　　　图 6 - 212　草图曲线

图 6 - 213　线串的选择　　　　　　图 6 - 214　扫掠结果 1

⑧ 创建修剪特征。单击"特征"工具条上的"修建和延伸"按钮 ，弹出"修建和延伸"对话框在"类型"中选择"制作拐角"，分别选择两个片体作为"目标"和"工具"，并调节方向，修剪的结果如图 6 - 216 所示(隐藏实体与曲线)。

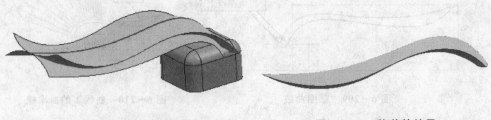

图 6 - 215　扫掠结果 2　　　　　　图 6 - 216　修剪的结果

⑨ 创建有界平面。单击"曲面"工具条上的"有界平面"按钮 ，弹出"有界平面"对话框，选择图 6 - 217 所示的边界，单击"确定"按钮，完成有界平面的创建。

⑩ 对曲面进行缝合。调出隐藏的实体，单击在"特征"工具条上的"缝合"按钮 ，定义一个目标，然后对其余的片体进行框选，单击"确定"按钮，完成曲面缝合，现在实体已创建，如图 6 - 218 所示。

⑪ 创建求和特征。单击"特征"工具条上的"求和"按钮 ，定义一个实体为"目

标",然后选择另外一个实体为"刀具",单击"确定"按钮,完成两个实体的求和操作。

图 6 - 217 有界平面

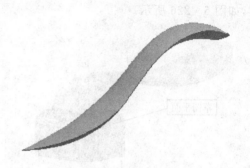

图 6 - 218 缝合片体

⑫ 创建拉伸特征。单击"特征"工具条上的"拉伸"按钮▣,弹出"拉伸"对话框,在"截面"中单击"绘制截面"按钮▣,选取 X - Y 平面为草图平面,绘制如图 6 - 219 所示的草图曲线,单击"完成草图"按钮▣,回到拉伸环境,在"限制"选项组的"开始"中输入值为 0,在"结束"中输入值为 10,在"布尔"选项中选择"求差",其他的采用系统默认的设置,单击"确定"按钮,完成拉伸的创建,如图 6 - 220 所示。

图 6 - 219 草图曲线

图 6 - 220 拉伸操作

⑬ 创建拉伸特征。单击"特征"工具条上的"拉伸"按钮▣,弹出"拉伸"对话框,在"截面"中单击"绘制截面"按钮▣,选取如图 6 - 221 所示的平面为草图平面,绘制如图 6 - 222 所示的草图曲线,单击"完成草图"按钮▣,回到拉伸环境。在"限制"选项组的"开始"中输入值为 0,在"结束"中选择"贯通",并指定矢量为 - Y,在"布尔"选项中选择"求差",其他的采用系统默认的设置,单击"确定"按钮,完成拉伸的创建,如图 6 - 223 所示。

⑭ 继续创建拉伸特征。单击"特征"工具条上的"拉伸"按钮▣,弹出"拉伸"对话框,在"截面"中单击"绘制截面"按钮▣,选取如图 6 - 224 所示的平面为草图平面,绘制如图 6 - 225 所示的草图曲线,单击"完成草图"按钮▣,回到拉伸环境。在"限

制"选项组的"开始"中输入值为 0,在"结束"中输入 0.5,并指定矢量为一 X,在"布尔"选项中选择"求和",其他的采用系统默认的设置,单击"确定"按钮,完成拉伸的创建,如图 6 - 226 所示。

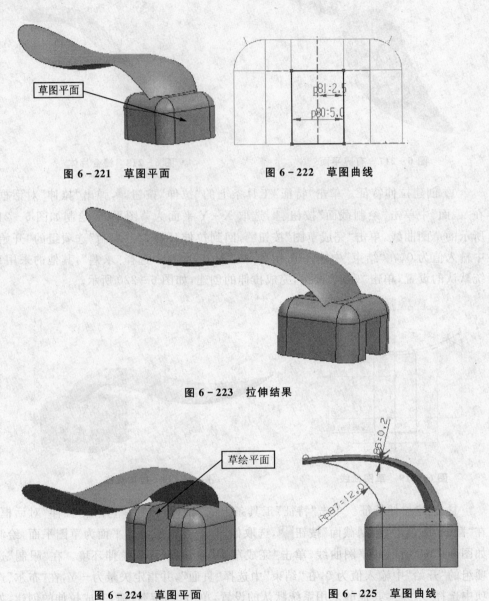

图 6 - 221　草图平面

图 6 - 222　草图曲线

图 6 - 223　拉伸结果

图 6 - 224　草图平面

图 6 - 225　草图曲线

⑮ 创建镜像特征。单击"特征"工具条上的"镜像特征"按钮 ,弹出"镜像特征"对话框,选择刚刚创建的拉伸特征,在"镜像平面"选项中单击"新平面"选项,在指定平面选择 Y - Z 平面 ,单击"确定"按钮,创建镜像特征如图 6 - 227 所示。

图 6－226　拉伸特征　　　　　　　　　　　图 6－227　镜像特征

　　⑯ 创建回转特征。单击"特征"工具条上的"回转"按钮，弹出"回转"对话框，在"截面"中单击"绘制截面"按钮，选择 Y－Z 平面为草图平面，单击"确定"按钮进入草绘环境。绘制如图 6－228 所示的草图，单击"完成草图"按钮，退出草图，回到"回转"对话框。指定刚刚创建的草图的直线为回转轴，直线的中点为回转点，"布尔"选项中选择"求差"，其他的采用系统默认的设置，单击"确定"按钮，完成回转的操作。效果如图 6－229 所示。

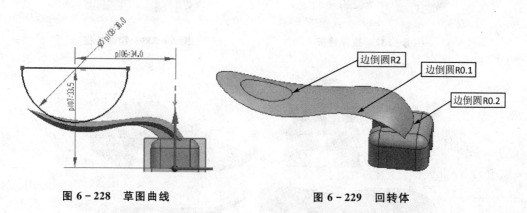

图 6－228　草图曲线　　　　　　　　　　　图 6－229　回转体

　　⑰ 创建边倒圆特征。按照图 6－229 所示的要求进行边倒圆。

　　⑱ 创建拉伸特征。单击"特征"工具条上的"拉伸"按钮，弹出"拉伸"对话框，在"截面"中单击"绘制截面"按钮，选取如图 6－230 所示的平面为草图平面，绘制如图 6－231 所示的草图曲线，单击"完成草图"按钮，回到拉伸环境。在"限制"选项组的"开始"中输入值为 0，在"结束"中输入 1.5，并指定矢量为－X，在"布尔"选项中选择"求和"，其他的采用系统默认的设置，单击"确定"按钮，完成拉伸的创建，如图 6－232 所示。

　　⑲ 创建镜像特征。单击"特征"工具条上的"镜像特征"按钮，弹出"镜像特征"对话框，选择刚刚创建的拉伸特征，在"镜像平面"中单击"新平面"，在指定平面选择 Y－Z 平面，单击"确定"按钮，创建镜像特征如图 6－233 所示。至此，开关设计完毕。效果如图 6－234 所示。

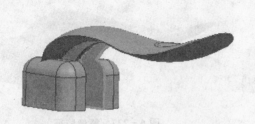

图 6-230 草绘平面

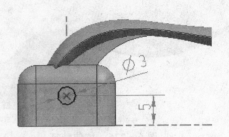

图 6-231 草图曲线

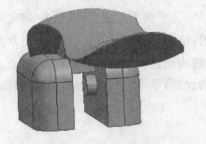

图 6-232 拉伸特征

图 6-233 镜像特征

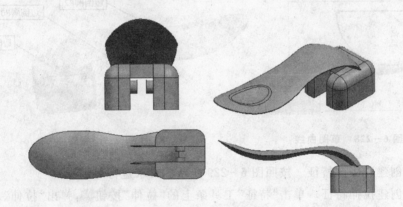

图 6-234 开关效果图

6.11 综合案例五:排种滚的设计

6.11.1 案例预览

✿(参考用时:40分钟)

本节将介绍排种滚子的过程。该零件是个圆柱形零件,两端分别有径向棘轮和

端面棘轮,滚子内部中空,圆周上均布了六排排种腔,且为了便于零件注塑成型,内部
有 2 度的拔模锥度。最终效果如图 6 - 235 所示。

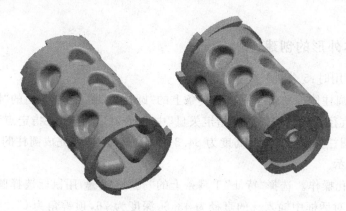

图 6 - 235　排种滚效果图

6.11.2　案例分析

　　本案例是一个排种滚的设计实例。通过对零件的基本分析可知,该零件为圆柱
形内部中空的零件,所以在实际绘制中,先建立一个圆柱体,打孔并进行拔模处理,按
要求完成棘齿的设计。然后设计排种腔,最后完成端面结构的设计,具体设计流程如
图 6 - 236 所示。

棘轮造型　　　　　　创建排种腔　　　　　　圆角、阵列

图 6 - 236　设计流程图

6.11.3　设计步骤

1. 新建零件文件

✵(参考用时:1 分钟)

① 在桌面上双击 UG 快捷方式图标进入基本环境,然后选择“文件”→“新建”菜

单项,给新文件指定路径和文件名,单击"确定"按钮。

② 在工具条中选择"开始"→"建模"选项,或者使用"Ctrl＋M"组合快捷键,切换到建模模式。

2. 大体外形的创建

❋(参考用时:5分钟)

① 建立圆柱体。单击"特征"工具条上的"圆柱"按钮▇,在弹出的"圆柱"对话框中单击"轴、直径、高度"按钮,在"指定矢量"中选择 ZC 轴按钮,"指定点"中使用坐标原点。输入圆柱体直径为 46,高度为 84.3,单击"确定"按钮完成圆柱的创建,效果如图 6－237 所示。

② 创建孔操作。选择"特征"工具条上的"孔"按钮▇,用鼠标选择圆柱体上表面的圆中心,在对话框中输入孔的直径为 43.5,深度为 76,顶锥角为 0°,"布尔"选项使用默认的"求差"。单击"确定"按钮,则完成打孔操作。

③ 拔模。单击"特征"工具条上的"拔模"按钮▇,在弹出"拔模"对话框的"类型"选项中选择"从平面缘拔模▇"选项,直接单击鼠标中键(其实是默认为 ZC 方向),固定面选择上表面孔的边缘,要拔模的面选择孔的内壁。在对话框的"角度 1"中输入1.5,单击"确定"按钮,完成拔模操作,效果如图 6－238 所示。

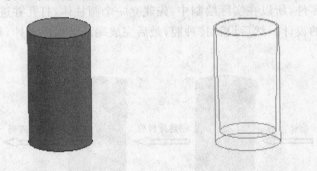

图 6－237　建立圆柱体　　　　图 6－238　拔　模

④ 创建沉头孔。单击"特征"工具条上的"孔"按钮▇,"类型"选项中选择"常规孔","形状和尺寸"选择"沉头"。按钮"指定点"选择圆柱体下表面的中心,在对话框中选择"沉头孔"按钮▇,输入"沉头直径"为 36,"沉头深度"为 5.3,"直径"为 5.4,其余参数默认,单击"确定"按钮,则完成打孔操作。效果如图 6－239 所示。

⑤ 拉伸小孔边缘。单击"特征"工具条上的"拉伸"按钮▇,单击选择步骤④操作中完成的沉头孔中最小孔的边缘(注意不要选中实体表面),这时系统提示的拉伸方向应该指向圆柱体内部,单击对话框中的"反向"按钮▇(如箭头已经指向外边则不用),"开始"值设为 0,将"结束"值改为 2,将"偏置"项激活,"偏置"方法为"两侧","开始"为 0,"结束"为 2,"布尔"选项中选择"求和"按钮▇,结果如图 6－240 所示。

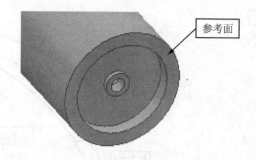

参考面

图 6 - 239　建立沉头孔效果图　　　图 6 - 240　拉伸孔边缘效果图

3. 完成棘齿造型

✸（参考用时：15 分钟）

① 绘制径向棘齿草图。单击"特征"工具条上的"草图"按钮，在"平面方法"选项中选择"创建平面"，在"指定平面"下拉菜单中选择"按某一距离"按钮，选择如图 6 - 240 所示的平面，并在距离中输入84.3（注意调节方向），单击"确定"按钮，完成基准平面的创建并进入草图绘制界面。绘制出如图 6 - 241 所示的草图曲线，并参照图 6 - 242 完成约束，参考线 1、2、3 按照图 6 - 241 所示的角度进行约束。三条直线都经过圆柱体圆心，且参考线 3

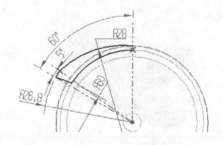

图 6 - 241　草图效果

为竖直状态，圆弧 1 与圆弧 4 的交点在参考线 2 上，圆弧 4 与圆弧 2 的交点在参考线 1 上，圆弧 1 与直线 1 的交点在参考线 3 上，圆弧 2 要经过圆柱体圆心，圆弧 3 与圆柱体内壁的圆弧边缘重合。直线 1 与参考线 3 重合。完成约束单击"完成草图"按钮退出草图。

② 拉伸径向棘齿。单击"特征"工具条上的"拉伸"按钮，单击选择棘齿草图曲线，这时系统提示的拉伸方向应该指向远离圆柱体方向，单击对话框中的"反向"按钮，将箭头调整指向圆柱体内部，将结束值改为 5，再将"布尔"选项选择"求和"按钮，单击"确定"按钮，效果如图 6 - 243 所示。

③ 绘制轴向棘齿构造曲线。单击"曲线"工具条上的"基本曲线"按钮，在弹出的对话框上单击按钮，在"跟踪栏"中输入坐标为：XC＝30，YC＝0，ZC＝0（鼠标双击要修改的参数，即可进行修改），在键盘上按回车键。再输入坐标为：XC＝0，YC＝0，ZC＝0，再按回车键。最后将"跟踪栏"中长度参数改为 30，角度参数改为 60，

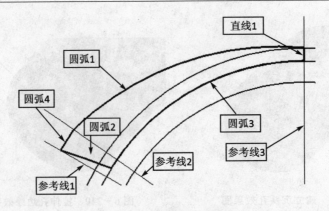

图 6-242　草图约束示意图

在键盘上按回车键,完成直线绘制,单击"取消"按钮退出工作区所有的对话框。效果如图 6-244 所示。

图 6-243　径向棘齿效果图

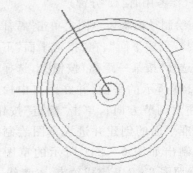

图 6-244　绘制直线效果图

④ 平移曲线。选择"编辑"下拉菜单中的"移动对象"选项,单击选择与 XC 坐标轴重合的那根直线作为"对象",在"运动"选项中设置为"距离",指定矢量为 Z 轴,在"距离"选项中输入 3.3,在"结果"中单击"移动原先的"选项。单击"确定"按钮,完成曲线移动。

⑤ 连接两根直线。单击"曲线"工具条上的"基本曲线"按钮,在弹出的对话框上单击 ╱ 按钮,将"点方式"选项改为"终点" ╱ ,用鼠标选择刚刚得到的两根直线在圆柱体以外的端点,单击"取消"按钮退出工作区所有的对话框,效果如图 6-245 所示。

⑥ 投影曲线。单击"曲线"工具条上的"投影曲线"按钮,选择步骤⑥绘制的连接直线,按一下鼠标中键,选择圆柱体的圆柱表面为要投影的对象,投影方向改为"沿面的法向",在"设置"选项中将"输入曲线"改为"隐藏"。单击"确定"按钮,完成曲线投影,效果如图 6-246 所示。

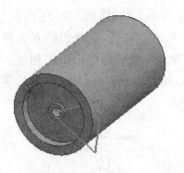

图 6-245　连接直线效果图

图 6-246　投影曲线效果图

⑦ 修剪轴向棘齿。单击"特征"工具条上的"拉伸"按钮 ▥，选择刚刚投影得到的曲线，单击对话框中的"反向"按钮 ✗，将箭头调整为远离圆柱体方向，将拉伸结束值改为 10，激活"偏置"项，将"偏置"方法设置为"两侧"，输入起始值为 6，结束值为－10，再将"布尔"选项设置为"求差"按钮 ⬚，单击"确定"按钮，效果如图 6-247所示。

4. 完成排种腔造型

✹（参考用时：19 分钟）

① 绘制排种腔内部轮廓曲线。单击"特征"工具条上的"草图"按钮 ⬚，在"平面方法"选项中选择"创建平面"，在"指定平面"下拉菜单中选择"按某一距离"按钮 ⬚，选择如图 6-247 所示的平面，并在距离中输入 12.4（注意调节方向），单击"确定"按钮，完成基准平面的创建并进入草图绘制界面，绘制出如图 6-248 所示的草图曲线。

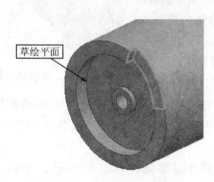

图 6-247　轴向棘齿效果图

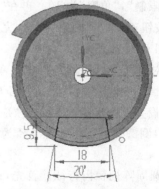

图 6-248　绘制草图曲线

② 拉伸排种腔突起。单击"特征"工具条上的"拉伸"按钮 ▥，单击选择步骤①中绘制的草图曲线，利用对话框中的"反向"按钮 ✗ 将箭头调整为沿着 ZC 坐标轴正方向，将结束值改为 60.9，再在"布尔"操作中单击"求和"按钮 ⬚，单击"确定"按钮，完成拉伸操作，效果如图 6-249 所示。

③ 绘制排种腔截面曲线。单击"成型特征"工具条上的"草图"按钮 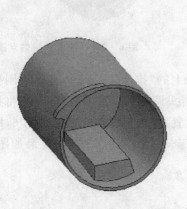,在"平面方法"选项中选择"创建平面","指定平面"选项中单击 按钮,在弹出的对话框中选择 X - Z 平面 ,在"距离"中输入 23,单击"确定"按钮,完成基准平面的创建。单击"确定"按钮或者单击鼠标中键进入草图绘制界面,绘制出如图 6 - 250 所示的草图曲线,并完成约束,单击 按钮退出草图。

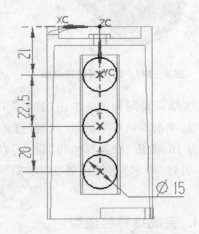

图 6 - 249　排种腔突起效果图　　　　图 6 - 250　绘制草图曲线

④ 拉伸修剪排种腔。单击"特征"工具条上的"拉伸"按钮 ,用鼠标选择刚刚绘制的草图曲线,单击对话框中的"反向"按钮 ,将箭头调整为指向圆柱体内部,将结束值改为 8,激活"拔模"项,"拔模"方法选为"从起始限制","角度"为 10。再在"布尔"选项中选择"求差"按钮 ,单击"确定"按钮,完成拉伸修剪操作,效果如图 6 - 251 所示。

⑤ 对特征进行倒圆角操作。单击"特征"工具条上的"边倒圆"按钮 ,然后选择步骤②得到特征的 8

图 6 - 251　拉伸效果图

个边缘,设置倒圆半径为 5,单击"应用"按钮。同样操作,将步骤④得到的腔体的两个边缘均倒圆角,设置倒圆半径为 2,示意图如图 6 - 252 所示,效果如图 6 - 253 所示。

⑥ 圆周阵列棘齿特征。首先,在导航器中选择选择如图 6 - 254 所示的六个特征(按住 Ctrl 键)并右击,在弹出的快捷菜单中选择"特征分组"选项,系统弹出"特征分组"对话框,如图 6 - 255 所示。在"特征组名称"中输入 1,单击"确定"按钮。这几个特征将被分为一个特征组,并且在导航器中显示此分组。选中这个组,单击"特征"工具条上的"对特征形成图样"按钮 ,在"阵列定义"的"布局"中选择"圆形" 按钮,"旋转轴"指定 Z 轴,"指定点"为原点。"角度方向"的"间距"选择"数量和节距",

"数量"设为 6,"节距角"设为 60。用鼠标单击"确定"按钮,完成阵列,效果如图 6 - 256
所示。

　　⑦ 至此,完成了排种滚子的设计过程,最终效果如图 6 - 256 所示。

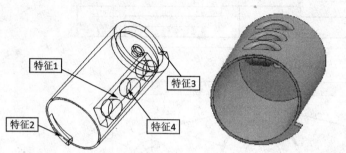

图 6 - 252　阵列选择示意图　　　图 6 - 253　倒圆角操作　　　图 6 - 254　圆角操作效果图

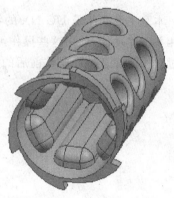

图 6 - 255　"特征分组"对话框　　　　　图 6 - 256　阵列效果

课后练习

1. 布尔操作有哪几种?其作用是什么?

2. 系统提供了几种拔模角类型?分别说明各自特点。

3. 分析镜像体与镜像特征的区别。

4. 分析裁剪与分割的区别。

5. 创建图 6-257 所示实体。

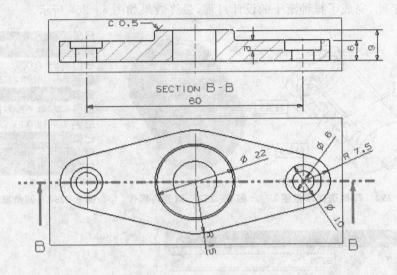

图 6-257　零件图

本章小结

本章主要介绍了 UG NX 的特征操作,在特征创建的基础上,进一步介绍了特征的相关操作功能,利用这些操作可以创建出更为复杂的实体,以满足设计要求,在操作过程中要注意特征操作前后的关联性。

第7章　曲面操作

本章导读

在实际设计中,碰到更多的是带有曲面的造型,本章主要介绍各种形式曲面的创建方式。通过曲面功能的学习,用户可以根据要求设计出不同形状结构复杂的零件。

希望读者能熟练掌握 UG NX 中曲面操作的方法和技巧。

7.1　曲面创建概述

在 UG NX 系统中,体特征分为两类:实体特征和片体特征,片体特征是厚度为 0 的实体。实际设计中,只使用实体特征建模方法能够完成设计的产品是有限的,绝大多数实际产品的设计都离不开曲面特征的构建,曲面主要用于用其他方法难以完成的轮廓和外形,或通过把几个曲面缝合到一起生成一个体,或裁剪实体以生成特定的形状或轮廓。在曲面设计前需要作一定的预设置。

① 选择"首选项"→"建模"菜单项,弹出"建模首选项"对话框,如图 7-1 所示。

② 单击"自由曲面"选项卡,如图 7-2 所示。包括曲线拟合方法、高级重建选项、自由曲面构造结果和动画、样条上的默认操作、曲面延伸方法 6 项功能。

- 曲线拟合方法:拟合方式可以选择"三次"或"五次"或"高级"3 种方式。
- 高级重新构建选项:当曲线拟合方式选择"高级"单选按钮时,该选项才有效,可以自定义曲线拟合的"最高阶次"和"最大段数"。
- 自由曲面构造结果:可以控制生成的曲面用"平面"还是用"B 曲面显示"。
- 动画:可以选择"启用修剪动画"和使用"三角网络"复选框,以及选择"预览分辨率"下拉列表,选限定动画的显示方式。
- 样条上的默认操作:可以选择默认的"艺术样条"或者"X 成形"对样条进行编辑。
- 曲面延伸方法:曲面延伸有"线性"和"软"两种方法。

③ 选择"插入"→"曲面"菜单项,或通过"曲面"工具条可以创建曲面以及对曲面进行操作。"曲面"工具条如图 7-3 所示。

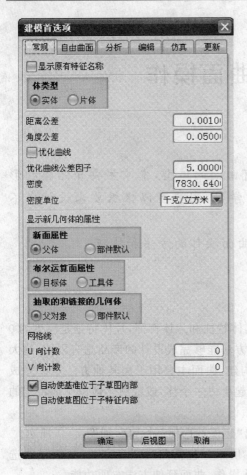

图 7-1 "建模首选项"对话框

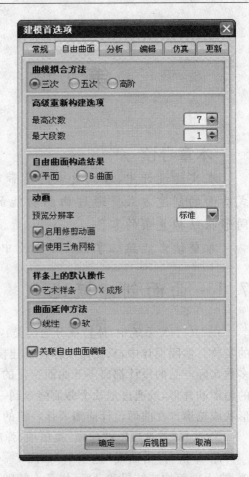

图 7-2 "自由曲面"选项卡

图 7-3 "曲面"工具条

7.2 点构造曲面

7.2.1 通过点

大致沿 U 向和 V 向排列输入一个矩形点阵,从而生成一个曲面。

选择"插入"→"曲面"→"通过点"菜单项或单击"曲面"工具条上的"通过点"按钮 ◆ ,弹出如图 7-4 所示的"通过点"对话框。选择适当的参数后,单击"确定"按钮, 弹出如图 7-5 所示的"过点"对话框。

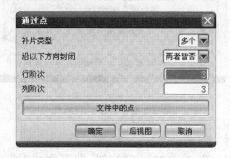

图 7-4 "通过点"对话框

图 7-5 "过点"对话框

① "通过点"对话框中参数含义如下。

- "补片类型":确定曲面类型是单个片体还是多个片体。
- "沿以下方向封闭":包括"两者都不"、"行阶次"和"列阶次"3 个选项,其中 "两者都不"表示 U、V 向都不闭合。
- "行阶次"表示 U 方向为闭合曲线。
- "列阶次"表示 V 方向为闭合曲面。
- "文件中的点":单击此按钮,可以从磁盘文件中直接读入点。

② "过点"对话框中参数含义如下。

- "全部成链":表示所有数据点都成链。
- "在矩形内的对象成链":表示在所选择的矩形内的所有对象点都成链。
- "在多边形内的对象成链"表示在所选择的多边形内的所有对象点都成链。
- "点构造器":表示通过点构造器创建的点都成链。

7.2.2　课堂练习:通过点

利用如图 7-6 所示图形创建曲面,结果如图 7-7 所示(见光盘文件:实例源文件/第 7 章/通过点)。

图 7-6　点

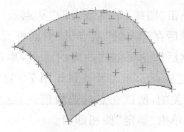

图 7-7　生成的曲面

① 单击"曲线"工具条上的"通过点"按钮 ◈，弹出的"通过点"对话框。

② 接受默认设置，单击"确定"按钮，在弹出的"过点"对话框中单击"在矩形内的对象成链"按钮。

③ 摆正视图，在图形窗口单击，然后框选第一列，待到第一列高亮显示，选择每一列点的起点和终点。

④ 当选择完 4 列后会弹出如图 7-8 所示的"过点"对话框。

图 7-8 "过点"对话框

⑤ 单击"指定另一行"按钮继续选择剩余的点。

⑥ 选择完成后，单击"所有指定的点"按钮，单击"确定"按钮，即可完成"通过点的"曲面创建，结果如图 7-7 所示。

7.2.3 从极点

① 单击"曲线"工具条上的"从极点"按钮 ◈，创建过程和"通过点"方式类似，不同之处在于，是所有的极点都要选中。

② 每选完一列点，都要确定一次，其他和"通过点"方式一样。

③ 当选择完 4 列点，弹出"过点"对话框，单击"指定另一行"按钮继续选择点。

④ 选择完成后，单击"所有指定的点"按钮，单击"确定"按钮，即可完成"从极点"曲面创建，通过从极点可得到如图 7-9 所示曲面。

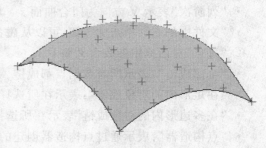

图 7-9 "从极点"创建曲面

7.2.4 从点云

① 单击"曲线"工具条上的"从点云"按钮 ◈。

② 然后在弹出的"从点云"对话框设定曲面的参数，如图 7-10 所示。

③ 然后框选要创建曲面的点云，单击"确定"按钮，即可完成"从点云"方式创建曲面，通过从点云方式可得到如图 7-11 所示曲面。需要注意的是，点的选取是与视图方位有关的，所以在点的选取前，一定要注意摆正视图的方位。系统弹出"拟合信息"窗口，单击"确定"按钮即可。

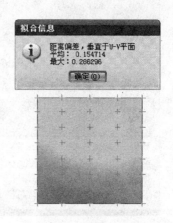

图 7 - 10   "从点云"对话框   图 7 - 11   "从点云"创建曲面

7.3   网格曲面

7.3.1   直纹面

直纹面可以通过两条截面曲线生成片体或实体,每条截面曲线可以由多条连续的曲线、边界或多个实体表面组成。其操作步骤如下。

① 选择"插入"→"网格曲面"→"直纹"菜单项或单击"曲面"工具条上的"直纹"按钮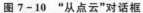,弹出如图 7 - 12 所示的"直纹"对话框。

② 单击"截面线串 1"按钮,选择第一条截面线串,然后单击"截面线串 2"按钮,选择第二条截面线串。

③ 单击"确定"按钮即可完成直纹面创建曲面操作,要注意两条圆弧的起始弧的位置矢量的方向,对如图 7 - 13 所示的图形操作,矢量方向的不同所产生的效果也不同,如图 7 - 14 所示。

当选择完两条截面曲线后,"直纹面"对话框中的"对齐"选项由灰色变为可选(注意取消"保留形状"),如图 7 - 15 所示。其各项含义如下。

• "参数":沿定义曲线将等参数曲线要通过的点以相等的参数间隔隔开,使用每条曲线的整个长度。

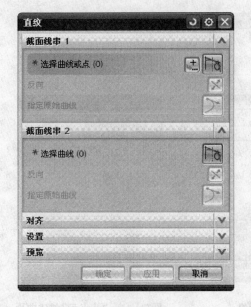
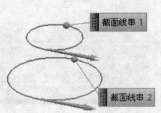

图 7-12 "直纹面"对话框   图 7-13 操作曲线

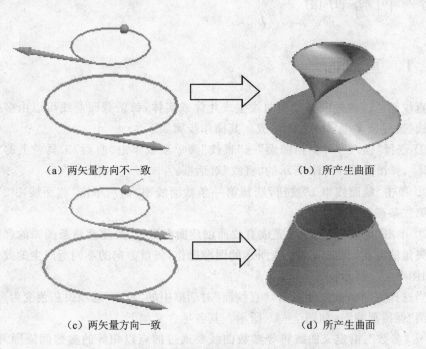

（a）两矢量方向不一致   （b）所产生曲面

（c）两矢量方向一致   （d）所产生曲面

图 7-14 矢量方向对所产生曲面的影响

- "弧长"：沿定义曲线将等参数曲线要通过的点以相等的圆弧长间隔开,使用每条曲线的整个长度。
- "根据点"：将不同外形的剖面曲线间的点对齐。
- "距离"：在指定方向上将点沿每条曲线以相等的距离隔开。
- "角度"：在指定轴线周围将点沿每条曲线以相等的角度隔开,这样得到所有包含在有轴线的平面内的等参数曲线。

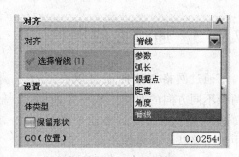

图 7 - 15　直纹面"对齐"下拉列表

- "脊线"：将点放置在选定曲线与垂直于输入曲线的平面的相交处,得到的体范围取决于这条脊线曲线的限制。

7.3.2　通过曲线组

通过曲线组创建曲面功能可以让用户通过同一方向上的一组剖面线生成一个曲面。

通过曲线组创建曲面功能和直纹面的操作方法类似,但直纹面只使用 2 条剖面曲线,而通过曲线组创建曲面允许使用最多可达 150 条剖面曲线,直纹面只是通过曲线组创建曲面的一个特例。其操作步骤如下。

① 选择"插入"→"网格曲面"→"通过曲线组"菜单项或单击"曲面"工具条上的"通过曲线组"按钮，弹出如图 7 - 16 所示的"通过曲线组"对话框。

② 在对话框内设置生成曲面所需的参数,然后选择截面曲线(注意剖面线串的起始点的矢量方向),单击"确定"按钮,即可完成通过曲线组创建曲面。

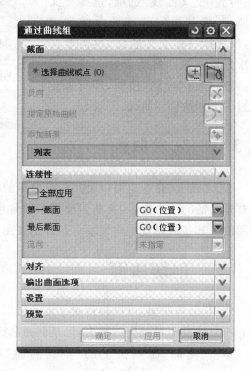

图 7 - 16　"通过曲线组"对话框

7.3.3 通过曲线网格

通过网格创建曲面可以在通过两个不同方向的曲线生成一个曲面，每选择完一条曲线后必须单击鼠标中键来确认。其操作步骤如下。

① 选择"插入"→"网格曲面"→"通过曲线网格"菜单项或单击"曲面"工具条上的"通过曲线网格"按钮，弹出如图 7-17 所示的对话框。

② 单击"主曲线"按钮，每选择一根主曲线，需要按一次鼠标中键。

③ 选择完主曲线后，按鼠标中键，转到"交叉曲线"选项，选择交叉的曲线，将其添加到交叉曲线列表框，每选择一根交叉曲线，也需要按一次鼠标中键。然后设置创建曲面的参数，单击"确定"按钮，即可完成通过曲线网格创建曲面。

图 7-17 "通过曲线网格"对话框

7.3.4 艺术曲面

"艺术曲面"命令是可以使用任意数量的截面线串和引导线串创建曲面。此命令是非常灵活的一个命令，在曲面建模中很常用。艺术曲面在构建十字交叉面时是很好用的。其参数设置的构建示意图分别如图 7-18 和图 7-19 所示。

7.3.5 剖切曲面

使用"剖切曲面"可以构造通过定义截面的体，该命令使用二次曲线构造方法定义。可以将截面看做扫掠行为，但是截面曲线是由该命令中的子类型预先定义的。

单击"曲面"工具条上的"剖切曲面"按钮，弹出"剖切曲面"对话框，如图 7-20 所示。在"类型"选项列表中列出了 20 种定义截面曲线的方法，可大致分为三类：由点和斜率控制的样条曲线、圆角曲线以及圆弧曲线。

创建剖切曲面在选择时的一般规则是，当定义截面的元素是"点"时，操作应选择"线"。因为在扫掠过程中点就构成线。同理，当定义截面的元素是"线"时，操作就应选"面"。

图 7-18　"艺术曲面"对话框

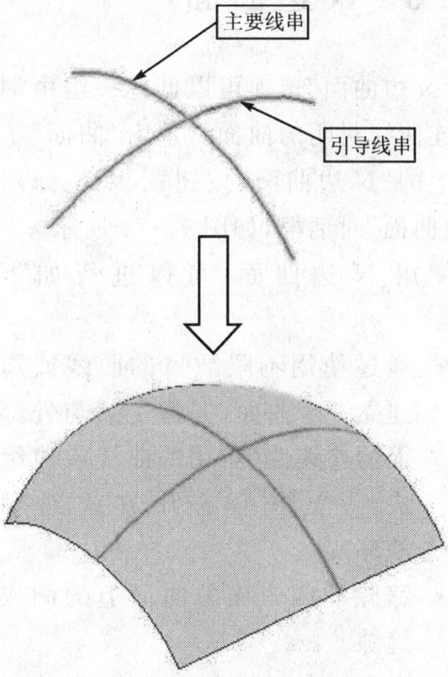

图 7-19　构建示意图

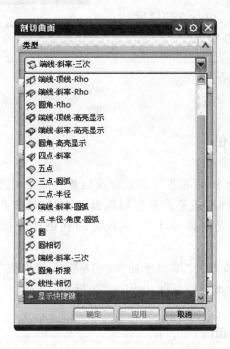

图 7-20　"剖切曲线"对话框

7.3.6　N边曲面

　　"N边曲面"选项可以创建一组由端点相连曲线封闭的曲面。单击"曲面"工具条上的"N边曲面"按钮，系统弹出"N边曲面"对话框，如图7-21所示。

　　使用 N 边曲面，可以进行如下操作：

- 通过使用不限数目的曲线或边建立一个曲面，并指定其与外部面的连续性（所用的曲线或边组成一个简单的开放或封闭的环）。
- 移除非四个面的曲面上的洞或缝隙。
- 指定约束面与内部曲线，以修改N边曲面的形状。
- 控制 N 边曲面的中心点的锐度，同时保持连续性约束。

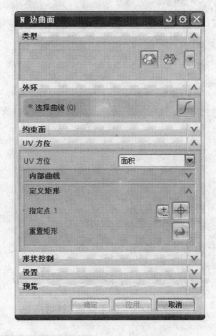

图7-21　"N边曲面"对话框

7.4　弯边曲面

7.4.1　规律延伸

　　使用"规律延伸"命令，可根据距离规律及延伸的角度来延伸现有的曲面或片体。在特定的方向非常重要时，或是需要引用现有的面时，规律延伸可以创建弯边或延伸。例如，在冲模设计或模具设计中，拔模方向在创建分型面时起着非常重要的作用。

　　单击"曲面"工具条上的"规律延伸"按钮，系统弹出"规律延伸"对话框，如图7-22所示。延伸的类型有两种："面"和"矢量"。

7.4.2　延伸曲面

　　使用"延伸曲面"命令可以从现有的基本片体上创建切向延伸片体、曲面法向延伸片体、角度控制的延伸片体或圆弧控制的延伸片体。

在某些情况下，当基面的底层曲面是 B 曲面时，延伸体便严格地以 B 曲面表示。但通常情况下，延伸体仍然是近似的，即使基面是 B 曲面。例如，角度的和曲面法向的延伸总是近似的。

延伸方法有两种："相切"、"圆形"。

- "相切"：可以创建相切于面、边或拐角的体。
- "圆形"：从光顺曲面的边上创建一个圆弧形的延伸。该延伸遵循沿着选定边的曲率半径。

单击"曲面"工具条上的"延伸曲面"按钮，系统弹出"延伸曲面"对话框，如图 7 - 23 所示。

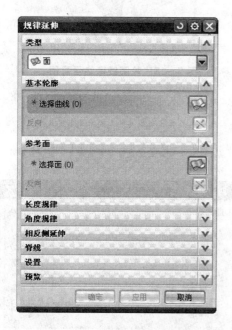

图 7 - 22　"规律延伸"对话框

图 7 - 23　"延伸曲面"对话框

7.4.3　轮廓线弯边

使用"轮廓线弯边"选项可以有效地模拟光顺边的设计元素细节，创建一个具有最美外观的外形、高品质表面以及连续斜率的 A 类曲面。轮廓线弯边生成一个管状圆角元素和一个光顺曲面延伸段，从而形成弯边。

单击"曲面"工具条上的"轮廓线弯边"按钮，系统弹出"轮廓线弯边"对话框，如图 7 - 24 所示。轮廓线弯边示意图如图 7 - 25 所示。

图 7 - 24 "轮廓线弯边"对话框

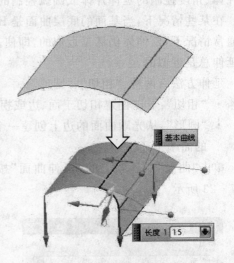

图 7 - 25 轮廓线弯边示意图

7.5 其他曲面

7.5.1 四点曲面

此操作较为简单,指定四个点即可创建一个曲面,但是也要注意点的创建顺序问题。要按照顺时针或者逆时针依次选取。

单击"曲面"工具条上的"四点曲面"按钮，系统弹出"四点曲面"对话框,如图 7 - 26 所示。

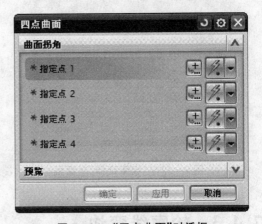

图 7 - 26 "四点曲面"对话框

7.5.2 整体突变

单击"曲面"工具条上的"整体突变"按钮，系统弹出"点选取"对话框。选择两个点,作为定义片体的两个对角点。选择完两个点后,系统弹出"整体突变形状控制"对话框如图 7 - 27 所示,可以拖动控制条来进行水平、竖直方向进行微调。

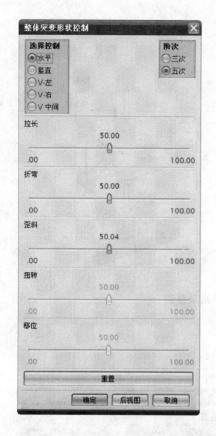

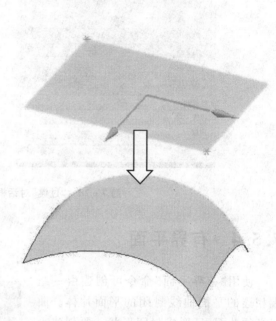

图 7-27　"整体突变形状控制"对话框及示意图

7.5.3　过　渡

　　使用"过渡"命令在两个或多个截面曲线相交的位置创建一个"过渡"特征。单击"曲面"工具条上的"过渡"按钮![icon]，系统弹出"过渡"对话框，如图 7-28 所示。使用"过渡"命令可以：

　　· 在截面相交处设定相切或曲率条件。

　　· 关于截面有不同的单元数目。

　　如果在截面上不使用曲面来施加匹配条件，则施加一个相切条件（此条件垂直于输入截面所在的平面）。

　　过渡特征是参数化的并与在其创建时所使用的任何几何体关联。选择曲线时要注意，选择完一组曲线，按鼠标中键，继续选择完其余的曲线，并要注意曲线的方向。

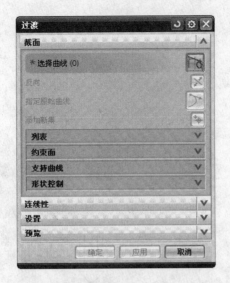
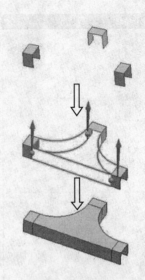

图 7－28 "过渡"对话框及示意图

7.5.4 有界平面

使用"有界平面"命令可创建由一组端相连的平面曲线封闭的平面片体。曲线必须共面，且形成封闭形状。要创建一个有界平面，必须建立其边界，并且在必要时还要定义所有的内部边界（孔）。

单击"曲面"工具条上的"有界平面"按钮 ，系统弹出"有界平面"对话框，如图 7－29 所示。

图 7－29 "有界平面"对话框

7.5.5 曲线成片体

此选项让用户通过选择的曲线创建体。单击"曲面"工具条上的"曲线成片体"按钮 ，弹出"从曲线获得面"对话框，如图 7－30 所示。其中各选项含义如下。

· "按图层循环"：每次在一个图层上处理所有可选的曲线。要加速处理，可能要启用此选项。这会使系统同时处理一个图层上的所有可选曲线，从而创建体。所有用来定义体的曲线必须在一个图层上。

· "警告"：在生成体以后，如果存在警告的话，会导致系统停止处理并显示警告消息，会警告用户有曲线的非封闭平面环和非平面的边界。如果选择"关"，则不会警告用户,也不会停止处理。

注意:使用"按图层循环"选项可以显著地改善处理性能。此选项还可以显著地减少虚拟内存的使用。如果收到以下信息:虚拟内存用完,可能会需要把线框几何体展开到几个图层上。但一定要把一个体的所有定义曲线放在一个图层上。

使用该命令的基本步骤如下。

① 按照需要设置"按图层循环"切换开关。

② 按需要设置"警告"切换开关。

③ 选择"确定"按钮。

④ 通过使用类选择工具选择想要转变为片体的曲线。

⑤ 选择"确定"选项。

图 7 - 30　"从曲线获得面"对话框

7.5.6　条带构建器

使用"条带构建器"命令在输入轮廓和偏置轮廓之间构建片体。单击"曲面"工具条上的"条带构建器"按钮,系统弹出"条带"对话框,如图 7 - 31 所示。按照图 7 - 31 所示的参数,条带构建结果如图 7 - 32 所示。

图 7 - 31　"条带"对话框

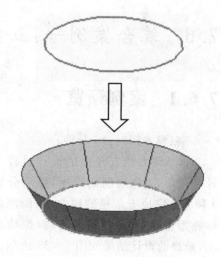

图 7 - 32　条带构造

7.5.7　修补开口

使用"修补开口"命令可以很方便地修补曲面上的开口,其操作也很简单,一般只需要选择面和要修补的边即可。

单击"曲面"工具条上的"修补开口"按钮，系统弹出"修补开口"对话框，如图 7-33 所示。修补开口示意图如图 7-34 所示。

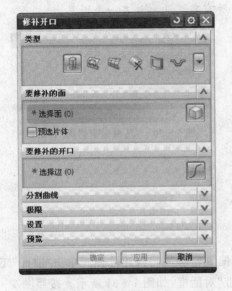

图 7-33 "修补开口"对话框

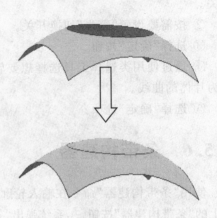

图 7-34 "修补开口"示意图

7.6 综合案例一：五角星

7.6.1 案例预览

❈(参考用时：15 分钟)

本节将介绍五角星的设计过程。在设计过程中，应先绘制曲线框，然后分别使用 3 种方法完成五角星的建立，从而使读者能够熟悉直纹面、通过曲线组、扫掠功能的使用，最终的设计结果如图 7-35 所示。

7.6.2 案例分析

本节将介绍五角星的设计过程。在设计过程中，将使用 3 种方法完成该模型的建

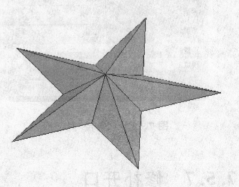

图 7-35 五角星效果

立。方法一：使用"直纹"功能，选择五角星顶点作为截面线串1，选择五角星边曲线作为截面线串2。方法二：使用"通过曲线组"功能，选择五角星顶点作为截面1，选择五角星曲线作为截面2。方法三：使用"扫掠"功能，选择1条引导线，再选择五角星作为剖面线串。具体设计过程如图7－36所示。

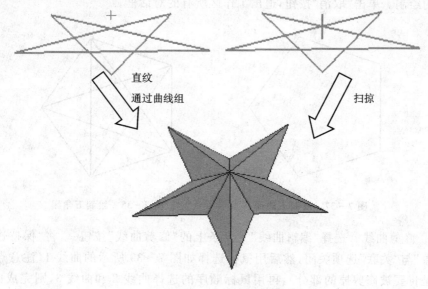

图7－36　设计流程图

7.6.3　设计步骤

1. 新建零件文件

✸（参考用时：1分钟）

① 在桌面上双击UG快捷方式图标进入基本环境，然后选择"文件"→"新建"菜单项，给新文件指定路径和文件名，单击"确定"按钮。

② 在工具条中选择"开始"→"建模"选项，或者使用"Ctrl＋M"组合快捷键，切换到建模模式。

2. 曲面线架的设计

✸（参考用时：14分钟）

① 绘制五边形。单击"曲线"工具条上的"多边形"按钮⟨⟩，在弹出的多边形边数对话框中输入5，单击"确定"按钮。在弹出的对话框中选择"内切圆半径"按钮，设置内接半径为50，单击"确定"按钮，弹出点构造器，选择"重置"按钮，单击"确定"就完

成了五边形的绘制。单击"取消"按钮,退出工作区中所有的对话框,效果如图 7-37 所示。

　　② 绘制五角星。单击"曲线"工具条上的 ⊙ 按钮,在弹出的对话框中选择 ⊿ 按钮,在"点方式"选项中选择 ⊿。用鼠标分别点选五边形的顶点,完成如图 7-38 所示图形的绘制。单击"取消"按钮,退出工作区所有的对话框。

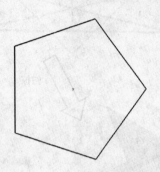

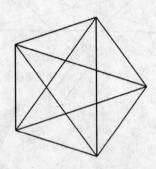

　　图 7-37　绘制五边形　　　　　　　　　图 7-38　绘制五角星

　　③ 修剪曲线。选择"编辑曲线"工具条上的"修剪曲线"按钮 ⊐,将"保持选定边界对象"与"关联"选项关闭,然后用鼠标选择如图 7-39 所示的曲线 1(注意点选的位置是将要被修剪掉的部分),再用鼠标顺序的选择曲线 2 和曲线 3,则完成曲线 1 的修剪,修剪效果如图 7-40 所示。按照上述操作,分别完成其余 4 根曲线的修剪,最终修剪结果如图 7-41 所示。

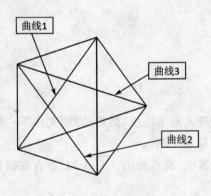

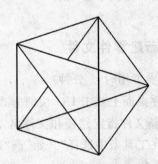

　　图 7-39　修剪曲线　　　　　　　　　图 7-40　修剪曲线结果

　　④ 删除五边形曲线。选择"编辑"下拉菜单中的"删除"选项,选择最先绘制的五边形,单击鼠标中键,完成五边形曲线的删除,最终结果如图 7-42 所示。

　　⑤ 绘制引导线。单击"曲线"工具条上的"基本曲线"按钮 ⊙,在弹出的对话框中选择"直线"按钮 ⊿,在跟踪栏中设置:XC=0,YC=0,ZC=0,在键盘上按回车键,确定直线起点(如跟踪栏中参数原来为 0,也要用鼠标任意双击其中一个参数,再按回

车键确认)。在跟踪栏中设置:XC＝0,YC＝0,ZC＝15,在键盘上按回车键,确定直线
终点。效果如图 7－43 所示。

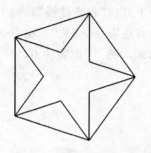  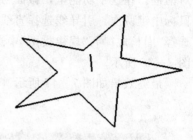

图 7－41　最终修剪结果　　　图 7－42　删除曲线结果　　　图 7－43　绘制直线

3. 曲面的生成

✹(参考用时:14 分钟)

① 曲面生成方法一。选择"曲面"工具条上的"直纹"按钮🔲,先将"捕捉点"工具
条中的／按钮激活(用鼠标单击),然后将鼠标放置在如图 7－44 所示的五角星线框
的顶点处,等待鼠标指针右下角出现／时,即表示已经捕捉中了端点,单击鼠标即可
(若鼠标停留时间较长,将会出现三个小点的符号,这时单击鼠标会弹出"快速拾取"
对话框,随便选取其中一个选项即可)。按鼠标中键,完成顶点(线串 1)选取。接着
用鼠标顺序选取五角星的 10 条边线作为线串 2,选取完毕按鼠标中键,完成曲面的
建立。单击"取消"按钮,退出工作区所有的对话框,效果如图 7－45 所示。

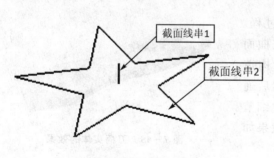 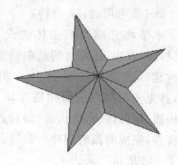

图 7－44　线串的选取　　　　　　　　图 7－45　生成曲面

② 曲面生成方法二。单击"曲面"工具条上的"通过曲线组"按钮🔲,该功能操作
类似于"直纹",在选择条中注意开启端点捕捉按钮🔲。首先选择如图 7－44 所示的
直线的端点("截面曲线 1"),单击鼠标中键,创建截面 1。在选择条中选择"相连曲
线",选择如图 7－44 所示的五角星曲线,在此单击鼠标中键,在"列表"中可以看见所
选择的两个截面。其余的按照系统默认的设置,单击"确定"按钮,生成的曲面如

图 7 - 45 所示。

③ 曲面生成方法三。单击"特征"工具条上的"扫掠"按钮，系统将弹出"扫掠"对话框。在这个功能里，"截面"选择五角星曲线（注意选择条上开启"相连曲线"），按鼠标中键两次。引导线选择直线，在"截面选项"中找到"缩放方法"，在"缩放"选项中选择"周长规律"，"规律类型"中选择"线性"，"起点"设置为 450，"终点"设置为 0，如图 7 - 46 所示。

最终效果如图 7 - 47 所示。

图 7 - 46 截面选项的设置

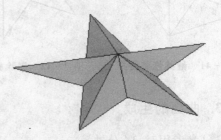

图 7 - 47 曲面的生成

7.7 综合案例二：刀柄曲面造型

7.7.1 案例预览

✳（参考用时：25 分钟）

本节将介绍刀柄主体的设计过程。在设计过程中，比较难的是中间消失曲面的构建。此案例是通过 IGS 曲线构造面，首先使用网格曲面构造主体，然后通过构线、修剪体、再次构面，最后通过细节的修整，完成曲面的创建。最终的效果如图 7 - 48 所示。

图 7 - 48 刀柄实体的效果

7.7.2 案例分析

本案例是一个刀柄主体的设计。通过对造型的基本分析可知，先构造一个网格曲面，然后通过曲线投影、桥接曲线、对曲面进行修剪，并构造消失曲面，再通过拉伸构造尾部的孔及对孔进行边倒圆。具体设计流程如图 7 - 49 所示。

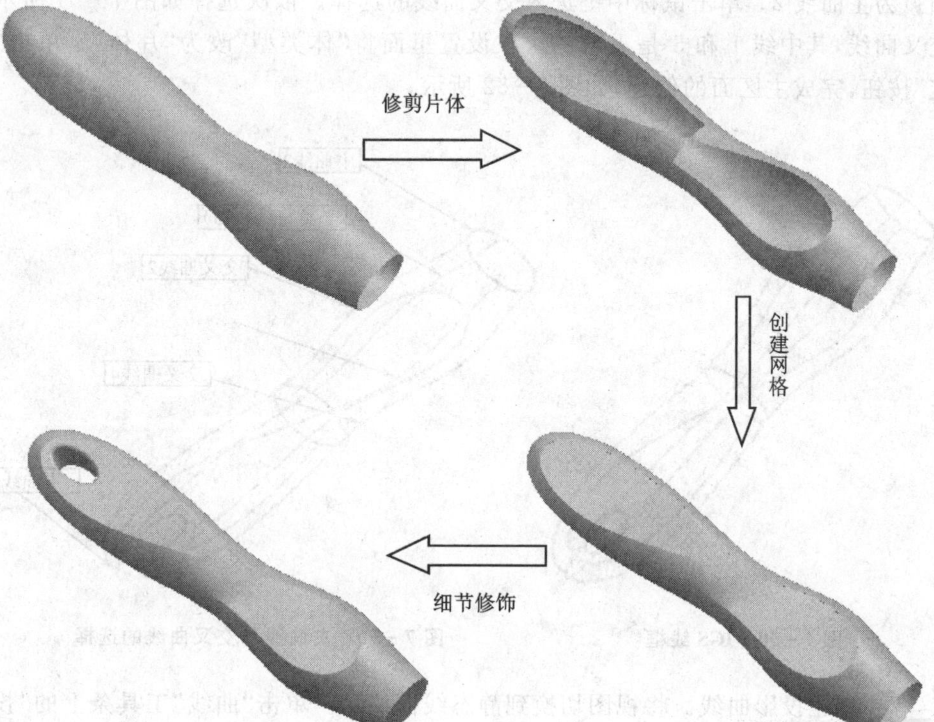
修剪片体
创建网格
细节修饰

图 7-49　设计流程图

7.7.3　设计步骤

1. 新建零件文件

(参考用时:1 分钟)

① 在桌面上双击 UG 快捷方式图标进入基本环境,然后选择“文件”→“新建”菜单项,给新文件指定路径和文件名,单击“确定”按钮。

② 在工具条中选择“开始”→“建模”选项,或者使用“Ctrl+M”组合快捷键,切换到建模模式。

2. 曲面线架的设计

(参考用时:24 分钟)

① 打开 IGS 曲线。如图 7-50 所示。

② 构建主曲面。单击“曲面”工具条上的“通过曲线网格”按钮,在“选择条”上开启“交点”按钮,按照图 7-51 所示的选择线的交点为主曲线 1,选择上面的蓝色

圆弧为主曲线 2。单击鼠标中键进入交叉曲线的选择。依次选择如图 7-51 所示的交叉曲线,其中线 1 和 5 是重合的。在设置里面将"体类型"改为"片体"。单击"确定"按钮,完成主区面的创建,如图 7-52 所示。

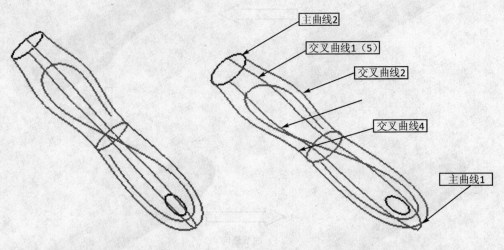

图 7-50 IGS 线框   图 7-51 主曲线与交叉曲线的选择

③ 创建投影曲线。将视图切换到静态线框显示。单击"曲线"工具条上的"投影曲线"按钮，选择 S 形曲线作为投影曲线,"要投影的对象"选择刚刚创建的主曲面,"投影方向"选择"沿矢量","指定矢量"选择 Z 轴正向。将设置中的"关联"去掉,单击"确定"按钮,结果如图 7-53 所示(隐藏上一步的主曲线与交叉曲线)。

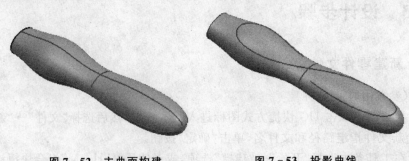

图 7-52 主曲面构建   图 7-53 投影曲线

④ 创建直线。单击"曲线"工具条上的"直线"按钮,在"起点"的"选择对象"选项中单击 按钮,弹出的"点"对话框中,在 Y 中输入 8,单击"确定"按钮,沿 X 轴正向移动鼠标,长度为 10 时,单击鼠标,然后单击"应用"按钮,创建曲线 1。在"起点"的"选择对象"选项中单击 按钮,在弹出的"点"对话框中,在 Y 中输入-8,单击"确定"按钮,沿 X 轴反向移动鼠标,长度为 10 时,单击鼠标,然后单击"应用"按钮,创建曲线 2。

⑤ 创建投影曲线。将视图切换到静态线框显示。单击"曲线"工具条上的"投影曲线"按钮 ，选择刚刚创建的曲线作为投影曲线，"要投影的对象"选择刚刚建立的主曲面，"投影方向"选择"沿矢量"，"指定矢量"选择 Z 轴正向。取消"设置"选项组中的"关联"选项的选中状态，单击"确定"按钮，结果如图 7-54 所示。

⑥ 创建桥接曲线。单击"曲线"工具条上的"桥接曲线"按钮 ，分别选择刚刚投影的两条直线的端点与 S 形曲线的端点进行桥接，并在"约束面"中选择主曲面，创建两条桥接曲线。如图 7-55 所示。

图 7-54 投影曲线

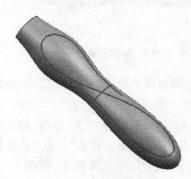
图 7-55 桥接曲线

⑦ 修剪片体。单击"特征"工具条上的"修剪片体"按钮，弹出"修剪片体"对话框。"目标"选择主曲面，边界对象选择图 7-56 所示的曲线，在"区域"中选择 S 内弧为舍弃区域。单击"确定"按钮，结果如图 7-57 所示。

图 7-56 边界曲线

图 7-57 修剪结果

⑧ 连结曲线。将 S 形曲线和桥接的曲线进行连结。单击"曲线"工具条上的"连接曲线"按钮 ，在"曲线"中选择 S 形曲线和桥接的曲线，在"设置"中选项组取消"关联"选项的选中状态，并将"输入曲线"隐藏，单击"确定"按钮，连结曲线完毕。

⑨ 创建直线。按 F8 键将视图摆正，在 X-Y 平面创建几条直线，如图 7-58 所示。

⑩ 对直线进行投影。单击"曲线"工具条上的"投影曲线"按钮,选择上一步创建的直线为"要投影的曲线",选择曲面为"要投影的对象","投影方向"选择 Z 轴。将"关联"取消,并将"输入曲线"选择"替换"。单击"确定"按钮,完成直线投影,如图 7-59 所示。

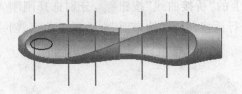

图 7-58 创建的直线   图 7-59 投影的直线

⑪ 分割曲线。单击"编辑曲线"工具条上的"分割曲线"按钮,类型选择"按边界对象"选项,"曲线"选择 S 形曲线,"对象"选择"现有曲线",然后分别选定最外侧的四条投影的曲线,并指定相交点,单击"确定"按钮,分割曲线完毕,如图 7-60 所示。

⑫ 创建艺术样条。单击"曲线"工具条上的"艺术样条"按钮,分别连接几个投影曲线的端点,创建 4 个艺术样条,如图 7-61 所示。

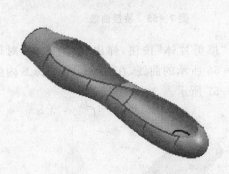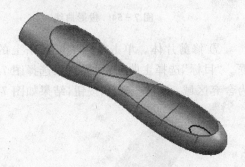

图 7-60 分割的曲线   图 7-61 创建的艺术样条

⑬ 创面网格曲面。隐藏不需要的曲线,结果如图 7-62 所示。单击"曲面"工具条上的"通过曲线网格"按钮,选择如图 7-63 所示的主曲线和交叉曲线,并将最后一个主曲线设置为和曲面"相切"约束,单击"确定"按钮,完成网格的创建。同样的方法,完成另外一个曲面的创建,结果如图 7-64 所示。

⑭ 创建有界平面。单击"曲面"工具条上的"有界平面"按钮,选择尾部的封闭曲线,单击"确定"按钮,完成平面的创建。如图 7-65 所示。

⑮ 对曲面进行缝合。单击"特征"工具条上的"缝合"按钮,对所有曲面进行缝合。

⑯ 对边进行倒圆角。单击"特征"工具条上的"面倒圆"按钮,分别选择要倒圆的两个面,其中"横截面"选项设置如图 7-66 所示。单击"确定"按钮,完成曲面 1 的圆角创建。单击"特征"工具条上的"边倒圆"按钮,将"要倒圆的边"的参数设置如

图 7-67 所示。其余参数均按照系统默认设置的，单击"确定"按钮，完成边倒圆的创建。效果如图 7-68 所示。

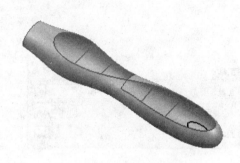

图 7-62　艺术样条曲线

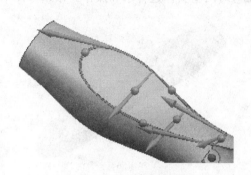

图 7-63　创建网格曲面

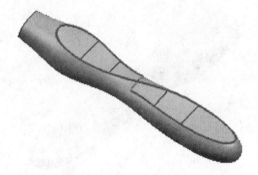

图 7-64　网格曲面

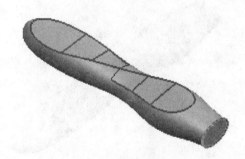

图 7-65　有界平面的创建

图 7-66　横截面选项设置

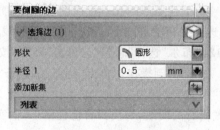

图 7-67　"要倒圆的边"设置

⑰ 修剪体操作。单击"特征"工具条上的"修剪体"按钮，其中目标选择刀柄实体，"工具"选项的设置如图 7-69 所示。通过调节"反向"按钮 ⊠ 来调节保留的实体。结果如图 7-70 所示。

⑱ 镜像实体。单击"特征"工具条上的"变换"按钮 ◢，"对象"选择修剪完的实体，单击"确定"按钮，选则 ▭ 通过一平面镜像 ▭ 命令，在弹出的"平面选择"对话框中，在"类型"中选择"XC-YC"平面。单击"确定"按钮，在"变换"类型中选择"复

制",然后再单击"取消"按钮,完成实体的镜像。单击"特征"工具条上的"求和"按钮,对两个实体进行求和操作。结果如图 7 - 71 所示。

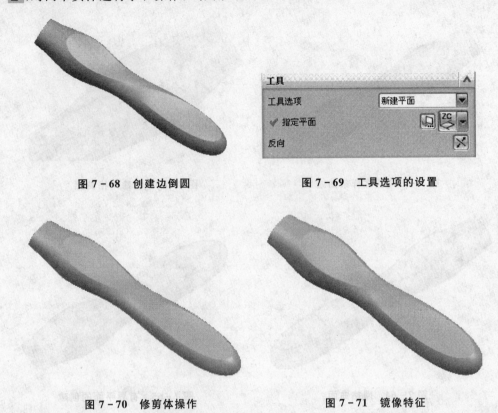

图 7 - 68　创建边倒圆　　　　　　　图 7 - 69　工具选项的设置

图 7 - 70　修剪体操作　　　　　　　图 7 - 71　镜像特征

　　⑲ 创建尾部的孔。将视图切换到静态线框,单击"特征"工具条上的"拉伸"按钮,选择尾部的椭圆形圆弧作为拉伸曲线,在"极限"选项中设置为"对称值","距离"为 12,"布尔"选择"求差"。单击"确定"按钮,完成孔的创建。

　　⑳ 边倒圆操作。单击"特征"工具条上的"边倒圆"按钮,选择孔的边为要倒圆的边,"形状"设置为"圆形","半径 1"设置为 1.5,单击"确定"按钮,完成边倒圆操作。隐藏所有的曲线,切换到着色视图,刀柄实体如图 7 - 48 所示。

7.8　综合案例三:握力器造型

7.8.1　案例预览

❀(参考用时:20 分钟)

　　本节将介绍握力器的设计过程。在设计过程中,将体现出一个曲面绘制的基本

流程。该握力器由两个完全不同的手柄和
一个弹簧组成,初步分析应用样条线绘制扫
掠线框,用螺旋线绘制弹簧引导线,通过曲
面扫掠功能完成两个手柄的实体建模,最终
效果如图 7-72 所示。

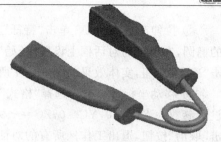

图 7-72　握力器效果

7.8.2　案例分析

　　本节将介绍握力器的设计过程。在设计过程中,将体现出一个曲面绘制的基本
流程。该握力器由两个完全不同的手柄和一个弹簧组成,所以在实际工作中,先使用
基本曲线绘制剖面曲线,再用样条曲线绘制手柄的引导线串,然后使用螺旋线和基本
曲线绘制弹簧的引导线串。通过扫掠曲面功能完成手柄的曲面造型,通过沿导引线
扫掠功能完成弹簧的造型设计。具体设计流程如图 7-73 所示。

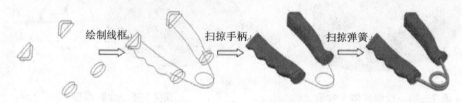

图 7-73　设计流程图

7.8.3　设计步骤

1. 新建零件文件

❋(参考用时:1分钟)
　　① 在桌面上双击 UG 快捷方式图标进入基本环境,然后选择"文件夹"→"新建"
菜单项,给新文件指定路径和文件名,单击"确定"按钮。
　　② 在工具条中选择"开始"→"建模"选项,或者使用"Ctrl+M"组合快捷键,切换
到建模模式。

2. 曲面线架的设计

❋(参考用时:19分钟)
　　① 绘制椭圆曲线。选择"曲线"工具条上的"椭圆"按钮⊙,将弹出的点构造器
中的坐标值清零,单击"确定"按钮,在出现的对话框上设置参数为长半轴 12.5,短半
轴 8 ,单击"确定"按钮,完成椭圆绘制,单击"取消"按钮,退出工作区所有的对话框。

②拉伸产生实体 1。单击"特征"工具条上的"拉伸"⬚按钮,选取步骤①中绘制的椭圆,在出现的对话框上设置"开始"选项为 0,"结束"选项为 7,其他保持不变,单击"确定"按钮,实体效果如图 7-74 所示。

③移动坐标系原点。选择"格式"→"WCS"→"原点"菜单项,在出现的对话框上设置参数为 XC=20,YC=0,ZC=-90,单击"确定"按钮完成坐标系原点移动。单击"取消"按钮,退出工作区所有的对话框。

④绘制圆形。单击"曲线"工具条上的"基本曲线"按钮⚲,在出现的对话框上单击⊙按钮,将"点方式"选项设置为"自动判断"↗,在跟踪条上清零之后,按 Enter 键,再修改 XC=5,按 Enter 键,圆绘制完毕,俯视图如图 7-75 所示。单击"取消"按钮,退出工作区所有的对话框。

图 7-74　拉伸实体 1 效果

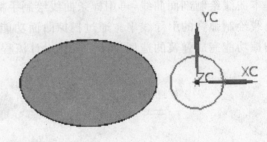

图 7-75　绘制圆形

⑤绘制三角截面。单击"曲线"工具条上的"基本曲线"按钮⚲,在"基本曲线"对话框中选择╱按钮,将"点方式"选项设置为"点构造器"⬚,在出现的对话框上设置"参考"选项为"WCS",参数为 XC=-20,YC=12.5,ZC=0,单击"确定"按钮,修改 YC=-12.5,单击"确定"按钮,直线绘制完毕,后面称为直线 M。单击"取消"按钮,退出工作区所有的对话框。单击"曲线"工具条上的"基本曲线"按钮⚲,将"点方式"选项设置为"自动判断的点"↗,选取圆形曲线,系统将提示相切曲线,选取对应的直线的端点,画出直线 a(若系统提示的相切线的方向不正确,可以把鼠标从圆弧的外边移动到圆心,放在想要出现相切线的一侧,再从圆心把鼠标移出即可改变相切方向),单击"打断线串"按钮,重复上面的步骤画直线 b,俯视图如图 7-76 所示。

⑥修剪曲线。执行"编辑"→"曲线"→"修剪"命令,取消"关联"选项的选中状态,选取夹在两直线间的圆弧,选取直线 a,选取直线 b,这样曲线就裁剪好了。单击"取消"按钮,退出工作区所有的对话框,修剪效果如图 7-77 所示。

⑦曲线圆角。单击"曲线"工具条上的"基本曲线"按钮⚲,单击"圆角"⬚按钮,再选择"2 曲线倒圆"⬚方式,设置倒角半径为 2,先选取如图 7-76 所示曲线 a,再选取曲线 M,然后在两条曲线所夹的锐角位置(即圆角 1 的大致圆心位置)单击鼠标,完成倒圆角 1。同上操作,先选取如图 7-76 所示曲线 M,再选取曲线 b,然后在两条曲线所夹的锐角位置(即圆角 2 的大致圆心位置)单击鼠标,完成倒圆角 2。单击"取

消"按钮退出工作区内所有对话框,效果如图 7-78 所示。

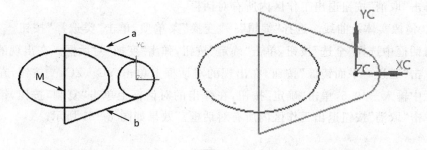

图 7-76　绘制三角截面　　　　　图 7-77　修剪截面曲线

⑧ 分割圆弧曲线。选择"编辑曲线"工具条上的"分割曲线"按钮∫,单击"等分段"按钮,用鼠标单击选择三角形截面中的那段圆弧曲线,在分段数参数栏中输入 2,单击"确定"按钮,完成曲线分割,单击"取消"按钮退出工作区内所有对话框。

⑨ 拉伸产生实体 2。单击"成形特征"工具条上的⊞按钮,选取步骤⑧中绘制的三角截面,在弹出的对话框上设置"结束值"参数为-7,其他保持不变,单击"确定"按钮,实体效果如图 7-79 所示。

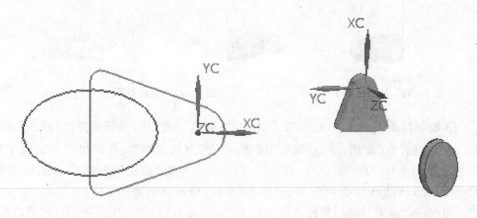

图 7-78　完成圆角效果　　　　　图 7-79　拉伸实体 2 效果

⑩ 绘制样条 1。单击"曲线"工具条上的"样条"按钮～,将弹出"样条"对话框。单击"通过点"按钮,单击"确定"按钮,单击"点构造器"。在弹出的对话框中输入(参考仍然是 WCS):修改点的坐标 XC=-32.5,YC=0,ZC=90,单击"确定"按钮;修改点的坐标 XC=-31.5,YC=0,ZC=80,单击"确定"按钮;修改点的坐标 XC=-30.5,YC=0,ZC=75,单击"确定"按钮;修改点的坐标 XC=-27.5,YC=0,ZC=65,单击"确定"按钮;修改点的坐标 XC=-23.5,YC=0,ZC=55,单击"确定"按钮;修改点的坐标 XC=-21.5,YC=0,ZC=40,单击"确定"按钮;修改点的坐标 XC=-20.5,YC=0,ZC=20,单击"确定"按钮;修改点的坐标 XC=-20,YC=0,ZC=0,

单击"确定"按钮。连续单击 3 次"确定"按钮,样条 1 就绘制好了,效果如图 7-80 所示。单击"取消"按钮退出工作区内所有对话框。

⑪ 镜像实体及曲线。选择"编辑"→"变换"菜单项,单击"类选择"按钮 ⤢ ,在弹出的对话框中选择"全选"按钮,单击"确定"按钮,弹出"变换"对话框。在出现的对话框上单击"通过一平面镜像"按钮,在出现的对话框上单击 YC-ZC ⬛ 按钮,在偏置参数栏中输入 -49.5,单击"确定"按钮,在弹出的对话框上单击"复制"按钮,镜像完毕。单击"取消"按钮退出工作区内所有对话框。效果如图 7-81 所示。

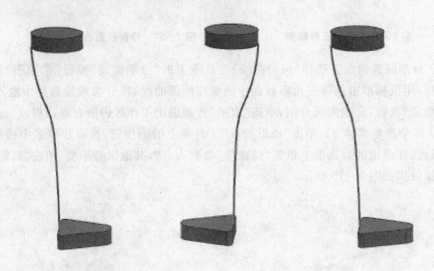

图 7-80 样条曲线 1   图 7-81 镜像效果

⑫ 绘制样条 2。单击"曲线"工具条上的"样条"～按钮,系统将弹出"样条"对话框。单击"通过点"按钮,单击"确定"按钮,单击"点构造器"。在弹出的对话框中输入:修改点的坐标 XC=-7.5,YC=0,ZC=90,单击"确定"按钮;修改点的坐标 XC=-12.5,YC=0,ZC=85,单击"确定"按钮;修改点的坐标 XC=-9.5,YC=0,ZC=75,单击"确定"按钮;修改点的坐标 XC=-3.5,YC=0,ZC=60,单击"确定"按钮;修改点的坐标 XC=-0.5,YC=0,ZC=45,单击"确定"按钮;修改点的坐标 XC=1.5,YC=0,ZC=30,单击"确定"按钮;修改点的坐标 XC=3.5,YC=0,ZC=20,单击"确定"按钮;修改点的坐标 XC=4.5,YC=0,ZC=15,单击"确定"按钮;修改点的坐标 XC=5,YC=0,ZC=0,单击"确定"按钮;连续单击 3 次"确定"按钮。样条 2 绘制完毕,单击"取消"按钮退出工作区内所有对话框,效果如图 7-82 所示。

⑬ 绘制样条 3。单击"曲线"工具条上的～按钮,系统将弹出"样条"对话框。单击"通过点"按钮,单击"确定"按钮,单击"点构造器"。在弹出的对话框中输入:修改点的坐标 XC=-91.5,YC=0,ZC=90,单击"确定"按钮;修改点的坐标 XC=-86.5,YC=0,ZC=85,单击"确定"按钮;修改点的坐标 XC=-96.5,YC=0,

282

ZC＝62,单击"确定"按钮;修改点的坐标 XC＝－94.5,YC＝0,ZC＝55,单击"确定"
按钮;修改点的坐标 XC＝－99.5,YC＝0,ZC＝44,单击"确定"按钮;修改点的坐标
XC＝－98.5,YC＝0,ZC＝35,单击"确定"按钮;修改点的坐标 XC＝－103.5,YC＝0,
ZC＝27,单击"确定"按钮;修改点的坐标 XC＝－102.5,YC＝0,ZC＝17,单击"确定"
按钮;修改点的坐标 XC＝－104,YC＝0,ZC＝0,单击"确定"按钮。连续单击 3 次
"确定"按钮。样条 3 绘制完毕,单击"取消"按钮退出工作区内所有对话框,效果如
图 7－83 所示。

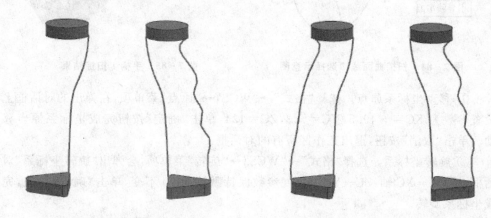

图 7－82　样条曲线 2　　　　　　　　　图 7－83　样条曲线 3

3. 手柄曲面造型

✿(参考用时:10 分钟)

① 扫掠手柄实体 1。单击"特征"工具条上的"扫掠"按钮 ,按图 7－84 所示选
取引导线串 1,单击"确定"按钮,选取引导线串 2,单击"确定"按钮,再次单击"确定"
按钮。接下来开始选择剖面线串,先用鼠标单击选择椭圆作为剖面线串 1(注意,要
在如图 7－84 所示箭头所指的位置单击),单击"确定"按钮,再选择对话框中的"曲线
链"按钮,用鼠标单击选择三角截面曲线作为剖面线串 2(注意,要在如图 7－84 所示
箭头所指的位置单击),单击 4 次"确定"按钮,在弹出的对话框上选择插补方式为"三
次",单击 2 次"确定"按钮,在比例方法中选择"横向比例"按钮,再单击 2 次"确定"按
钮,这样就完成了实体的构建,效果如图 7－85 所示。单击"取消"按钮,退出工作区
的对话框(如果箭头不能在圆弧中点,可以进行打断)。

② 扫掠手柄实体 2。重复上面的步骤形成另一个手柄,最终效果如图 7－86
所示。

4. 弹簧造型

✿(参考用时:9 分钟)

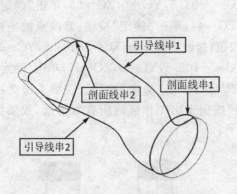

图7-84　扫掠曲面线串选择示意图　　　　图7-85　手柄1扫掠结果

① 移动坐标系原点。选择"格式"→"WCS"→"原点"菜单项,在弹出的对话框上设置参数为 XC＝－49.5,YC＝－3,ZC＝124,单击"确定"按钮完成坐标系原点移动。单击"取消"按钮,退出工作区所有的对话框。

② 旋转坐标系。选择"格式"→"WCS"→"旋转"菜单项,会弹出"旋转坐标系"对话框,选择"－XC轴:ZC→YC",角度参数保持默认的90不变,单击"确定"按钮,完成坐标系旋转。

③ 绘制曲线。单击"曲线"工具条上的"基本曲线"按钮，在弹出的对话框上单击⊙按钮,将"点方式"选项设置为"点构造器"，在弹出的对话框上单击"重置"按钮,单击"确定"按钮,修改 XC＝15,单击"确定"按钮,这样圆绘制完毕。在"基本曲线"对话框中选择／按钮,在"跟踪栏"中输入 XC＝－28,YC＝34,ZC＝0,按 Enter键确定直线端点,将"点方式"选项设置为"自动判断的点"，选取圆形曲线的左侧圆弧,系统将提示相切曲线,单击鼠标,完成相切直线1绘制。单击"打断线串"按钮,重复上面的步骤,绘制点 XC＝28,YC＝34,ZC＝0与圆弧的相切直线2,前视图如图7-87所示。单击"取消"按钮,退出工作区所有的对话框。

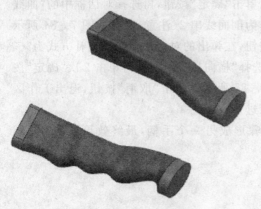

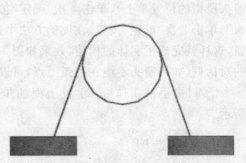

图7-86　手柄2扫掠结果　　　　　　图7-87　圆弧及相切直线

④ 旋转坐标系。选择"格式"→"WCS"→"旋转"菜单项,会弹出"旋转坐标系"对话框,选择"－ZC 轴:YC→XC",角度参数保持默认的 90 不变,单击"确定"按钮,完成坐标系旋转。

⑤ 绘制螺旋线。单击"曲线"工具条上的"螺旋线"按钮 ,在弹出的对话框中输入圈数为 1,螺距为 6,半径为 15,单击"确定"按钮,完成螺旋线绘制。

⑥ 平移直线。选择"编辑"→"移动对象"菜单项,选择在 YC 正半轴方向的相切直线,按一下鼠标中键确定,选择"距离"按钮,"矢量"为 Z 轴,输入参数为 6,选择"复制原先的"选项,单击"确定"按钮,退出工作区所有的对话框。

⑦ 隐藏曲线。执行"编辑"→"隐藏"→"隐藏"菜单项,选取圆弧曲线和相切的直线,按一下鼠标中键确定,完成隐藏,效果如图 7－88 所示。

⑧ 桥接曲线。单击"曲线"工具条上的"桥接曲线"按钮 ,先选择如图 7－89 所示的选择端 1,再选择螺旋线选择端 2,则显示桥接效果预览,连续单击 2 次"确定",完成桥接操作。按照上述操作,将选择端 3 与选择端 4 进行桥接操作,最终桥接效果如图 7－90 所示。

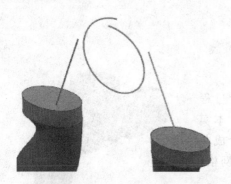

图 7－88　隐藏圆弧效果

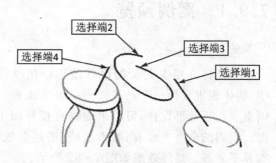

图 7－89　桥接选择示意图

⑨ 生成弹簧。单击"特征"工具条上的"管道" 按钮,在"外直径"参数栏中输入 5,单击"确定"按钮,用鼠标单击选择刚刚生成的线串,单击"确定"按钮,完成管道操作,效果如图 7－91 所示。

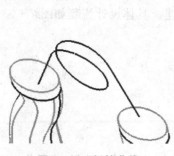

图 7－90　桥接曲线

图 7－91　生弹簧效果

⑩ 合并实体。单击"特征"工具条上的"求和"按钮 🔩,将组成一个手柄的 3 个实体分别选中,单击"确定"按钮,完成一个手柄的合并,再将另外一个手柄合并,完成求和操作。

⑪ 隐藏曲线。在"选择条"中选择"曲线"。选择"编辑"→"隐藏"→"隐藏"菜单项,选取两个手柄和一个弹簧实体,单击"类选择"按钮 🔩,弹出"类选择"对话框,选择"全部"按钮,单击"确定"按钮,完成隐藏。

⑫ 着色渲染。选择"编辑"→"对象显示"菜单项,选中两个手柄,按一下鼠标中键确定,弹出"编辑对象显示"对话框,单击"颜色"选项后边对应的色条,弹出"颜色选择"对话框,选择合适的颜色(本例选择深蓝色),单击"确定"按钮,完成颜色设置。同上操作,改变弹簧颜色为浅蓝色。

⑬ 至此握力器的设计完成了,最终效果如图 7-72 所示。

7.9 综合案例四:水龙头造型

7.9.1 案例预览

✴(参考用时:30 分钟)

本节将介绍水龙头的设计过程。在设计过程中,将体现出设计一个产品外形的基本流程。本实例重点在于外形设计,可以由线框直接补面生成曲面。用到的命令主要有:基本曲线、通过曲线网格、有界平面等。最终效果如图 7-92 所示。

图 7-92 水龙头

7.9.2 案例分析

本节将介绍水龙头的设计过程。首先需要对线框的曲线进行桥接,再使用拉伸功能绘制辅助截面,通过曲线网格来进行铺面,之后采用修剪片体对面进行修剪,再使用网格构面。最后使用抽壳来完成产品的创建。具体设计流程如图 7-93 所示。

7.9.3 设计步骤

1. 新建零件文件

✴(参考用时:1 分钟)

① 在桌面上双击 UG 快捷方式图标进入基本环境,然后选择"文件"→"新建"菜

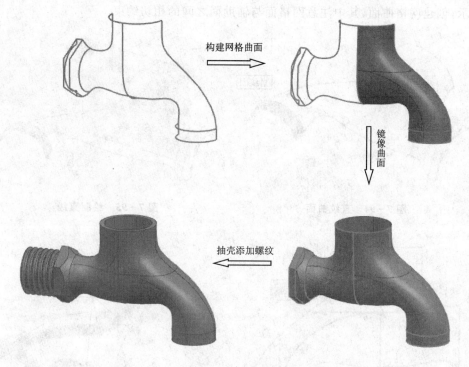

构建网格曲面

镜像曲面

抽壳添加螺纹

图 7 - 93　设计流程图

单项,给新文件指定路径和文件名,单击"确定"按钮。

② 在工具条中选择"开始"→"建模"选项,或者使用"Ctrl＋M"组合快捷键,切换到建模模式。

2. 曲面线架的设计

✿(参考用时:29 分钟)

① 打开本书所附光盘中"实例源文件/第 7 章/水龙头线架"文件,如图 7 - 94 所示。

② 创建直纹曲面。单击"曲面"工具条上的"直纹"按钮,参照图 7 - 94 所示,选择两个截面线串来构建直纹曲面。

③ 绘制直线。在图 7 - 95 所示的图中,在两直线的交点处绘制一直线,方向沿 X 轴。

④ 桥接曲线。单击"曲线"工具条上的"桥接曲线"按钮,按照图 7 - 96 所示,对曲线进行桥接。

⑤ 创建拉伸曲面。单击"特征"工具条上的"拉伸"按钮,按照图 7 - 97 所示,创建拉伸片体,拉伸的距离为 5。

⑥ 创建网格曲面。单击"曲面"工具条上的"通过曲线网格"按钮,按照图 7 - 98

所示,创建网格曲面,其中注意网格面与辅助面之间的相切约束。

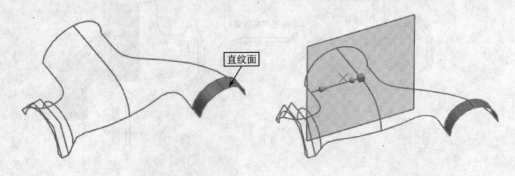

图 7-94 直纹曲面   图 7-95 绘制直线

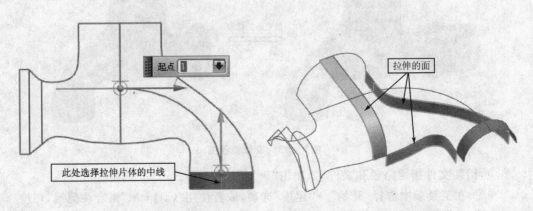

图 7-96 桥接曲线效果   图 7-97 拉伸曲面

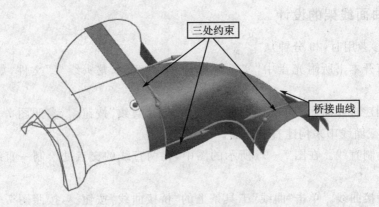

图 7-98 网格曲面

　　⑦ 桥接曲线。单击"曲线"工具条上的"桥接曲线"按钮，按图 7-99 所示,进行曲线桥接。

　　⑧ 构建网格曲面。单击"曲面"工具条上的"通过曲线网格"按钮，按照

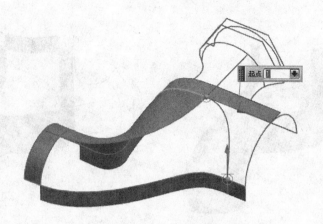

图 7 - 99   桥接曲线

图 7 - 100 所示,构建曲线网格,注意与面的相切约束。

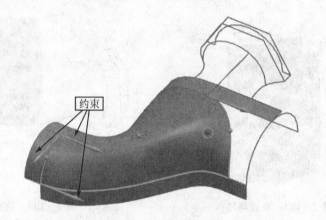

图 7 - 100   网格曲面

⑨ 修剪体。单击"特征"工具条上的"修剪体"按钮██,使用 XC - YC 平面来修剪刚刚创建的曲面。如图 7 - 101 所示。

⑩ 拉伸片体。单击"特征"工具条上的"拉伸"按钮██,按照图 7 - 102 所示,设置拉伸距离为 5。

⑪ 构建曲线网格。单击"曲面"工具条上的"通过曲线网格"按钮██,按照图 7 - 103 所示,构建网格曲面,注意与辅助面的相切约束。

⑫ 隐藏不需要的对象,结果如图 7 - 104 所示。

⑬ 拉伸片体。单击"特征"工具条上的"拉伸"按钮██,按照图 7 - 105 所示,创建拉伸片体,拉伸距离为 5。

⑭ 创建有界平面。单击"曲面"工具条上的"有界平面"按钮██,按照图 7 - 106 所示,创建有界平面。

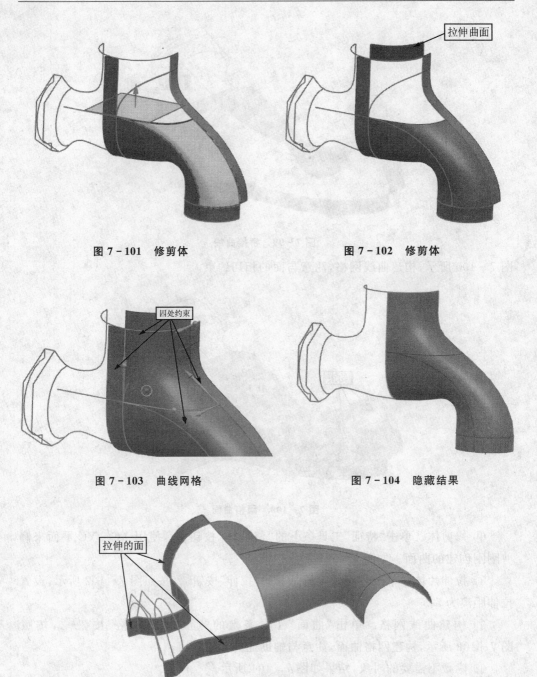

图 7 - 101　修剪体　　　　　　　　　　图 7 - 102　修剪体

图 7 - 103　曲线网格　　　　　　　　　图 7 - 104　隐藏结果

图 7 - 105　拉伸片体

⑮ 创建圆弧。单击"曲线"工具条上的"圆弧"按钮 ，按照图 7 - 107 所示，创建圆弧。

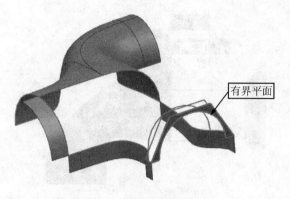

图 7 - 106 有界平面   图 7 - 107 创建圆弧

⑯ **构建曲线网格。** 单击"曲面"工具条上的"通过曲线网格"按钮 ，按照图 7 - 108 所示，构建曲线网格。

⑰ **拉伸片体。** 单击"特征"工具条上的"拉伸"按钮 ，按照图 7 - 109 所示，创建拉伸片体，拉伸距离设置为 8。

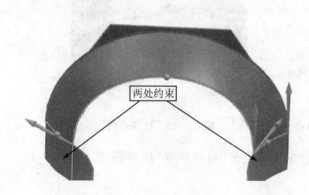

图 7 - 108 曲线网格   图 7 - 109 拉伸片体

⑱ **修剪片体。** 单击"特征"工具条上的"修剪和延伸"按钮 ，在"类型"中设置为"制作拐角"，按照图 7 - 110 所示，修剪片体。

⑲ **延长曲线。** 单击"编辑曲线"工具条上的"曲线长度"按钮 ，按照图 7 - 111所示，延长曲线。

⑳ **投影曲线。** 单击"曲线"工具条上的"投影曲线"按钮 ，单击选择步骤⑲中创建的曲线，沿 YC 轴方向将曲线投影带曲面上，如图 7 - 112 所示。

㉑ **桥接曲线。** 单击"曲线"工具条上的"桥接曲线"按钮 ，按照图 7 - 113 所示，进行曲线桥接。

㉒ **创建曲线网格。** 单击"曲面"工具条上的"通过曲线网格"按钮 ，按照图 7 - 114 所示，创建曲线网格，主要与辅助面的相切约束。

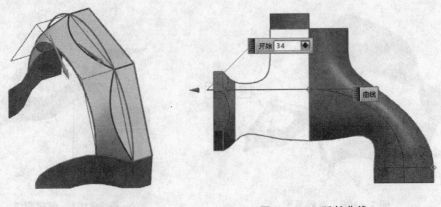

图 7-110　修剪片体　　　　　　图 7-111　延长曲线

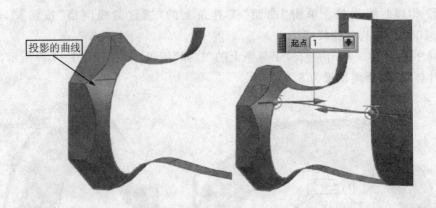

图 7-112　投影的曲线　　　　　　图 7-113　桥接曲线

㉓ 延长曲线。单击"编辑曲线"工具条上的"曲线长度"按钮 $J^{\pm}$，按照图 7-115 所示设置延伸距离。

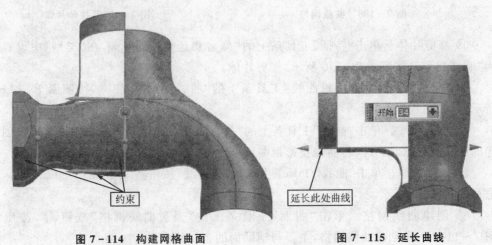

图 7-114　构建网格曲面　　　　　　图 7-115　延长曲线

㉔ 投影曲线。单击"曲线"工具条上的"投影曲线"按钮 🖜，将步骤㉓中创建的曲线沿 YC 轴投影到曲面上，如图 7 - 116 所示。

㉕ 桥接曲线。使用"曲线"工具条上的"桥接曲线"功能 🖜，按照如图 7 - 117 所示，创建桥接曲线。

㉖ 创建网格曲面。使用"曲面"工具条上的"通过曲线网格"功能 🖜，按照图 7 - 118 所示，创建网格曲面。

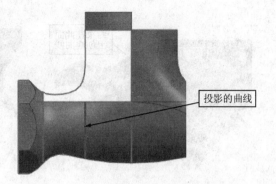

图 7 - 116　投影曲线

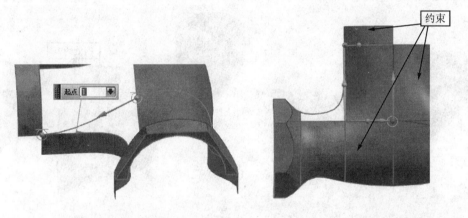

图 7 - 117　桥接曲线　　　　　图 7 - 118　创建曲线网格

㉗ 桥接曲线。使用"曲线"工具条上的"桥接曲线"功能 🖜，按照图 7 - 119 所示，创建桥接曲线，注意设定约束面。其中，起点的 U 向百分比设置为 60，终点的 U 向百分比设置为 20。

㉘ 修剪片体。使用"特征"工具条上的"修剪片体"功能 🖜，用步骤㉖中创建的曲线作为边界，修剪片体，如图 7 - 120 所示。

㉙ 隐藏所有的曲线，结果如图 7 - 121 所示。

㉚ 创建网格曲面。使用"曲面"工具条上的"通过曲线网格"功能 🖜，创建如图 7 - 122 所示的曲线网格。主要约束面相切。

㉛ 隐藏不需要的面，结果如图 7 - 123 所示。

㉜ 镜像体。使用"标准"工具条上的"变换"命令 🖜，框选所有的对象，然后选择"通过一平面镜像"，在弹出的平面选择对话框中选择"XC - ZC"平面，距离设置为 0，单击"确定"按钮，在弹出的"变换"对话框单击"复制"选项，再单击"取消"选项，完成镜像命令，如图 7 - 124 所示。

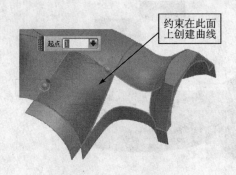

图 7-119　桥接曲线

图 7-120　修剪片体

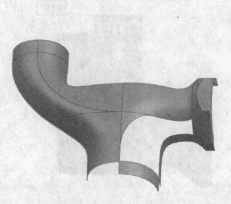

图 7-121　隐藏曲线

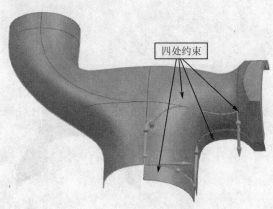

图 7-122　创建曲线网格

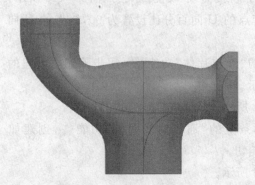

图 7-123　隐藏曲面

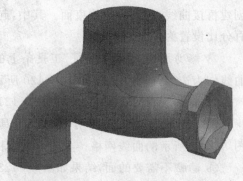

图 7-124　镜像体

㉝ 创建有界平面。使用"曲面"工具条上的"有界平面"功能 ，选择曲面的边缘,创建两处有界平面,如图 7-125 所示。

㉞ 拉伸片体。使用"特征"工具条上的"拉伸"功能 ▥，选择如图 7－126 所示的边缘作为拉伸曲线，拉伸距离设置为 16，创建拉伸片体。

㉟ 创建有界平面。使用"曲面"工具条上的"有界平面"功能，在刚刚创建的拉伸片体端点处创建有界平面，如图 7－127 所示。

㊱ 缝合。使用"特征"工具条上的"缝合"功能 ▥，缝合所有的片体，如图 7－128 所示。

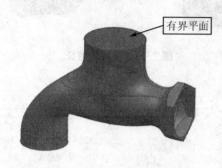

图 7－125　有界平面

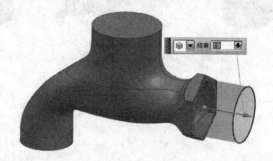

图 7－126　拉伸片体

图 7－127　有界平面

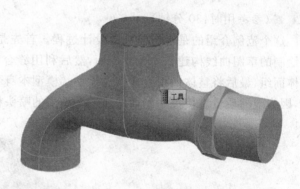

图 7－128　缝合片体

㊲ 抽壳。使用"特征"工具条上的"抽壳"功能 ▥，类型选择"移除面，然后抽壳"，然后选择 3 处要移除的面，抽壳厚度设置为 2，抽壳结果如图 7－129 所示。

㊳ 螺纹特征。使用"建模"工具条上的"螺纹"功能 ▥，单击如图 7－130 所示的曲面，"类型"设置为"详细"。结果如图 7－131 所示。

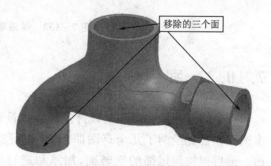

图 7－129　抽壳特征

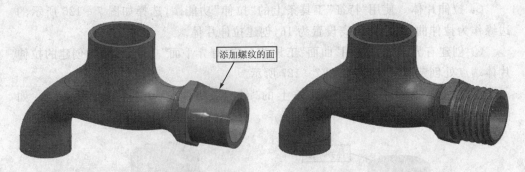

图 7-130　添加螺纹的面　　　　　　图 7-131　螺纹特征

7.10　综合案例五：淋浴喷头造型

7.10.1　案例预览

✹（参考用时：30 分钟）

　　这个范例介绍的是淋浴喷头的设计过程。首先是绘制一系列的草图曲线，再利用绘制的草图曲线构建几个独立的面，然后利用缝合等工具将独立的曲面变成一个整体面组，最后将整体面组变成实体模型。模型本身不是很难，关键是对曲线进行调节，因为线的质量直接关系到面的质量。淋浴的喷头模型如图 7-132 所示。

图 7-132　淋浴喷头效果图

7.10.2　案例分析

　　本节将介绍淋浴喷头的设计过程。在设计过程中，将体现出一个曲面绘制的基本流程。首先绘制了几个草图曲线，并进行打断处理，然后将草图轮廓进行网格铺面。最后再构建尾部的回转面，加厚和进行倒角处理。具体设计流程如图 7-133所示。

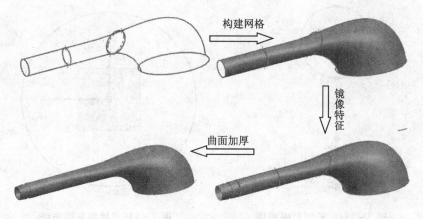

图 7-133   设计流程

7.10.3   设计步骤

1. 新建零件文件

✻(参考用时:1 分钟)

① 在桌面上双击 UG 快捷方式图标进入基本环境。然后选择"文件"→"新建"菜单项,给新文件指定路径和文件名,单击"确定"按钮。

② 在工具条中选择"开始"→"建模"选项,或者使用"Ctrl+M"组合快捷键,切换到建模模式。

2. 淋浴喷头外形设计

✻(参考用时:29 分钟)

① 构建基准平面。单击"特征"工具条上的"基准平面"按钮,在弹出对话框的"类型"中选择 YC-ZC 平面,距离设置为-225。

② 绘制草图曲线 1。单击"特征"工具条上的"任务环境中的草图"按钮,选择刚刚创建的基准平面为草绘平面,其他的使用默认的设置,单击"确定"按钮,进入草绘环境。单击"草图工具"上的"圆"按钮,圆心设置为(0,50),直径设置为 25,绘制完后,单击"草图工具"上的"分割曲线"选项,使用上下的象限点,将圆分为左右两部分,如图 7-134 所示。

③ 绘制草图曲线 2。单击"任务环境中的草图"按钮,选择 XC-YC 作为草绘平面,接受系统默认的方向,进入草绘环境。使用"草图工具"上的"圆"按钮,输入原点的坐标值为(0,0),直径输入 100。创建完圆后,使用左右的象限点,将圆分割为上下两部分,如图 7-135 所示。

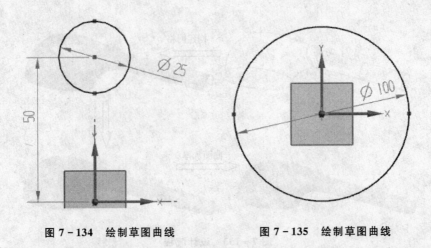

图 7 - 134　绘制草图曲线　　　　　　图 7 - 135　绘制草图曲线

④ 绘制草图曲线 3。单击"任务环境中的草图"按钮品，选择 XC - ZC 为草绘平面，其余的按照默认的设置，进入草绘环境，首先绘制如图 7 - 136 所示的草图曲线，然后单击"艺术样条"按钮，如图 7 - 137 所示构建艺术样条曲线。使用"分析"→"曲线"→"曲率梳"命令，再对样条进行微调，曲率梳效果如图 7 - 138 所示。

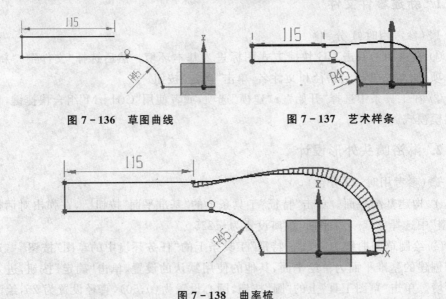

图 7 - 136　草图曲线　　　　　　　　图 7 - 137　艺术样条

图 7 - 138　曲率梳

⑤ 构建基准平面 2。单击"特征"工具条上的"基准平面"按钮，在弹出对话框的"类型"中选择"YC - ZC"平面，"距离"中输入－160。单击"确定"按钮，完成创建。

⑥ 绘制草图曲线 4。在刚刚构建的基准平面上构建草图曲线，首先单击"草图"工具条上的"交点"按钮，构造两个曲线与草绘平面的交点。注意一次只能选择一个曲线。然后使用"3 点圆弧"命令，选择两个交点和任意一点构建一个圆，再将圆心

约束在 Y 轴上即可。此曲线也要用上下两个象限点来把圆分为左右两个部分。如图 7 - 139 所示。

⑦ 构建基准平面 3。单击"特征"工具条上的"基准平面"按钮◻，使用图 7 - 136 所示草图曲线，上部直线的右端点和圆弧的左端点来构建"类型"为"曲线和点"的基准平面，如图 7 - 140 所示。使用"移动对象"命令，选择刚刚创建的基准平面为移动对象，设置"运动"为"角度"，矢量为 Y 轴，指定点为面与线的交点，设置角度为 20 度。单击"复制原先的"选项，创建基准平面 3，如图 7 - 141 所示。

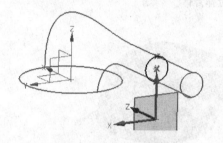

图 7 - 139　草图曲线

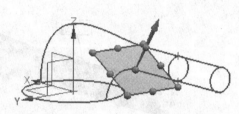

图 7 - 140　构建基准平面

⑧ 绘制草图曲线 5。在刚刚创建的基准平面 3 上构建草图曲线，进入草图环境后，首先单击"草图"工具条上的"交点"按钮⬚，构造两个曲线与草绘平面的交点。然后使用"3 点圆弧"命令，选择两个交点和任意一点构建一个圆，再将圆心约束在 X 轴上即可。将这个圆设置为"参考对象"。绘制椭圆，椭圆的中心选择圆的中心，长半轴设置为 25，短半轴设置为 20，然后设置椭圆与圆相切约束。设置完后，将椭圆分割为左右两部分，完成草图的创建。如图 7 - 142 所示。

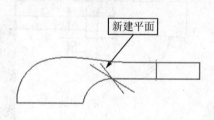

图 7 - 141　基准平面 3

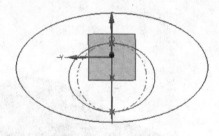

图 7 - 142　草图曲线 5

⑨ 创建拉伸片体。单击"特征"工具条上的"拉伸"按钮⬚，创建如图 7 - 143 所示的片体，拉伸距离设置为 10。

⑩ 创建网格曲面。单击"曲面"工具条上的"通过曲线网格"按钮⬚，注意与拉伸面的相切约束。创建网格曲面如图 7 - 144 所示。

⑪ 镜像网格面。单击"建模"工具条上的"镜像特征"命令⬚，"平面"选择"XC - ZC"，单击"确定"选项，创建镜像特征如图 7 - 145 所示。

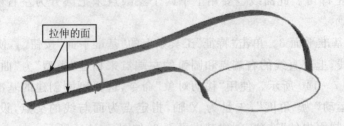

图 7-143　拉伸片体

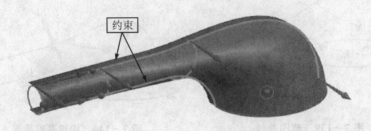

图 7-144　创建网格曲面

⑫ 做尾部回转特征。单击"特征"工具条上的"回转"按钮，先在 XC-ZC 平面绘制草图如图 7-146 所示。使用 X 轴作为回转轴，回转角度为 360，设置"体类型"为"片体"，创建的回转特征如图 7-147 所示。

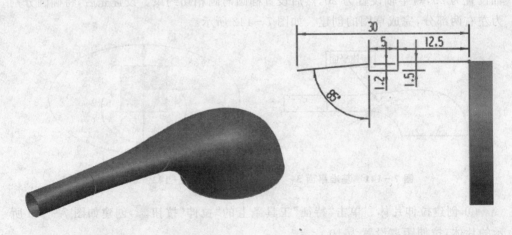

图 7-145　镜像网格面　　　　　　　图 7-146　回转草图

⑬ 缝合曲面。使用"特征"工具条上的"缝合"命令对以上所有的曲面进行缝合。

⑭ 加厚曲面。单击"建模"工具条上的"加厚"按钮，将曲面向内加厚 2.5。隐藏所有片体、点和曲线，结果如图 7-148 所示。

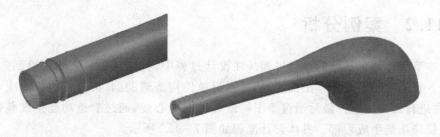

图 7 - 147　回转体　　　　　　图 7 - 148　加厚曲面

⑮ 边倒圆。单击"建模"工具条上的"边倒圆"按钮，按照图 7 - 149 所示，对边进行倒圆，设置值为 0.5。设计完毕，结果如图 7 - 150 所示。

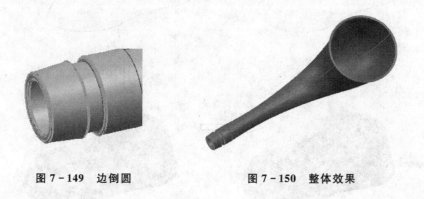

图 7 - 149　边倒圆　　　　　　图 7 - 150　整体效果

7.11　综合案例六：玩具鞋造型

7.11.1　案例预览

✿（参考用时：30 分钟）

这个范例介绍的是玩具鞋的设计过程。首先是绘制一系列的草图曲线，再利用绘制的草图曲线构建几个辅助的面，然后添加辅助线，做网格曲面，添加镜像特征，最后缝合成为实体，做一下细节特征。玩具鞋的模型如图 7 - 151 所示。

图 7 - 151　玩具鞋效果图

7.11.2　案例分析

本节将介绍玩具鞋的设计过程。在设计过程中,将体现出一个曲面绘制的基本流程。首先绘制了几个草图曲线,然后通过拉伸构造辅助面,再进行桥接曲线,修剪面,在进行网格构造。最后通过草图构造鞋带的中心线,通过管道功能生成鞋带,再通过拉伸功能生成舌部。具体设计流程如图 7 - 152 所示。

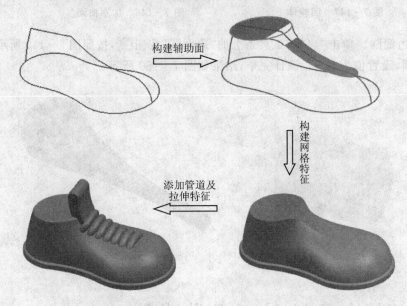

图 7 - 152　设计流程图

7.11.3　设计步骤

1. 新建零件文件

❈(参考用时:1 分钟)

① 在桌面上双击 UG 快捷方式图标进入基本环境,然后选择"文件"→"新建"菜单项,给新文件指定路径和文件名,单击"确定"按钮。

② 在工具条中选择"开始"→"建模"选项,或者使用"Ctrl+M"组合快捷键,切换到建模模式。

2. 玩具鞋外形设计

❈(参考用时:29 分钟)

① 绘制草图 1。单击"任务环境中的草图"按钮🔲,选择 X - Y 平面,绘制草图如图 7 - 153 所示。

② 绘制草图 2。单击"任务环境中的草图"按钮🔲,选择 X - Z 平面,绘制草图如图 7 - 154 所示,注意约束草图的端点在草图 1 上。

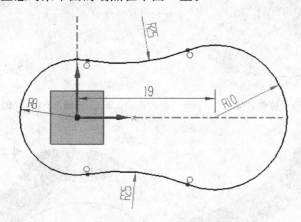

图 7 - 153　草图曲线 1

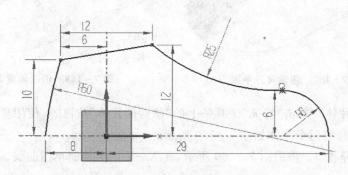

图 7 - 154　草图曲线 2

③ 拉伸片体。单击"特征"工具条上的"拉伸"按钮🔲,按照图 7 - 155 所示(注意选中"单条曲线"选项)设置对称拉伸,拉伸距离为 4,其余按照系统默认设置,创建拉伸片体。

④ 绘制圆。单击"曲线"工具条上的"基本曲线"按钮🔲,使用圆弧功能🔲,去掉"线串模式"选项,单击"整圆"按钮,选择"起点,终点,圆弧上的点",如图 7 - 156 所示。

⑤ 创建有界平面。单击"曲面"工具条上的"有界平面"按钮🔲,将刚刚创建的圆创建有界平面,如图 7 - 157 所示。

⑥ 创建面上的偏置曲线。单击"曲线"工具条上的"面中的偏置曲线"功能🔲,在圆面上创建偏置距离为 1 的偏置曲线,在拉伸面上创建偏置距离为 3 的偏置曲线。如图 7 - 158 所示。

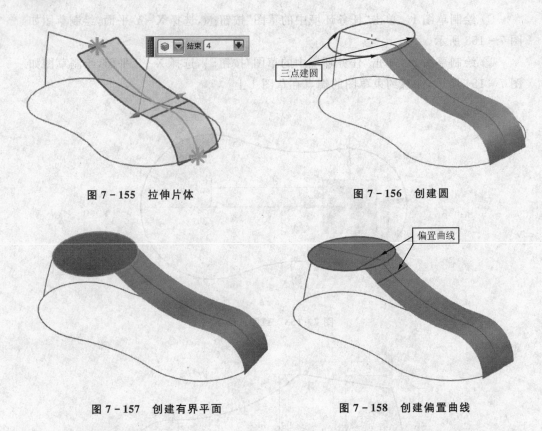

图 7 - 155　拉伸片体　　　　　　　图 7 - 156　创建圆

图 7 - 157　创建有界平面　　　　　图 7 - 158　创建偏置曲线

⑦ 修剪片体。单击"特征"工具条上的"修剪的片体"按钮，使用步骤⑥中创建的偏置曲线，修剪两个片体如图 7 - 159 所示。

⑧ 绘制草图 3。按照图 7 - 160 所示，在 X - Y 面上绘制草图曲线。

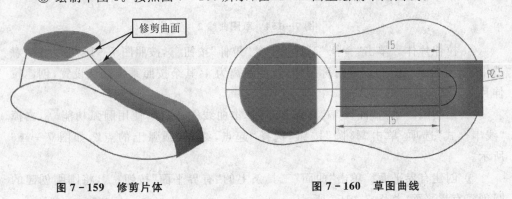

图 7 - 159　修剪片体　　　　　　　图 7 - 160　草图曲线

⑨ 修剪片体。单击"特征"工具条上的"修剪的片体"按钮，使用刚刚绘制的草图 3，修剪拉伸片体，注意要沿矢量轴 Z 轴来修剪，如图 7 - 161 所示。

⑩ 使用 Ctrl＋B 组合键，隐藏不需要的曲线，如图 7 - 162 所示。

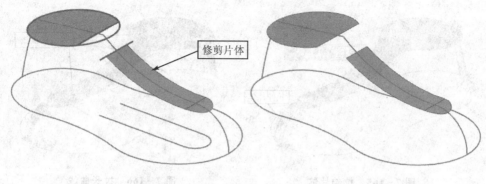

图 7 - 161　修剪片体　　　　　　　　　　　图 7 - 162　隐藏曲线

⑪ 创建桥接曲线。单击"曲线"工具条上的"桥接曲线"按钮 ，创建桥接曲线如图 7 - 163 所示。同样的方法创建另外一侧的曲线。

⑫ 创建网格曲面。单击"曲面"工具条上的"通过曲线网格"按钮 ，使用刚刚创建的桥接曲线和片体的边缘创建网格曲面如图 7 - 164 所示，注意与两个边的相切约束。

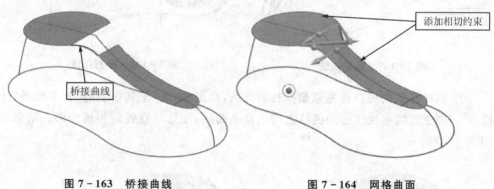

图 7 - 163　桥接曲线　　　　　　　　　　图 7 - 164　网格曲面

⑬ 创建拉伸片体。单击"特征"工具条上的"拉伸"按钮 ，按照图 7 - 165 所示创建拉伸片体，拉伸距离设置为 2。

⑭ 拉长曲线。单击"编辑曲线"工具条上的"曲线长度"按钮 ，按照图 7 - 166 所示拉长曲线，曲线的长度要长于草图 1 的曲线。

⑮ 抽取曲线。单击"建模"工具条上的"复合曲线"按钮 ，提取草图曲线 1，并设置"隐藏原先的"选项，如图 7 - 167 所示（线条颜色变化）。

⑯ 分割曲线。单击"编辑曲线"工具条上的"分割曲线"按钮 ，将视图摆正到与 X - Y 平面平齐，用延长的曲线将抽取的曲线进行分割，分割结果如图 7 - 168 所示。

⑰ 创建直线。单击"曲线"工具条上的"直线"按钮 ，在断点处创建沿 Z 轴负向的直线，如图 7 - 169 所示。

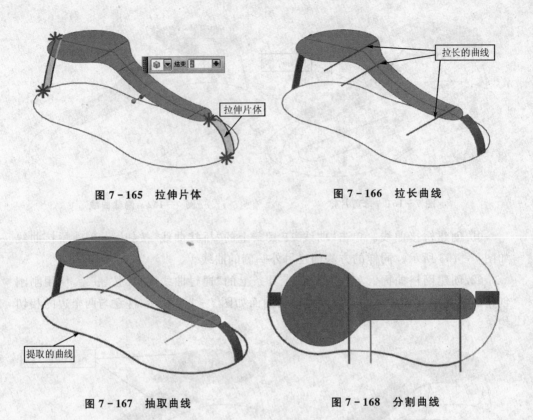

图 7－165　拉伸片体　　　　　　图 7－166　拉长曲线

图 7－167　抽取曲线　　　　　　图 7－168　分割曲线

⑱ 创建样条曲线。首先隐藏拉长的曲线，单击"曲线"工具条上的"艺术样条"按钮 。创建直线和片体上的曲线之间的样条曲线，注意与直线的相切约束。结果如图 7－170 所示。

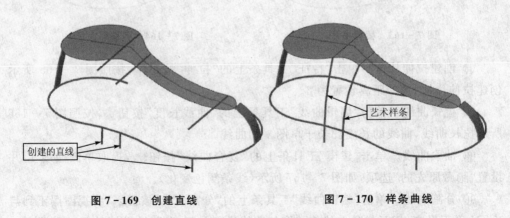

图 7－169　创建直线　　　　　　图 7－170　样条曲线

⑲ 创建桥接曲线。单击"曲线"工具条上的"桥接曲线"按钮 ，在最后一个直线和头部的曲线之间创建桥接曲线，如图 7－171 所示。

⑳ 创建曲线网格 1。单击"曲面"工具条上的"通过曲线网格"按钮，按照图 7-172 所示，创建曲线网格 1，不需要添加任何约束。

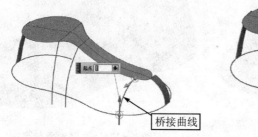

图 7-171　创建桥接曲线　　　　　　图 7-172　创建网格曲面 1

㉑ 创建曲线网格 2。单击"曲面"工具条上的"通过曲线网格"按钮，按照图 7-173 所示，创建曲线网格 2，添加与拉伸面和刚刚创建的网格曲面的约束。

㉒ 创建曲线网格 3。单击"曲面"工具条上的"通过曲线网格"按钮，按照图 7-174 所示，创建曲线网格 3，添加与拉伸面和原先的曲面的约束关系。

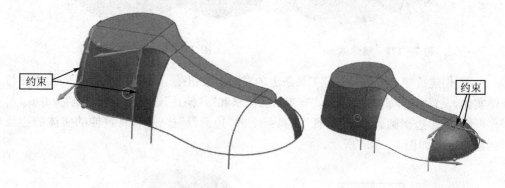

图 7-173　创建网格曲面 2　　　　　　图 7-174　创建网格曲面 3

㉓ 创建曲线网格 4。单击"曲面"工具条上的"通过曲线网格"按钮，按照图 7-175 所示，创建曲线网格 4，添加与三个面的相切约束。

㉔ 隐藏不需要的显示对象，如图 7-176 所示。

㉕ 镜像体。单击"特征"工具条上的"镜像体"按钮，将刚刚创建的 4 个网格面，以 X-Z 面为镜像面，创建镜像体。结果如图 7-177 所示。

㉖ 创建有界平面。单击"曲面"工具条上的"有界平面"按钮，按照图 7-178 所示，创建有界平面。

㉗ 缝合片体。单击"特征"工具条上的"缝合"按钮，将创建的所有的片体都缝合起来。

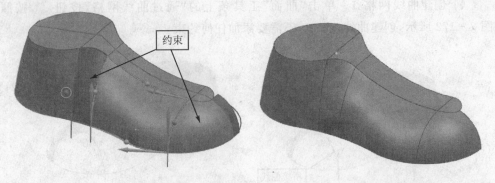

图7-175 创建曲线网格4　　　　　　　　图7-176 隐藏对象结果

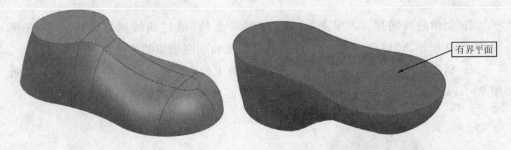

图7-177 镜像体　　　　　　　　　　图7-178 创建有界平面

㉘ 创建拉伸。单击"特征"工具条上的"拉伸"按钮,按照图7-179所示,创建拉伸实体,设置"拉伸距离"为1.5,"布尔"选择"求和","偏置"选择"单侧","值"为0.6。

㉙ 创建边倒圆。单击"特征"工具条上的"边倒圆"按钮,将拉伸的实体的边缘创建边倒圆如图7-180所示。

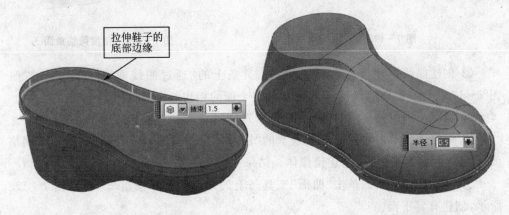

图7-179 拉伸实体　　　　　　　　　图7-180 创建边倒圆

㉚ 绘制草图。单击"特征"工具条上的"任务环境中的草图"按钮,在距离

Y-Z平面20处(如图7-181所示)创建草图曲线如图7-182所示。

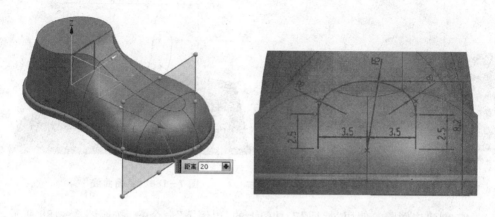

图7-181　草绘平面　　　　　　　　图7-182　草图曲线4

　　㉛ 创建管道特征。单击"曲面"工具条上的"管道"按钮 ，选择步骤㉚创建的草图,创建外径为2的管道特征,如图7-183所示。

　　㉜ 创建阵列特征。使用"特征"工具条上的"实例几何体"命令 ，"类型"选项选择"沿路径","要生成实例的几何特征"选择刚刚创建的管道,"路径"选择"草图曲线"的部分线段,如图7-184所示。其中,阵列的参数设置如图7-185所示。

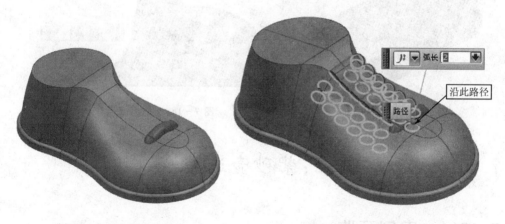

图7-183　管道特征　　　　　　　　图7-184　阵列特征

　　㉝ 创建拉伸特征。使用"特征"工具条上的"拉伸"功能 ,首先在X-Z平面绘制如图7-186所示截面草图。设置拉伸为"对称值",拉伸"距离"设置为4,"布尔"选项选择"求和"。拉伸结果如图7-187所示。

　　㉞ 求和操作。使用"特征"工具条上的"求和"命令 ,将所有实体进行求和操作。

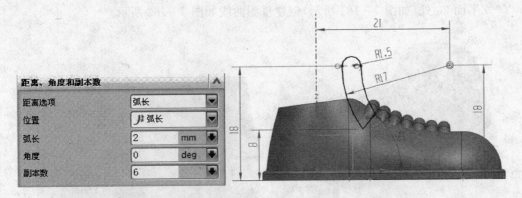

距离、角度和副本数	
距离选项	弧长
位置	弧长
弧长	2 mm
角度	0 deg
副本数	6

图 7 - 185　阵列参数设置　　　　　　　图 7 - 186　草图曲线

　　㉟ 创建边倒圆。使用"特征"工具条上的"边倒圆"命令，按照图 7 - 188 所示，创建边倒圆操作。

　　㊱ 编辑对象显示。使用"使用工具"工具条上的"编辑对象显示"命令，编辑实体的颜色 ID 为 125 的棕色。其结果如图 7 - 151 所示。

图 7 - 187　拉伸效果　　　　　　　图 7 - 188　边倒圆操作

7.12　综合案例七：紫砂壶造型

7.12.1　案例预览

　　☀(参考用时：40 分钟)

　　这个范例介绍的是紫砂壶的设计过程。考虑到此造型较难，作者已构造好部分曲线，以减轻难度。在建模的过程中，需要大量的桥接曲线、构建网格和修剪曲面。壶体分为两部分，壶身和壶盖。我们将在一个 part 中分别创建，创建好的模型如图 7 - 189 所示。

图 7 - 189　紫砂壶效果图

7.12.2　案例分析

　　本节将介绍紫砂壶的设计过程。在设计过程中,将体现出一个曲面绘制的基本流程。首先使用构造好的辅助线进行铺面,然后对曲面进行修剪,重复使用网格和修剪命令进行构面,再进行特征体的镜像。最后进行壶盖特征的添加。具体设计流程如图 7 - 190 所示。

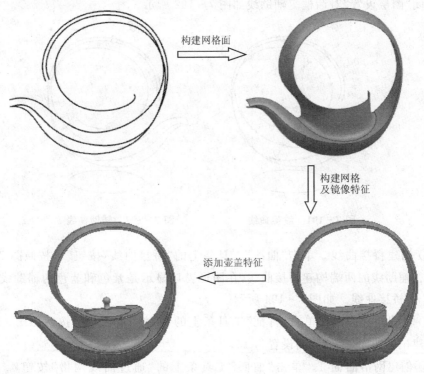

构建网格面

构建网格
及镜像特征

添加壶盖特征

图 7 - 190　设计流程图

7.12.3　设计步骤

1. 新建零件文件

✺(参考用时:1 分钟)

① 在桌面上双击 UG 快捷方式图标进入基本环境,然后选择"文件"→"新建"菜单项,给新文件指定路径和文件名,单击"确定"按钮。

② 在工具条中选择"开始"→"建模"选项,或者使用"Ctrl+M"组合快捷键,切换到建模模式。

2. 紫砂壶外形设计

✺(参考用时:29 分钟)

① 打开本书所附光盘中的"实例源文件/第 7 章/紫砂壶曲线"文件,如图 7-191 所示。

② 调出辅助曲线。单击"图层设置"按钮▤,勾选 240 和 242 层。单击"关闭"按钮,关闭"图层设置"对话框。辅助线如图 7-192 所示。

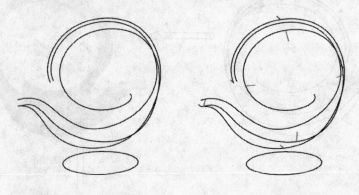

图 7-191　线架曲线　　　　图 7-192　辅助曲线

③ 构建桥接曲线。单击"曲线"工具条上的"桥接曲线"按钮🖊,按照图 7-193 所示,在辅助线的两端构建桥接曲线,在图形窗口显示是紫色和蓝色的辅助线,依次构建 5 条桥接曲线。如图 7-194 所示。

④ 创建拉伸曲面。单击"特征"工具条上的"拉伸"按钮▥,按照图 7-195 所示,构建拉伸曲面,拉伸距离设置为 15。

⑤ 创建网格曲面 1。单击"曲面"工具条上的"通过曲线网格"按钮▨,按照图 7-196 所示,创建网格曲面,注意与拉伸曲面的相切约束。

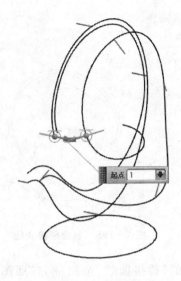

图 7－193 桥接曲线

图 7－194 5 条桥接曲线

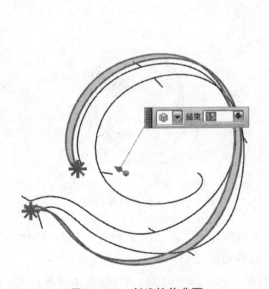

图 7－195 创建拉伸曲面

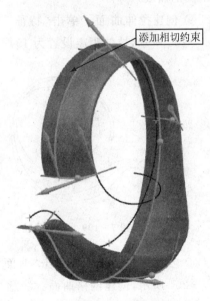

图 7－196 创建曲线网格

⑥ 调出辅助曲线。打开"图层设置"选项 ，关闭 240 和 242 层，打开 241 和 243 层，如图 7－197 所示。

⑦ 隐藏曲线。使用 Ctrl＋B 组合键隐藏创建的拉伸曲面和网格曲面及创建的桥接曲线，如图 7－198 所示。

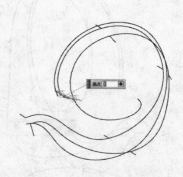

图 7 - 197　辅助曲线　　　　　　　　　图 7 - 198　创建桥接曲线

⑧ 创建桥接曲线。单击"曲线"工具条上的"桥接曲线"按钮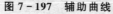，按照图 7 - 198 所示，创建黑色辅助线之间的桥接曲线，创建结果如图 7 - 199 所示（注意这次创建的是内圈的曲线）。

⑨ 创建拉伸曲面。单击"特征"工具条上的"拉伸"按钮■，创建拉伸曲面如图 7 - 200 所示，拉伸距离设置为 15。

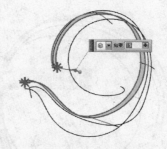

图 7 - 199　桥接曲线　　　　　　　　　图 7 - 200　创建拉伸曲面

⑩ 创建网格曲面 2。单击"曲面"工具条上的"通过网格曲线"按钮■，按照图 7 - 201 所示，创建网格曲面。注意与拉伸面的相切约束。

⑪ 关闭图层。单击"图层设置"按钮■，关闭 241 和 243 层，隐藏不需要的显示对象，并调出网格曲面 2，如图 7 - 202 所示。

⑫ 创建拉伸曲面。单击"特征"工具条上的"拉伸"按钮■，拉伸底部的圆弧，拉伸距离设置为 120，类型设置为片体。如图 7 - 203 所示。

⑬ 修剪片体。单击"特征"工具条上的"修剪片体"按钮■，使用步骤⑫拉伸的曲线，修剪网格曲面如图 7 - 204 所示。

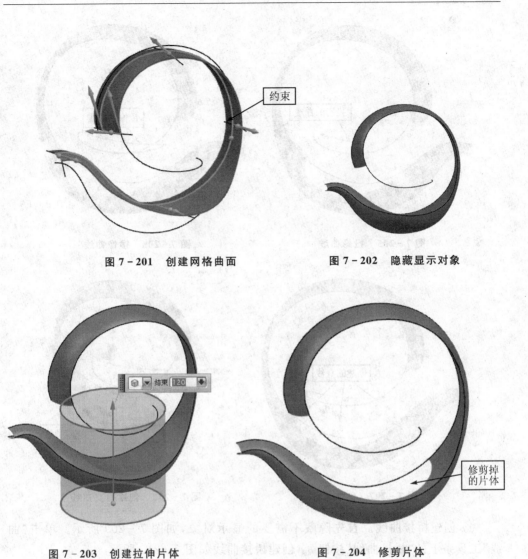

图 7 - 201　创建网格曲面　　　　　　　　图 7 - 202　隐藏显示对象

图 7 - 203　创建拉伸片体　　　　　　　　图 7 - 204　修剪片体

⑭ 创建投影曲线。单击"曲线"工具条上的"投影曲线"按钮 ，按照图 7 - 205
所示，将曲线投影到 X - Y 平面，输入曲线保持显示。

⑮ 镜像曲线。单击"曲线"工具条上的"镜像曲线"按钮 ，按照图 7 - 206 所示，
使用 Y - Z 平面，创建镜像曲线。

⑯ 创建直线。单击"曲线"工具条上的"直线"按钮 ，按照图 7 - 207 所示，创建
沿 Y 轴负向的三条直线。直线长度从左往右依次是 18、30、30。

⑰ 创建相交曲线。单击"曲线"工具条上的"相交曲线"按钮 ，创建曲面与
Y - Z 平面的交线，如图 7 - 208 所示。

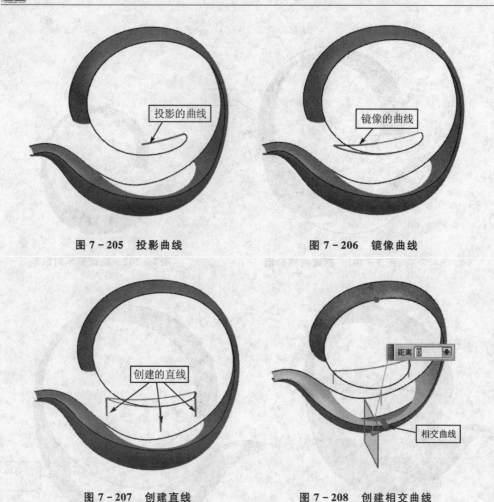

图 7-205　投影曲线　　　　　　　　图 7-206　镜像曲线

图 7-207　创建直线　　　　　　　　图 7-208　创建相交曲线

⑱ 创建桥接曲线。首先隐藏不需要的显示对象,如图 7-209 所示。单击"曲线"工具条上的"桥接曲线"按钮 ,创建桥接曲线如图 7-210 所示。

⑲ 创建网格曲面。单击"曲面"工具条上的"通过曲线网格"按钮 ,按照图 7-211 所示,创建曲线网格,注意与面的相切约束(如果提示线串不相交,可以抽取出边曲线,再进行网格构造)。

⑳ 绘制草图。单击"特征"工具条上的"任务环境中的草图"按钮 ,在 Y-Z 平面构建草图如图 7-212 所示,此草图是由艺术样条构建的,在此只约束端点的值,大体形状相符即可。

㉑ 拉伸片体。单击"特征"工具条上的"拉伸"按钮 ,选择上一步创建的草图作为拉伸对象,设置拉伸方向为 Z 轴,拉伸距离设置为 70。结果如图 7-213 所示。

㉒ 修剪片体。单击"特征"工具条上"修剪片体"按钮 ,修剪的刚刚创建的片体,按照图 7-214 所示,修剪片体。

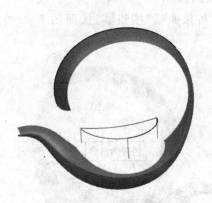

图 7 - 209　隐藏不需要的曲线

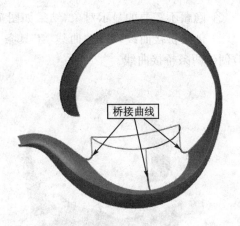

桥接曲线

图 7 - 210　桥接曲线

图 7 - 211　构建网格曲面

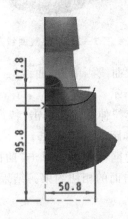

图 7 - 212　草图曲线

结束 70

图 7 - 213　拉伸片体

图 7 - 214　修剪片体

㉓ 隐藏不需要的显示对象,结果如图 7 - 215 所示。

㉔ 创建桥接曲线,单击"曲线"工具条上"桥接曲线"按钮 ,按照图 7 - 216 所示,创建两条桥接曲线。

图 7 - 215   隐藏曲线

图 7 - 216   桥接曲线

㉕ 抽取曲线。单击"曲线"工具条上的"抽取曲线"按钮 ,抽取片体边缘,如图 7 - 217 所示。

㉖ 创建拉伸片体。单击"特征"工具条上的"拉伸"按钮 ,将对称面上的桥接曲线拉伸,拉伸距离设置为 15。

㉗ 创建网格曲面。单击"曲面"工具条上的"通过曲线网格"按钮 ,创建四边网格,注意与面的相切约束。结果如图 7 - 218 所示。

图 7 - 217   抽取曲线

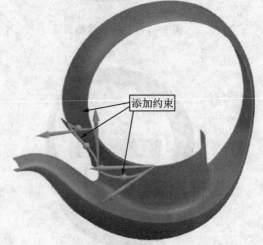

图 7 - 218   创建网格曲面

㉘ 创建桥接曲线。单击"显示"按钮 ,调出步骤⑭创建的投影曲线,按照

图 7 - 219 所示,使用"曲线"工具条上的"桥接曲线"命令,创建桥接曲线。

㉙ 创建拉伸片体。单击"特征"工具条上的"拉伸"按钮,按照图 7 - 220 所示,创建拉伸片体,拉伸距离设置为 15。

图 7 - 219　桥接曲线

图 7 - 220　拉伸片体

㉚ 构建网格曲面。单击"通过曲线网格"按钮,主曲线选择一个点和一条线,交叉曲线选择两条线来创建曲面,注意与拉伸曲面之间的相切约束。结果如图 7 - 221 所示。

㉛ 创建面上的曲线。单击"曲线"工具条上的"曲面上的曲线"按钮,在刚刚创建的网格曲面上创建曲线如图 7 - 222 所示(分两次创建)。

图 7 - 221　创建曲线网格

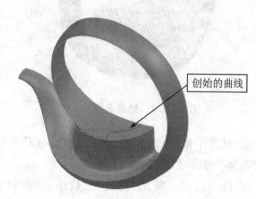

图 7 - 222　曲面上的曲线

㉜ 修剪片体。单击"特征"工具条上的"修剪片体"按钮,使用刚刚创建的曲线,修剪网格曲面,结果如图 7 - 223 所示。

㉝ 创建网格曲面。将刚刚修剪的曲面通过使用"通过曲线网格"功能补齐,注意与各个面的相切约束。如图 7 - 224 所示。

图 7-223　修剪片体　　　　　　　　　图 7-224　创建网格曲面

㉞ 镜像体。首先隐藏不需要的显示对象,如图 7-225 所示。单击"特征"工具条上的"镜像体"按钮，用 X-Y 平面镜像所有对象,结果如图 7-226 所示。

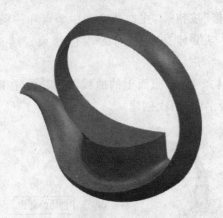

图 7-225　隐藏曲线　　　　　　　　　图 7-226　镜像体

㉟ 有界平面。使用"曲面"工具条上的"有界平面"功能，以壶嘴处的封闭曲线创建有界平面。如图 7-227 所示。

㊱ 缝合曲面。使用"特征"工具条上的"缝合"功能，将所有片体进行缝合,创建实体。

㊲ 边倒圆。使用"特征"工具条上的"边倒圆"功能，按照图 7-228 所示,创建边倒圆,设置半径为 2。

㊳ 抽壳。单击"特征"工具条上的"抽壳"按钮，选择"类型"为"移除面,然后抽壳",在壶嘴处单击要移除的面,按照图 7-229 所示,创建抽壳体。

㊴ 创建拉伸。单击"特征"工具条上的"拉伸"按钮，首先在 X-Z 平面绘制草

图曲线如图 7－230 所示。沿 Y 轴拉伸,开始设置为 107,结束设置为 118。"布尔"操作选择"无"选项。结果如图 7－231 所示。

图 7－227　有界平面

图 7－228　边倒圆

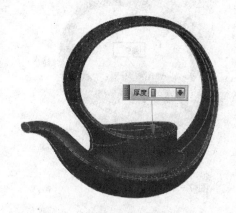

图 7－229　抽壳体

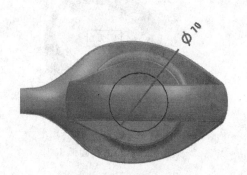

图 7－230　草图曲线

　　⑩ 求差操作。单击"特征"工具条上的"求差"按钮, 用拉伸的实体修剪壶体,注意一定要勾选"保存工具"复选框。

　　⑪ 创建截面曲线。单击"曲线"工具条上的"截面曲线"按钮, 创建曲面与 Y－Z 平面的相交曲线(此线也可以用相交曲线来做)。结果如图 7－232 所示。

　　⑫ 创建圆弧 1。隐藏拉伸体,单击"曲线"工具条上的"三点圆弧"按钮, 创建圆弧如图 7－233 所示,半径大约在 160 左右。

　　⑬ 创建圆弧 2。调整坐标系,使之绕 Y 轴旋转 90 度。再次单击"曲线"工具条上的"圆弧"按钮, 构建圆弧,半径大约在 80 左右,要注意中点一定要在圆弧 1 上。如图 7－234 所示。

　　⑭ 创建拉伸片体。单击"特征"工具条上的"拉伸"按钮, 将圆弧 2 沿－Z 轴拉伸,拉伸距离设置为 15。如图 7－235 所示。

图 7 - 231　拉伸实体

图 7 - 232　截面曲线

图 7 - 233　创建圆弧 1

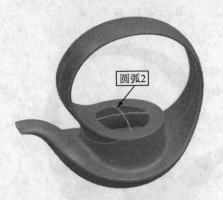

图 7 - 234　创建圆弧 2

㊺ 创建网格曲面。单击"曲面"工具条上的"通过曲线网格"按钮，按照图 7 - 236 所示，创建网格曲面。

图 7 - 235　创建拉伸片体

图 7 - 236　创建曲线网格

㊻ 镜像体。隐藏不需要的显示对象,单击"特征"工具条上的"镜像体"按钮 ⎙,将刚刚创建的曲线网格,用 X－Y 面进行镜像特征操作。结果如图 7－237 所示。

㊼ 缝合曲面。单击"特征"工具条上的"缝合"按钮 ⎙,将两个片体进行缝合操作。

㊽ 进行修剪体操作。单击"特征"工具条上的"修剪体"按钮 ⎙,使用缝合的曲面,对拉伸体进行修剪操作,如图 7－238 所示。

图 7－237　镜像体

图 7－238　修剪体操作

㊾ 创建回转体。单击"特征"工具条上的"回转"按钮 ⎙,在 X－Y 平面创建回转截面如图 7－239 所示。创建回转实体,并与实体求和,结果如图 7－240 所示。

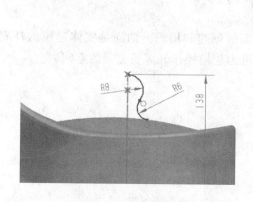

图 7－239　创建回转截面

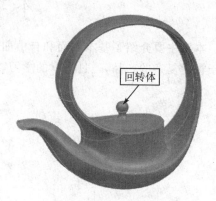

图 7－240　创建回转体

㊿ 编辑对象显示。隐藏所有不需要显示的对象,单击"实用工具"工具条上的"编辑对象显示"按钮 ⎙,将体的颜色设置为:ID 为 125 的 Brown。创建的紫砂壶结果如图 7－241 所示。

图 7 - 241 茶壶效果图

课后练习

1. 在 UG NX 中常用的创建基本曲面的方法有哪些?
2. 分析通过曲线网格创建曲面与通过曲线组和直纹面的异同。
3. 通过曲线组创建曲面时需要注意什么?
4. 通过截型体创建曲面共有多少种方式? 与桥接创建曲面有何区别?

本章小结

本章主要介绍了基本曲面和自由曲面的创建和编辑。曲面是实体建模的补充,用于构建复杂的产品,通过本章的学习,可为建模操作开辟更宽阔的空间。

第 8 章　装配建模

本章导读

　　UG NX 的装配是将组件通过组织、定位,组成具有一定功能的产品模型的过程,装配操作不是将组件复制到装配体中去,而是在装配件中对组件进行引用。一个零件可以被多个装配引用,也可以被一个装配体引用多次。当零件被修改时,装配部件也随之改变。通过 UG NX 软件,用户可以在计算机上进行"虚拟装配",以及对装配过程中所有的问题进行分析处理,便于对组件设计修改和调整,还可以根据已有部件进行产品关联设计,即自顶向下设计。

8.1　装配概述

8.1.1　装配概念

　　① 装配:表示一个产品的组件和子装配体的构成的集合,在 UG NX 中允许向一个 part 文件添加组件构成装配,因此任何 part 文件都可以作为装配文件。

　　② 子装配:是在高一级装配中被作为一个虚拟的零件来使用,它有自己的组件,由其他低级组件所组成。

　　③ 组件对象:组件对象是指向包含组件几何体的文件的非几何指针。在部件文件中定义组件后,该部件文件将拥有新的组件对象。此组件对象允许在装配中显示组件,而无须复制任何几何体。

　　④ 组件部件文件:组件部件是部件文件,由装配中的组件对象引用。组件部件中储存的几何体在装配中可见,但未被复制。

　　⑤ 组件事例:组件的事例是指向组件文件中几何体的指针。可使用组件事例创建对组件的一个或多个引用,而无须创建额外的几何体。

　　⑥ 选择组件:在使用要求选择组件的命令时,可通过以下方式进行选择。

　　• 选择图形窗口中的组件。

　　• 选择装配导航器中的相应节点。

　　• 对于特定的命令,可以从列表中选择组件名。

- 在根据名称选择框中键入组件名称,该框位于类选择对话框的其他选择方法组中。

⑦ 显示部件和工作部件:工作部件是一种部件,您可以在其中创建和编辑几何体,还可向其中添加组件。显示部件是一种在图形窗口中显示的部件。当显示部件是装配时,可以将工作部件更改为其任意组件,以下部件除外。

- 已卸载的部件。
- 使用显示部件中的不同单元所创建的部件。

当显示部件不是工作部件时,工作部件将默认为:

- 通过将其他组件更改为取消着重的颜色方案,进行着重处理。
- 更改为其整个部件引用集显示条件。

⑧ 主模型:主模型是一个部件文件,它是装配的唯一组件,其包含的数据通常来自一个下游应用模块。例如:

- 制图
- 加工
- 分析

主模型可以是:

- 包含几何体的零件文件。
- 装配文件,其中包含带几何体的零件文件。

主模型概念支持并行工程。多个主模型装配可以同时引用相同的几何体,而每个装配文件均由其各自的几何体所有。在主模型完成前,可以使用下游应用模块开始工作。由于应用模块数据同主模型中的几何体关联,因此部件会在主模型发生更改时更新。

⑨ 引用集:引用集是组件部件或子装配中对象的命名集合,且可用来简化较高级别装配中组件部件的表示。

⑩ 关联设计:关联设计是在几何体的其余部分可用的情况下创建或编辑组件几何体的功能。

- 可以在装配显示时更改工作部件。
- 有一组建模和表达式命令只能在装配显示时用于关联设计。

在编辑装配时,可以控制已加载组件和可见组件的数目。关联设计有时称为装配关联。如果在装配关联中工作时修改部件,我们将其称为关联设计。在其他 CAD 应用模块中,有时称为原位编辑。可以在装配的其余部分可见的情况下直接编辑组件几何体。正在编辑的部件始终为工作部件。工作部件可以为:

- 组件零件
- 组件子装配
- 显示部件

⑪ 自顶向下建模:这种装配建模方法为目前最为流行的设计方法之一,通过装

配对组件进行创建、设计和编辑,在装配中的所有修改都会反映到组件文件中,UG NX 是针对系统级、产品级来进行的 PDM 软件,自顶向下建模最能够反映这种思想,首先设计产品,然后根据产品设计零件。

⑫ 自底向上装配:首先设计单个零件,然后将这些零件添加到装配体中去。

⑬ 配对条件:装配过程中,确定某个零件的位置的约束条件。

8.1.2　装配预设置

装配预设置可以在装配之前,预先定义某些参数,以便于加快装配操作,减少重复设定参数的麻烦。

选择"首选项"→"装配"菜单项,弹出如图 8-1 所示的"装配首选项"对话框。

此对话框中部分选项的含义如下。

① "强调":选中该复选框,工作部件与非工作部件将用不同的颜色明显区分开来。

② "保持":选中该复选框,在更改显示的部件时保持以前的工作部件。如果在更改显示部件时未选中此复选框,则显示部件将成为工作部件。

③ "显示为整个部件":选中该复选框,当更改工作部件时,此选项临时将新工作部件的引用集更改为整个部件。如果系统操作引起工作部件发生变化,引用集则不发生变化。

④ "自动更改时警告":选中该复选框,当组件自动改变关系时,系统会发出警告提示,询问是否同意改变。

图 8-1　"装配首选项"对话框

⑤ "检查较新的模板部件版本":选中该复选框,确定加载操作是否检查,装配引用的部件族成员是否是由基于加载选项配置的该版本模板生成的。

此选项与"装配加载选项"对话框中的"生成缺失的部件族成员"交互。如果选择检查较新的模板部件版本和生成缺失的部件族成员,则最新的模板将用于缺失的部件。

检查较新的模板部件版本的初始设置由检查较新的模板部件版本用户默认设置来控制。具体操作是:选择"文件"→"实用工具"→"用户默认设置"菜单项,弹出"用户默认设置"对话框,在左侧列表中选择"装配"→"常规"选项,在右侧弹出的"杂项"选项卡中勾选"检查较新的模板部件版本"选项。

⑥"显示更新报告":选中该复选框,当加载装配后,自动显示更新报告。

⑦"拖放时警告":在装配导航器中拖动组件时,将出现一条警告消息。此消息通知哪个子装配将接收组件,以及可能丢失一些关联性,并让您接受或取消此操作。

⑧"展开时更新结构":控制在装配导航器中展开组件后,组件的结构是否基于直接子组件进行更新。

⑨"部件间复制":用于在装配中不同级别的组件之间创建装配约束,方法是自动创建一个指向在工作部件外部所选几何体的 WAVE 链接。然后,在工作部件内部组件上的几何体与 WAVE 链接特征之间创建约束。如果部件间复制复选框处于未选中状态,则只能从当前工作部件内的组件中选择几何体。

8.2 自底向上装配

操作过程:启动 UG NX 8.0 之后,单击"开始"→"装配"选项,弹出图 8 - 2 所示"装配"工具条,即可在建模状态下对产品进行装配。

图 8 - 2 "装配"工具条

装配建模过程是建立组件装配关系的过程,对于已存在的产品零件、标准件以及外购件可通过自底向上的设计方法建立装配模型。

基本思路:首先建立一个文件作为装配文件,然后建立与已存在的各组件之间的引用关系和相对位置关系。

8.2.1 添加组件

就是建立装配体与零件集合体之间的引用关系,将已设计好的几何组件添加到装配体中。

选择"装配"→"组件"→"添加组件"菜单项或单击"装配"工具条上的"添加组件"按钮，弹出如图 8 - 3 所示的"添加组件"对话框,所需文件如果已经打开,可以在"选择部件"对话框中的"选择已加载的部件"下的列表框内选择,否则可单击"打开"按钮，查找所需要的零件文件,单击"确定"按钮,将会弹出图 8 - 4 所示的"组件预览"窗口。

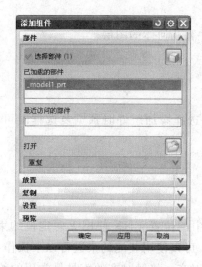

图 8-3　"添加组件"对话框

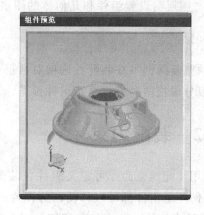

图 8-4　"组件预览"窗口

"添加组件"对话框中各选项的含义如下。

1. 放　置

确定引用零件的几何体在装配体中的位置,有"绝对原点"、"选择原点"、"通过约束"和"移动"4 种方式。

① "绝对原点":将组件放置在绝对点(0,0,0)上。

② "选择原点":将组件放置在所选的点上,将显示"点"对话框用于选择点。

③ "通过约束":在指定初始位置后,打开"装配约束"对话框。

④ "移动":在定义初始位置后,可移动已添加的组件。

"分散复选框":选中该复选框后,可自动将组件放置在各个位置,以使组件不重叠。

2. 复　制

多重添加:确定是否要添加多个组件实例:

① "无":仅添加一个组件实例。

② "添加后重复":允许立即添加一个新添加组件的另一个实例。如果要添加多个组件,则此选项不可用。

③ "添加后创建阵列":允许创建新添加组件的阵列。

3. 设　置

① "名称":将当前所选组件的名称设置为指定的名称。如果要添加多个组件,则此选项不可用。

② "引用集"：设置已添加组件的引用集。

③ "图层选项"：设置要向其中添加组件和几何体的图层。

④ "图层"：设置组件和几何体的图层。

4. 预　览

"预览复选框"：在装配首选项对话框中选择添加组件时预览复选框时可用。选中后，以分段视图的方式显示组件预览。

8.2.2　装配约束

使用装配约束命令可定义组件在装配中的位置。NX 使用无向定位约束，这意味着任何一组组件都可以移动以解算约束。可以使用装配约束进行以下操作：

① 约束组件。让它们互相接触或互相对齐。接触对齐约束是最常用的约束。

② 指定组件已固定到位。如果希望控制在软件求解约束时移动哪个组件，这会很有用。

③ 将两个或更多组件胶合在一起，以使它们一起移动。

④ 定义组件中所选对象之间的最短距离。

在"添加组件"操作中当"定位"设置为"通过约束"时，会弹出"装配约束"对话框，如图 8-5 所示，利用该对话框可以指定一个组件与其他组件之间的配对条件来定位组件。

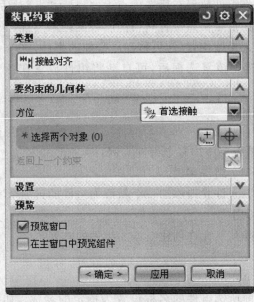

图 8-5　"装配约束"对话框

装配约束有 10 种类型,分别介绍如下。

(1) 接触对齐

接触对齐约束两个组件,使它们彼此接触或对齐。

注:接触对齐是最常用的约束。

(2) 同心

约束两个组件的圆形边或椭圆形边,以使中心重合,并使边的平面共面。

(3) 距离

指定两个对象之间的最小 3D 距离。

(4) 固定

将组件固定在其当前位置上。

注:在需要隐含的静止对象时,固定约束会很有用。如果没有固定的节点,整个装配可以自由移动。

(5) 平行

将两个对象的方向矢量定义为相互平行。

(6) 垂直

定义两个对象的方向矢量为互相垂直。

(7) 拟合

使具有等半径的两个圆柱面合起来。此约束对确定孔中销或螺栓的位置很有用。如果以后半径变为不等,则该约束无效。

(8) 胶合

将组件"焊接"在一起,使它们作为刚体移动。

注:胶合约束只能应用于组件,或组件和装配级的几何体。其他对象不可选。

(9) 中心

使一对对象之间的一个或两个对象居中,或使一对对象沿另一个对象居中。

(10) 角度

定义两个对象间的角度尺寸。

8.2.3 组件阵列

当装配模型中存在一些按照一定规律分布的相同的组件时,可先添加一个组件,然后通过组件阵列添加其他组件。使用创建组件阵列命令可以为装配中的组件创建命名的关联阵列。

选择"装配"→"组件"→"创建组件阵列"菜单项或单击"装配"工具条中的"创建阵列"按钮 ,弹出"类选择"对话框。选择需要阵列的组件后,单击"确定"按钮,弹出如图 8-6 所示的"创建组件阵列"对话框。在此对话框中,可以根据需要为组建阵列命名。阵列定义有 3 种方式。

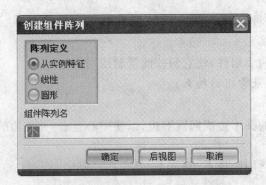

图 8-6 "创建组件阵列"对话框

1. 从实例特征

该方式根据特征引用集创建阵列,阵列组件根据与其配对的特征的引用集来创建阵列,并自动与之配对。如图 8-7 所示为利用"从实例特征"方式对螺钉进行阵列的一个实例。

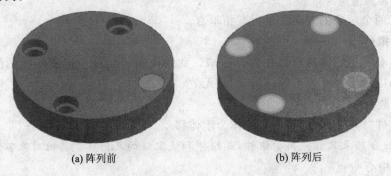

(a) 阵列前　　　　　　　　　　　(b) 阵列后

图 8-7 "从实例特征"阵列

2. 线　性

该方式根据指定的方向和参数创建组件,选择"线性"单选按钮后单击"确定"按钮,弹出如图 8-8 所示的"创建线性阵列"对话框,在"方向定义"选项中选择方向定义方式,然后指定 X 和 Y 方向,最后根据要求设置 X 和 Y 方向的阵列数目和偏置距离,单击"确定"按钮即可创建线性阵列。

3. 圆　形

该方式根据指定的阵列轴线创建环形阵列,选中"圆形"单选按钮,单击"确定"按钮,就会弹出如图 8-9 所示的"创建圆形阵列"对话框,在"轴定义"选项中选择轴线定义方式,然后选择相应的对象作为圆周阵列的轴线,最后设置阵列的总数和角度,单击"确定"按钮即可完成圆形阵列。

图 8-8　"创建线性阵列"对话框　　　　图 8-9　"创建圆形阵列"对话框

8.2.4　装配导航器

　　装配导航器在导航器窗口中,当进行装配时会显示在导航器的上端,以树状结构显示组件的装配结构,每个组件为一个显示节点。装配导航器提供了一些快捷的装配编辑功能,如改变工作部件、改变显示部件、显示、隐藏组件、替换引用集、删除组件和重定位组件等。

　　在资源导航器窗口,单击"装配导航器"按钮 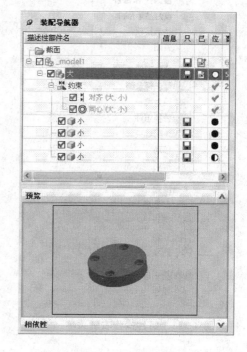,打开如图 8-10 所示的"装配导航器"对话框,在节点组件上右击,可通过弹出的快捷菜单对该组件进行操作,如图 8-11 所示,也可在导航器的空白处右击,对装配树进行操作,如图 8-12 所示。

图 8-10　装配导航器

　　装配导航器中图标的含义如下。

- :装配件或子装配件。如果图标为黄色,则表示该装配件在工作部件内;如果图标为灰色并有黑色的实线框,则表示该装配件不在工作部件内(双击该图标,可以将装配件转回工作部件内);如果图标为灰色并有虚线框,则表示该装配件被关闭。

- :组件图标。如果图标为黄色,则表示该组件在工作部件内;如果图标为灰色并有黑色的实线框,则表示该组件不在工作部件内(双击该图标,可以将该组件转回工作部件内);如果图标为灰色并有虚线框,则表示该组件被关闭。

- ⊞:展开图标。单击该图标可展开装配或子装配体的装配树。
- ⊟:隐藏图标。单击该图标可将装配体或某子装配的装配树隐藏起来。
- ☑:显示图标。如果图标中的√为红色,表示该组件被显示,单击☑图标后,√变为灰色,该组件被隐藏。

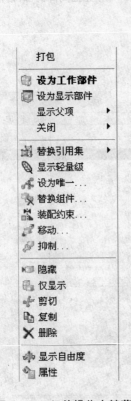

图 8-11　组件操作右键菜单　　　图 8-12　装配导航器操作右键菜单

8.2.5　引用集

引用集是对一个组件文件中特征的集合,在装配建模时必须按照企业 CAD 标准建立引用集,利用引用集有很多优点。

- 在装配中简化某些组件的显示,在装配中引用的是组件的实体特征,而对于创建零件过程中的一些草图,基准特征,如果对于装配体没有作用,可以利用引用集,将这些与装配无关的特征留在零件中,让装配轻装上阵。

- 在装配操作中,可以根据不同的操作建立不同的引用集,提高装配效率。

1. 创建引用集

在组件文件中,选择"格式"→"引用集"菜单项,将会弹出如图 8 - 13 所示的"引用集"对话框,单击其上的"创建"按钮 ,在"引用集名称"对话框中输入创建引用集的名称后,按 Enter 键,选择需要添加到引用集中的对象,单击"引用集"对话框中的"关闭"按钮,即可完成引用集创建。

2. 编辑引用集

① 在装配导航器中,右击拥有引用集的组件或子装配,然后通过右键快捷菜单选择设为工作部件。

② 选择"格式"→"引用集"选项。

③ 在"引用集"对话框中,从"引用集"列表框中选择要编辑的引用集。

图 8 - 13　"引用集"对话框

④ 可以针对选定的引用集执行以下编辑。

注:空部件引用集和整个部件引用集不能用于编辑。

3. 替换引用集

使用替换引用集命令可以切换组件显示并管理装配图形窗口。

① 在装配导航器中,右击某个组件或子装配节点,并通过右键快捷菜单选择替换引用集。

② 从"引用集"列表中选择所需的引用集。

注:可以选择多个组件并同时替换所有引用集。

8.2.6　移动组件

对已添加的组件重新确定其在装配体中的位置,选择"装配"→"组件位置"→"移动组件"菜单项或单击"装配"工具条中的"移动组件"按钮,将会弹出"移动组件"对话框,如图 8 - 14 所示。选择需要移动的组件,再选择"运动"的形式,单击"确定"按钮,完成移动操作。

在"变换"选项组中有各种变换方式,如
下所示。

- 动态:允许通过拖动、使用图形窗口
  中的屏显输入框或通过点对话框来
  重定位组件。
- 通过约束:允许通过创建移动组件
  的约束来移动组件。
- 距离:允许沿某一个轴来移动组件。
- 点到点:允许通过指定两点来移动
  选定的组件。
- 增量 XYZ:允许在 X、Y、Z 方向输入
  确定的参数来移动组件。

图 8-14　"重定位组件"对话框

- 角度:允许绕一轴旋转一个角度值。
- 根据三点旋转:允许在选定的点之间旋转组件。
- CSYS 到 CSYS:允许定义如何通过移动 CSYS 来重定位选定的组件。
- 轴到矢量:允许在选定的轴和矢量之间移动组件。

8.2.7　爆炸图

爆炸图是为了方便查看装配体中各组件之间的装配关系而设置的,在该图形中,
组件按照装配关系偏离原来的装配位置,一般是为了表现各个零件的装配过程以及
整个部件或是机器的工作原理。

一个模型允许有多个爆炸图,系统默认使用"Explosion+序号"作为爆炸图的名
称。单击"装配"工具条中的"爆炸图"按钮 ,可打开或关闭"爆炸图"工具条(如
图 8-15 所示)。

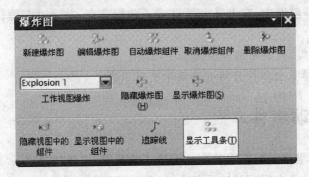

图 8-15　"爆炸图"对话框

要创建爆炸图,必须执行以下步骤。

① 创建新的爆炸图。

② 重定位组件在爆炸图中的位置。

1. 创建爆炸图

选择"装配"→"爆炸图"→"新建爆炸图"菜单项或单击"爆炸图"工具条中的"创建爆炸图"按钮，弹出"新建爆炸图"对话框，如图 8-16 所示。输入爆炸图的名称，单击"确定"按钮，即可完成爆炸图的创建。创建爆炸图后，视图并没有发生变化，仅仅是创建一个爆炸图，还需要对爆炸图进行编辑。

图 8-16　"新建爆炸图"对话框

2. 编辑爆炸图

采用自动爆炸方式，一般不能得到理想的爆炸效果，通常还需对爆炸图进行调整，也就是调整组件间的距离参数。

选择"装配"→"爆炸图"→"编辑爆炸图"菜单项或单击"爆炸图"工具条中的"编辑爆炸图"按钮，弹出如图 8-17 所示的"编辑爆炸图"对话框。

在"编辑爆炸图"对话框中选中"选择对象"单选按钮，选择需要移动的组件。选中"移动对象"单选按钮，此时在所选对象上会出现带移动手柄和旋转手柄的坐标系，可选择并拖动坐标系上的手柄来移动对象，或选择移动或旋转手柄，在"距离"或"角度"中输入移动距离或旋转角度，如图 8-18 所示，单击"应用"按钮，所选对象将会沿指定的方向和距离移动。

图 8-17　"编辑爆炸图"对话框

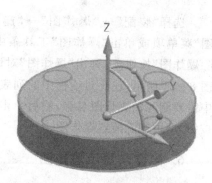

图 8-18　编辑爆炸图

3. 自动爆炸组件

UG NX 提供了自动爆炸组件的功能，选择"装配"→"爆炸图"→"自动爆炸组件"菜单项或单击"爆炸图"工具条中的"自动爆炸组件"按钮 ，弹出"类选择"对话框。在绘图区选择需要移动的组件，单击"确定"按钮，在弹出的如图 8-19 所示

图 8-19 "自动爆炸组件"对话框设置爆炸距离

的"爆炸距离"对话框中的"距离"文本框中输入距离值，该值用于控制组件之间的距离，爆炸方向由此值的正负来确定。如果选中"添加间隙"复选框，则指定的距离为组件相对于关联组件移动的距离。如图 8-20 所示为滑轮的自动爆炸图。

图 8-20 滑轮自动爆炸图

4. 取消爆炸组件

选择"装配"→"爆炸图"→"取消爆炸组件"菜单项或单击"爆炸图"工具条中的"取消爆炸组件"按钮 ，选择需要恢复位置的组件，单击"确定"按钮，则所选组件恢复到爆炸前位置，即原始位置。

5. 删除爆炸图

选择"装配"→"爆炸图"→"删除爆炸图"菜单项或单击"爆炸图"工具条中的"删除爆炸图"按钮 ，弹出"爆炸图"对话框，如图 8-21 所示，在此对话框中的列表框中选中需要删除的爆炸图名称，然后单击"确定"按钮，即可删除所选爆炸图。

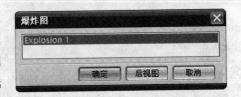

图 8-21 "爆炸图"对话框

6. 隐藏与显示爆炸图

选择"装配"→"爆炸图"→"隐藏爆炸图"菜单项或单击"爆炸图"工具条中的"从视图移除组件"按钮 ，选中需要隐藏的组件后，单击"确定"按钮，则所选组件将被

隐藏。

选择"装配"→"爆炸图"→"显示爆炸图"菜单项或单击"爆炸图"工具条中的"显示爆炸图"按钮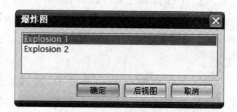，弹出如图 8 - 22 所示的"爆炸图"对话框，选择需要显示的被隐藏组件名称，单击"确定"按钮，则所选的被隐藏组件将会显示在绘图区。

图 8 - 22　选择要显示组件

8.2.8　装配序列

单击"装配序列" 时，可进入序列任务环境。UG NX 主菜单选项和工具条包含对序列有用的选项。使用"装配序列"工具条可执行序列任务。

· 序列工具：显示最常见序列命令的按钮。
· 序列回放：控制序列回放和 .avi 电影导出。
· 序列分析：设置在移动期间发生碰撞或违反预先确定的测量要求时要执行的操作。

8.3　WAVE 几何链接器

8.3.1　WAVE 几何链接器概述

使用 WAVE 几何链接器可以将装配中其他部件的几何体复制到工作部件中。可以创建关联的链接对象，也可以创建非关联副本。在编辑源几何体时，关联的链接几何体将随之更新。使用 WAVE 可以实现以下两点：

· 将装配中一个组件部件的几何体链接到同一装配的工作部件中。
· 将一个子装配中的几何体链接到另一个子装配中。

所有 WAVE 链接对象的最初位置与源几何体相关，位于显示部件的工作图层。链接体将添加到工作部件中的模型引用集。

8.3.2　WAVE 几何链接器的一般过程

① 在装配导航器中，右击希望其拥有链接几何体的组件，然后通过选择右键快捷菜单选项来设为工作部件。

② 在装配工具条上，单击 WAVE 几何链接器，或选择"插入"→"关联复制"→"WAVE 几何链接器"选项。

③ 在选择条上的"选择范围"列表中,根据希望链接几何体所在的组件类型选择一个选项。

④ 在"WAVE 几何链接器"对话框的类型列表中,选择充当源几何体的对象的类型。

⑤ 在图形窗口的父部件中,选择要链接到工作部件的几何体。

⑥ 选择所有与链接对象类型相关的选项,然后单击确定。

8.3.3　WAVE 处理过程

① 关联设计:一个部件中的几何体引用另一部件中的几何体,从而形成装配中的关联关系。

② 处理中的部件:在执行制造工艺的步骤期间修改部件时,用于表示该部件的各种状态的功能。

③ WAVE 工程:依赖于(通常较小的)装配的处理过程称为"控制结构",用于定义产品的关键尺寸、基准及产品的接口。控制结构充当高级别概念产品设计的骨架。可对骨架进行修改以评估不同的设计理念。

8.4　综合案例一:立式快速夹装配

8.4.1　案例预览

本节将介绍立式快速夹的装配过程。该机构由 6 个零件组成,由于底座是装配基础,所以应先添加底架,然后将夹臂、手柄装配到底架上,再使用螺栓将挡板固定。结果如图 8-23 所示。

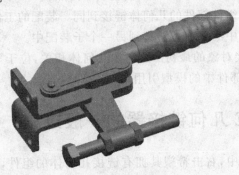

图 8-23　立式快速夹装配效果

8.4.2　案例分析

本案例是一个立式快速夹的装配实例。通过对机构的基本分析可知,应该先添加底座部件,然后通过接触约束装配夹臂,通过中心和对齐两种约束装配螺栓和螺母,接着通过接触约束、中心约束、垂直约束将手柄装配到底架上,最后通过接触约束、中心约束和距离约束依次将两个连板装配上去。具体装配流程如图 8 - 24 所示。

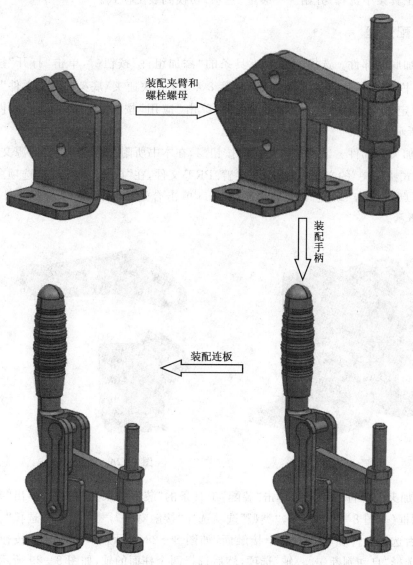

装配夹臂和螺栓螺母

装配手柄

装配连板

图 8 - 24　装配流程图

8.4.3 设计步骤

1. 新建零件文件

① 在桌面上双击 UG 快捷方式图标进入基本环境,然后选择"文件"→"新建"菜单项,在模板中单击"装配",给新文件指定路径和文件名,单击"确定"按钮。

② 在工具条中选择"开始"→"装配"选项,切换到装配模式。

2. 装配过程

① 添加底架部件。选择"装配"工具条的"添加组件"按钮![icon],单击"打开"按钮![icon],找到本书所附光盘中的"实例源文件\第 8 章\立式快速夹\底架. PRT 文件",在"放置"→"定位"选项中选择"绝对原点",单击"应用"按钮,添加的底架零件如图 8-25 所示。

② 添加夹臂部件。继续单击"打开"按钮![icon],在本书所附光盘中的"实例源文件\第 8 章\立式快速夹"的文件夹中找到:夹臂. PRT 文件,在"放置"→"定位"选项中选择"选择原点",单击"确定"按钮,在图形窗口单击合适的点来放置夹臂部件,如图 8-26 所示。

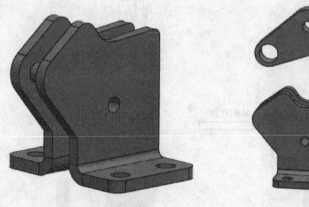

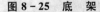

图 8-25 底 架

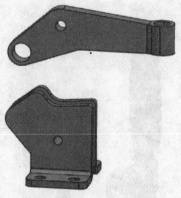

图 8-26 添加夹臂

③ 添加夹臂部件的约束。单击"装配"工具条的"装配约束"按钮![icon],弹出"装配约束"对话框(如图 8-27 所示),"类型"选项选择"接触对齐","方位"选项选择"首选接触",然后选择夹臂和底架的两个接触面,如图 8-28 所示。单击"应用"按钮,在"方位"中选择"自动判断中心/轴"选项,然后选择两个柱面的轴,如图 8-29 所示,单击"确定"按钮,装配效果如图 8-30 所示。

图 8 - 27 装配约束对话框

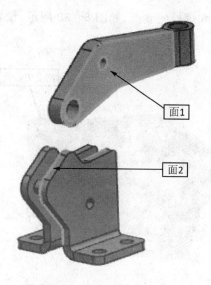

图 8 - 28 接触的面

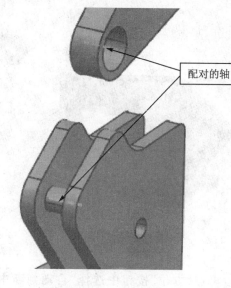

图 8 - 29 配对的轴

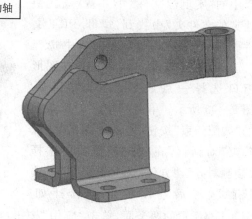

图 8 - 30 装配效果图

④ 添加并装配螺栓部件。效果如图 8 - 31 所示。单击"打开"按钮，在本书所附光盘中的"实例源文件\第 8 章\立式快速夹的文件夹"中找到：螺栓. PRT 文件。在"放置"→"定位"选项中选择"通过约束"，单击"确定"按钮，弹出"装配约束"对话框，勾选"预览窗口"和"在主窗口中预览组件"复选框，"类型"选项选择"接触对齐"，"方位"选项选择"自动判断中心/轴"，选择如图 8 - 31 所示的两个轴，单击"应用"按钮，再在"装配约束"对话框的"类型"中选择"距离"选项，两个对象分别选择夹臂的上

表面和螺栓的底面,如图 8-32 所示,设置距离为 45。单击"确定"按钮。

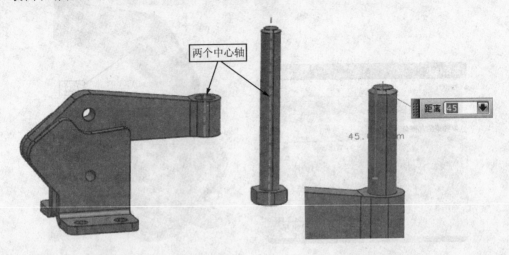

图 8-31　螺栓装配示意图　　　　　图 8-32　距离约束

⑤ 添加并装配螺母部件。单击"装配"工具条上的"添加组件"按钮 ,单击"打开"按钮 ,在本书所附光盘中的"实例源文件\第 8 章\立式快速夹的文件夹"中找到:螺母. PRT 文件。在"放置"→"定位"选项中选择"选择原点",单击"确定"按钮,在图形窗口选择一点放置螺母,效果如图 8-33 所示。单击"装配"工具条上的"装配约束"按钮 ,系统弹出"装配约束"对话框,在"类型"选项中选择"接触对齐","方位"选项中选择"首选接触",然后在图形窗口选择如

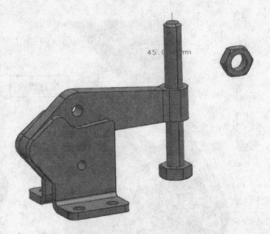

图 8-33　添加螺母

图 8-34所示的两个面,单击"应用"按钮,再在"方位"按钮中选择"自动判断中心/轴",然后选择图 8-35 所示的两个中心线,单击"确定"按钮,装配结果如图 8-36 所示。同样的,在下面添加另外一个螺母,如图 8-37 所示。

⑥ 添加并装配手柄部件。单击"装配"工具条上的"添加组件"按钮 ,在本书所附光盘中的"实例源文件\第 8 章\立式快速夹的文件夹"中找到:手柄. PRT 文件。在"放置"→"定位"选项中选择"选择原点",单击"确定"按钮,在图形窗口选择一点放置手柄,效果如图 8-38 所示。单击"装配"工具条上的"装配约束"按钮 ,在"类型"选项中选择"接触对齐","方位"选项中选择"首选接触",然后在图形窗口选择如

图 8-39 所示的两个面,单击"应用"按钮,再在"方位"按钮中选择"自动判断中心/轴",然后选择图 8-40 所示的两个中心线,单击"应用"按钮,在"类型"中选择"垂直"约束,添加手柄和底架的垂直约束。装配结果如图 8-41 所示。

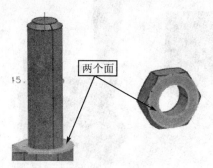

图 8-34　约束的两个面

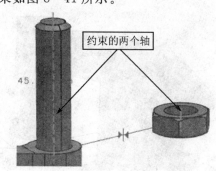

图 8-35　约束的两个轴

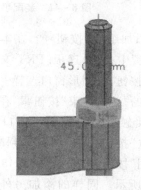

图 8-36　装配一个螺母

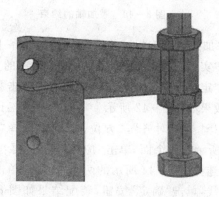

图 8-37　装配完两个螺母

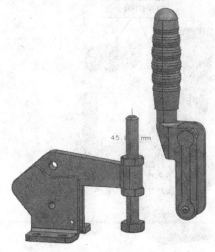

图 8-38　手柄添加示意图

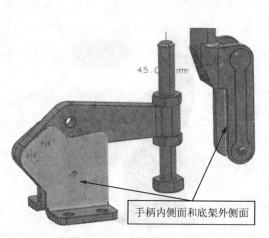

图 8-39　约束的两个面

345

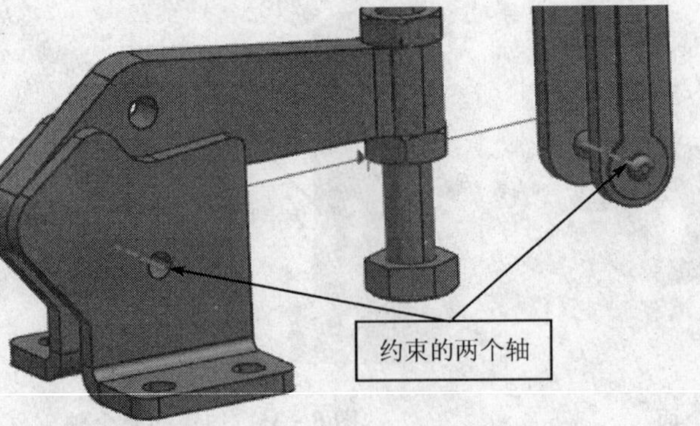

图 8-40　添加轴的约束

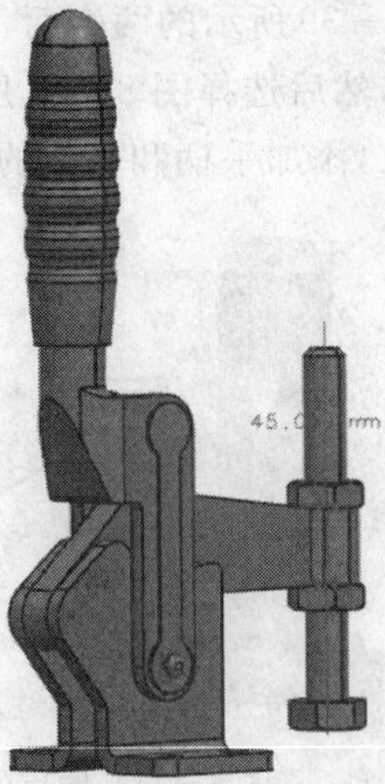

图 8-41　装配手柄

⑦ 添加并约束连板。单击“装配”工具条上的“添加组件”按钮，在本书所附光盘中的“实例源文件\第 8 章\立式快速夹的文件夹”中找到：连板. PRT 文件。在“放置”→“定位”选项中选择“选择原点”，单击“确定”按钮，在图形窗口选择一点来放置手柄，效果如图 8-42 所示。单击“装配”工具条上的“装配约束”按钮，在“类型”选项中选择“接触对齐”，“方位”选项中选择“首选接触”，然后在图形窗口选择如图 8-43 所示的两个面，单击“应用”按钮，再在“方位”按钮中选择“自动判断中心/轴”，然后选择图 8-44 所示的两个中心线，单击“应用”按钮，再选择图 8-45 所示的两个中心线，单击“确定”按钮，装配结果如图 8-46 所示。同样的添加另外一个连板，装配结束，如图 8-47 所示。

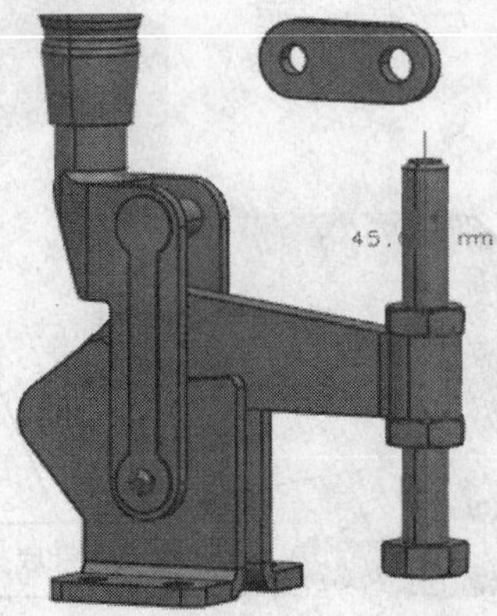

图 8-42　添加连板示意图

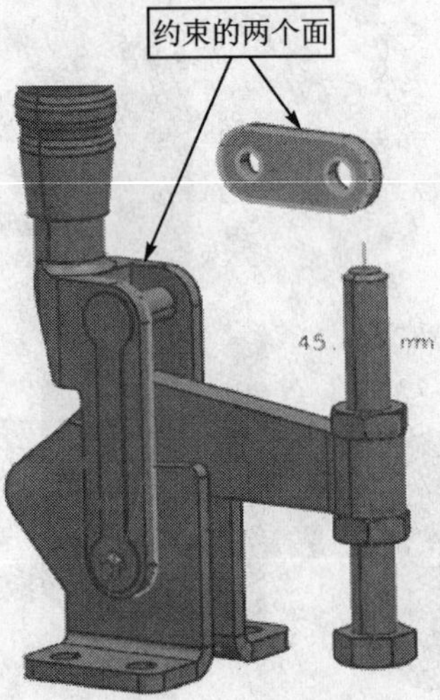

图 8-43　约束的两个面

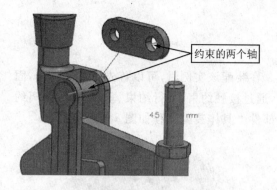

图 8 - 44　约束的两个轴

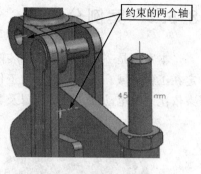

图 8 - 45　添加中心约束

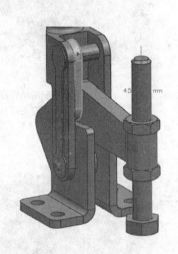

图 8 - 46　添加一个连板

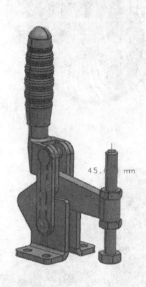

图 8 - 47　添加两个连板

8.5　综合案例二:壁挂风扇装配

8.5.1　案例预览

　　本节将介绍壁挂风扇的装配过程。该机构由 8 个零件组成,由于后罩是装配基础,所以应先添加后罩,然后将电机、叶片、前罩、底托活动支撑杆和固定支撑杆及固定夹进行装配。最终的结果如图 8 - 48 所示。

图 8 - 48　壁挂风扇装配效果图

8.5.2　案例分析

　　本案例是一个壁挂风扇的装配实例。在装配该实例时,可以首先将后罩打开,固定在工作区域。然后以后罩为工作部件,通过接触约束、平行约束、垂直约束、距离约束依次装配电动机、叶片、前罩及其余的部件。具体装配流程如图 8-49 所示。

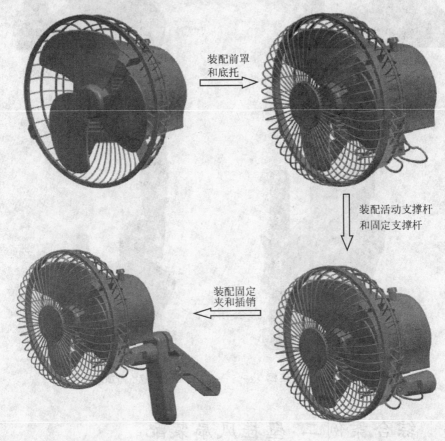

图 8-49　设计流程图

8.5.3　设计步骤

1. 新建零件文件

　　① 在桌面上双击 UG 快捷方式图标进入基本环境,然后选择"文件"→"新建"菜单项,在模板中单击"装配",给新文件指定路径和文件名,单击"确定"按钮。
　　② 在工具条中选择"开始"→"装配"选项,切换到装配模式。

2. 装配过程

① 添加后罩。在这里,可以先打开后罩文件。打开本书所附光盘中的"实例源文件\第 8 章\壁挂风扇\后罩.PRT 文件",如图 8-50 所示。

② 添加并约束电机。单击"装配"工具条上的"添加组件"按钮 ,在对话框中单击"打开"按钮 ,打开本书所附光盘中的"实例源文件\第 8 章\壁挂风扇\电机.PRT 文件",在"放置"→"定位"选项中选择"选择原点",单击"确定"按钮,再图形窗口单击任意一点,添加电机完毕。效果如图 8-51 所示。单击"装配"工具条上的"装配约束"按钮 ,系统弹出"装配约束"对话框,"类型"选项选择"接触对齐","方位"选项选择"首选接触",然后选择电机和后罩的两个接触面,如图 8-52 所示。单击"应用"按钮,在"方位"中选择"自动判断中心/轴",然后选择两个中心轴,如图 8-53 所示,单击"确定"按钮,装配效果如图 8-54 所示。

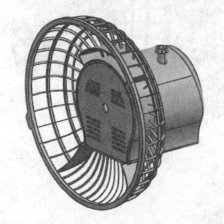

图 8-50 添加后罩

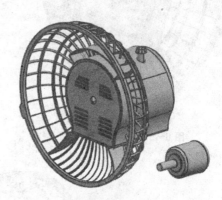

图 8-51 添加电机

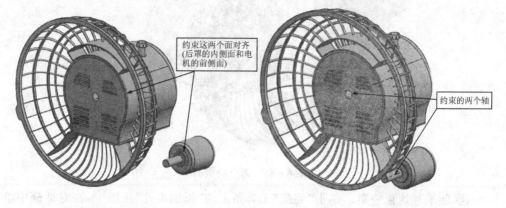

约束这两个面对齐
(后罩的内侧面和电机的前侧面)

约束的两个轴

图 8-52 约束的两个面

图 8-53 约束的两个轴

③ 装配并约束叶片。单击"装配"工具条上的"添加组件"按钮 ，在对话框中单击"打开"按钮 ，打开本书所附光盘中的"实例源文件\第 8 章\壁挂风扇\叶片.PRT 文件"，在"放置"→"定位"选项中选择"选择原点"，单击"确定"按钮，再图形窗口单击任意一点，添加叶片完毕。效果如图 8-55 所示。单击"装配"工具条上的"装配约束"按钮 ，系统弹出"装配约束"对话框，"类型"选项选择"接触对齐"，"方位"选项选择"首选接触"，然后选择叶片和电机的两个接触面，如图 8-56 所示。单击"应用"按钮，在"方位"选项中选择"自动判断中心/轴"，然后选择两个中心轴，如图 8-57 所示，单击"确定"按钮，装配效果如图 8-58 所示。

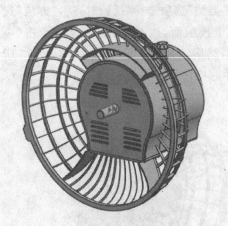

图 8-54　装配结果

图 8-55　添加叶片

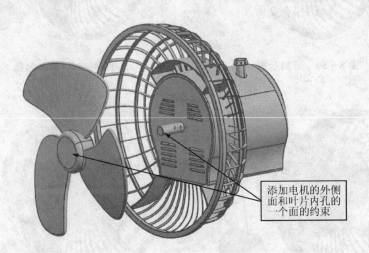

添加电机的外侧面和叶片内孔的一个面的约束

图 8-56　两个约束面

④ 装配并约束前罩。单击"装配"工具条上的"添加组件"按钮 ，在对话框中单击"打开"按钮 ，打开本书所附光盘中的"实例源文件\第 8 章\壁挂风扇\前罩

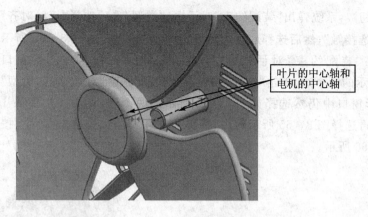

叶片的中心轴和
电机的中心轴

图 8 - 57　两个约束轴

.PRT 文件"。在"放置"→"定位"选项中选择"通过约束",单击"确定"按钮,系统弹出"装配约束"对话框,"类型"选项选择"接触对齐","方位"选项选择"首选接触",然后选择前罩和后罩的两个接触面(前罩的在预览窗口中选择),如图 8 - 59 所示。可以在"装配约束"对话框中选中"在主窗口中预览组件"复选框,如果方向不对,可以通过"反向"按钮来调节方向,单击"应用"按钮,在"方位"选项中选择"自动判断中心/轴",然后选择前罩和后罩的两个中心轴,单击"应用"按钮,再在"方位"选项中选择"对齐",选择如图 8 - 60 所示的两个小面,单击"确定"按钮,完成装配。效果如图 8 - 61所示。

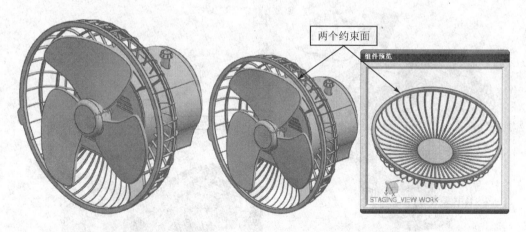

两个约束面

图 8 - 58　完成装配效果　　　　　图 8 - 59　两个约束面

　⑤ 添加并装配底托。单击"装配"工具条上的"添加组件"按钮 ,在对话框中单击"打开"按钮 ,打开本书所附光盘中的"实例源文件\第 8 章\壁挂风扇\底托.PRT 文件",在"放置"→"定位"选项中选择"选择原点",单击"确定"按钮,再图形窗口单击任意一点,添加底托完毕。效果如图 8 - 62 所示。单击"装配"工具条上的"装

配约束"按钮，系统弹出"装配约束"对话框，"类型"选项选择"接触对齐"，"方位"选项选择"首选接触"，然后选择底托和后罩的两个接触面，如图 8－63 所示。单击"应用"按钮，在"装配约束"对话框的"类型"中选择"平行"，在图形窗口中选择如图 8－64 所示的两个边，单击"应用"按钮。在"装配约束"对话框的"类型"中选择"距离"，在图形窗口中仍然选择如图 8－64 所示的两个边，在距离中输入 15，单击"应用"按钮。再选择图 8－65 所示的边，添加距离约束为 15。单击"确定"按钮，装配结果如图 8－66 所示。

图 8－60　对齐的两个面　　　　　　　图 8－61　装配的结果

两个约束的面

图 8－62　添加底托　　　　　　　图 8－63　两个约束的面

⑥ 添加并装配活动支撑杆。单击"装配"工具条上的"添加组件"按钮，在对话框中单击"打开"按钮，打开本书所附光盘中的"实例源文件\第 8 章\壁挂风扇\活动支撑杆．PRT 文件"，在"放置"→"定位"选项中选择"选择原点"，单击"确定"按钮，

再图形窗口单击任意一点,添加活动支撑杆完毕。效果如图 8 - 67 所示。单击"装配"工具条上的"装配约束"按钮,系统弹出"装配约束"对话框,"类型"选项选择"接触对齐","方位"选项选择"首选接触",然后选择底托和后罩的两个接触面,如图 8 - 68 所示,单击"应用"按钮。在"方位"选项中选择"自动判断中心/轴",在图形窗口中选择如图 8 - 69 所示的两个中心轴,单击"确定"按钮(如果出现过约束,则删除前一个约束),效果如图 8 - 70 所示。

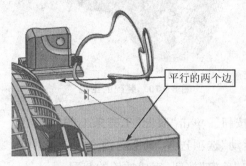

图 8 - 64　添加边的约束

图 8 - 65　添加两个边的距离

图 8 - 66　装配的结果

图 8 - 67　添加活动支撑杆

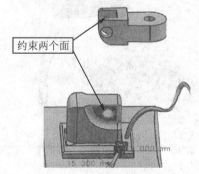

图 8 - 68　约束两个面

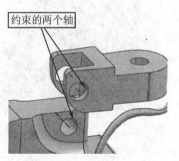

图 8 - 69　约束的两个轴

⑦ 添加并装配插销。单击"装配"工具条上的"添加组件"按钮，在对话框中单击"打开"按钮，打开本书所附光盘中的"实例源文件\第8章\壁挂风扇\插销.PRT文件"，在"放置"→"定位"选项中选择"选择原点"，单击"确定"按钮，再图形窗口单击任意一点，添加插销完毕。效果如图8-71所示。单击"装配"工具条上的"装配约束"按钮，系统弹出"装配约束"对话框，"类型"选项选择"接触对齐"，在"方位"选项中选择"自动判断中心/轴"，然

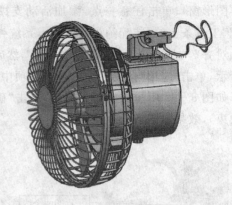

图 8-70　装配的结果

后选择图8-72所示的两个轴，单击"确定"按钮。单击"装配"工具条上的"移动组件"按钮，选择插销为"要移动的组件"，"运动"选项选择"动态"，沿 X 轴方向将插销移动到合适的位置，如图8-73所示。单击"确定"按钮，完成插销的装配。

图 8-71　添加插销

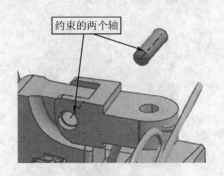

约束的两个轴

图 8-72　约束的两个轴

X	57.6169
Y	87.6220C
Z	45.9223E

图 8-73　移动插销

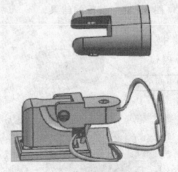

图 8-74　添加固定支撑杆

⑧ 添加并装配固定支撑杆。单击"装配"工具条上的"添加组件"按钮，在对话

框中单击"打开"按钮，打开本书所附光盘中的"实例源文件\第 8 章\壁挂风扇\固定支撑杆.PRT 文件"，在"放置"→"定位"选项中选择"选择原点"，单击"确定"按钮，在图形窗口单击任意一点，添加活动支撑杆完毕。效果如图 8－74 所示。单击"装配"工具条上的"装配约束"按钮，系统弹出"装配约束"对话框，"类型"选项选择"接触对齐"，"方位"选项选择"首选接触"，然后选择固定支撑杆和活动支撑杆的两个接触面，如图 8－75 所示，单击"应用"按钮。在"方

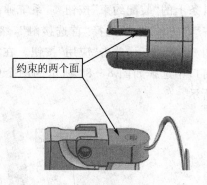

图 8－75　约束的两个面

位"选项中选择"自动判断中心/轴"，在图形窗口中选择如图 8－76 所示的两个中心轴，单击"确定"按钮，装配效果如图 8－77 所示。

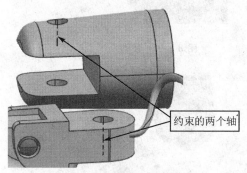

图 8－76　约束的两个轴

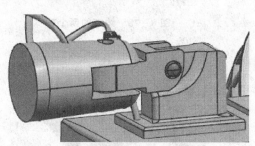

图 8－77　装配结果

⑨ 添加并约束插销。单击"装配"工具条上的"添加组件"按钮，在对话框中单击"打开"按钮，打开本书所附光盘中的"实例源文件\第 8 章\壁挂风扇\插销.PRT 文件"，在"放置"→"定位"选项中选择"选择原点"，单击"确定"按钮，再在图形窗口单击任意一点，添加插销完毕。单击"装配"工具条上的"装配约束"按钮，系统弹出"装配约束"对话框，"类型"选项选择"接触对齐"，在"方位"选项中选择"自动判断中心/轴"，然后选择图 8－78 所示的两个轴，单击"确定"按钮。单击"装配"工具条上的"移动组件"按钮，选择插销为"要移动的组件"，"运动"选项选择"动态"，沿 X轴方向将插销移动到合适的位置，如图 8－79 所示。单击"确定"按钮，完成插销的装配。

⑩ 添加并装配固定夹。单击"装配"工具条上的"添加组件"按钮，在对话框中单击"打开"按钮，打开本书所附光盘中的"实例源文件\第 8 章\壁挂风扇\固定夹.PRT 文件"，在"放置"→"定位"选项中选择"选择原点"，单击"确定"按钮，再在图形窗口单击任意一点，添加活动支撑杆完毕。效果如图 8－80 所示。单击"装配"工

具条上的"装配约束"按钮🔲，系统弹出"装配约束"对话框，"类型"选项选择"接触对齐"，"方位"选项选择"首选接触"，然后选择固定支撑杆和固定夹的两个接触面，如图 8-80 所示，单击"应用"按钮。在"方位"选项中选择"自动判断中心/轴"，在图形窗口中选择如图 8-81 所示的两个中心轴，单击"确定"按钮，装配效果如图 8-82所示。

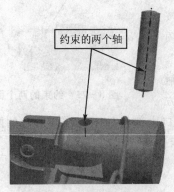

图 8-78　约束的两个轴

图 8-79　移动插销

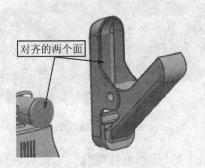

图 8-80　约束的两个面

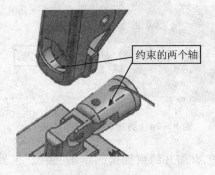

图 8-81　约束的两个轴

⑪ 添加并约束插销。单击"装配"工具条上的"添加组件"按钮➕，在对话框中单击"打开"按钮📂，打开本书所附光盘中的"实例源文件\第 8 章\壁挂风扇\插销2.PRT 文件"，在"放置"→"定位"选项中选择"选择原点"，单击"确定"按钮，再图形窗口单击任意一点，添加插销完毕。单击"装配"工具条上的"装配约束"按钮🔲，系统弹出"装配约束"对话框，"类型"选项选择"接触对齐"，在"方位"选项中选择

图 8-82　装配的结果

"自动判断中心/轴",然后选择图 8-83 所示的两个轴,单击"确定"按钮。单击"装配"工具条上的"移动组件"按钮🔧,选择插销为"要移动的组件","运动"选项选择"动态",沿 X 轴方向将插销移动到合适的位置,如图 8-84 所示。单击"确定"按钮,完成插销的装配。总的装配结果如图 8-48 所示。

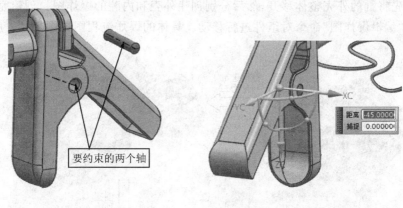

图 8-83 要约束的两个轴   图 8-84 移动插销

8.6 综合案例三:飞机推进缸爆炸视图

8.6.1 案例预览

本节将介绍飞机推进缸的爆炸过程。首先打开一个飞机引擎,隐藏不必要的部件和组件,然后创建该推进缸的爆炸视图。对各个零件进行移动,放置到合适的位置。最终的结果如图 8-85 所示。

图 8-85 推进缸爆炸视图

8.6.2　案例分析

　　创建该推进缸的爆炸视图,主要是可以清楚地表达整个缸的结构。在创建的过程中,首先将缸的外壳整体移开,然后分别创建外壳和内腔的爆炸图。创建完爆炸图后,使用"编辑爆炸图"命令对组件进行移动。具体的爆炸流程图如图 8 - 86 所示。

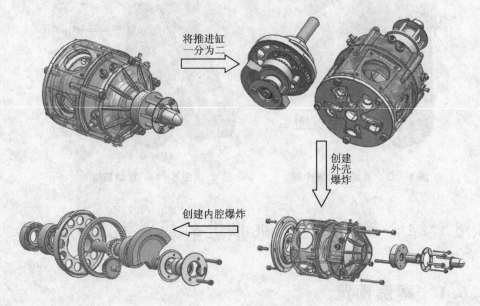

将推进缸
一分为二

创建
外壳
爆炸

创建内腔爆炸

图 8 - 86　爆炸流程图

8.6.3　设计步骤

1. 新建零件文件

　　① 在桌面上双击 UG 快捷方式图标进入基本环境,然后选择"文件"→"新建"菜单项,在模板中单击"装配",给新文件指定路径和文件名,单击"确定"按钮。

　　② 在工具条中选择"开始"→"装配"选项,切换到装配模式。

2. 爆炸过程

　　① 打开飞机引擎组件。打开本书所附光盘中的"实例源文件\第 8 章\飞机引擎\Aeroengine. PRT 文件",如图 8 - 87 所示。隐藏不必要的显示部件,只留下推进缸,如图 8 - 88 所示。

　　② 创建爆炸序列。单击"装配"工具条上的"爆炸图"按钮█,系统弹出爆炸图工

图 8-87 飞机引擎

具条。单击"爆炸图"工具条上的"新建爆炸图"按钮，使用默认的名称，单击"确定"按钮。单击"爆炸图"工具条上的"编辑爆炸图"按钮，系统弹出"编辑爆炸图"对话框，如图 8-89 所示，使用默认的"选择对象"复选框，在图形窗口选择缸体的外壳，然后在"编辑爆炸图"对话框中选择"移动对象"选项，在图形窗口出现手柄，单击"X轴"，使用拖动或者在对话框中输入一定数值来确定放置的位置。这里输入 120，单击"确定"按钮，完成初始的爆炸。效果如图 8-90 所示。

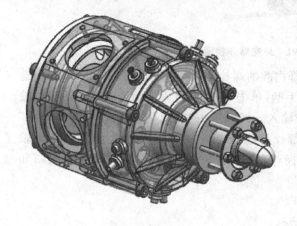

图 8-88 推进缸 　　　　图 8-89 "编辑爆炸图"对话框

　③ 创建外壳爆炸。单击"爆炸图"工具条上的"编辑爆炸图"按钮，使用默认的"选择对象"复选框，在图形窗口选择螺栓，然后在"编辑爆炸图"对话框中选择"移动对象"选项，在图形窗口出现手柄，单击"Z轴"，使用拖动或者在对话框中输入一定数值来确定放置的位置。这里输入 -120，单击"应用"按钮，选择"选择对象"复选框，按住 Shift+鼠标左键，取消螺栓的选择，然后选择蓝色的，同样的在 Z 轴输入 -100，单击"应用"按钮。重复操作，将各个零件逐一爆炸，外壳爆炸视图如图 8-91 所示。

　④ 创建内腔爆炸。单击"爆炸图"工具条上的"编辑爆炸图"按钮，使用默认

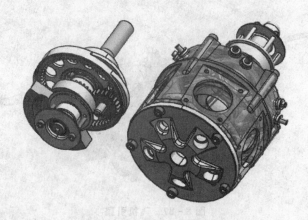

图 8-90　爆炸序列一

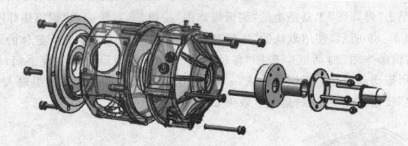

图 8-91　外壳爆炸视图

的"选择对象"复选框,在图形窗口选择内腔的螺栓,然后在"编辑爆炸图"对话框中选择"移动对象"选项,在图形窗口出现手柄,单击"Z 轴",使用拖动或者在对话框中输入一定数值来确定放置的位置。这里输入-120,单击"应用"按钮,选择"选择对象"复选框,按住 Shift+鼠标左键,取消螺栓的选择,然后选择轴用挡圈,同样的在 Z 轴输入-100,单击"应用"按钮。重复操作,将各个零件逐一爆炸,外壳爆炸视图如图 8-92 所示。

图 8-92　内腔爆炸视图

⑤ 至此,推进缸的爆炸视图演示完毕。用户可以尝试将变速缸爆炸。变速缸的爆炸视图如图 8-93 所示。

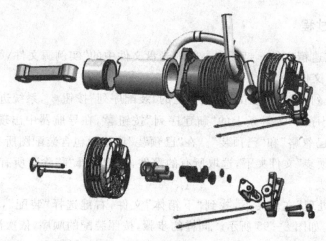

图 8-93　变速缸爆炸视图

8.7　综合案例四:变速箱装配序列动画

8.7.1　案例预览及分析

　　本节将介绍一个变速箱的装配序列动画的制作过程。首先打开变速箱,该变速箱主要由上下箱体、齿轮轴、轴、轴承、挡油环、齿轮、键、轴承盖等组成。创建装配序列动画时,首先要进入装配序列状态。然后,在装配序列状态下按照装配顺序添加各部件。最后利用"装配次序回放"工具导出动画,即可创建装配序列动画。变速箱如图 8-94 所示。

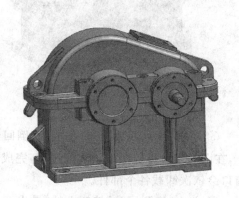

图 8-94　变速箱

8.7.2　设计步骤

1. 新建零件文件

① 在桌面上双击 UG 快捷方式图标进入基本环境。然后选择"文件"→"新建"

菜单项,在模板中单击"装配",给新文件指定路径和文件名,单击"确定"按钮。

② 在工具条中选择"开始"→"装配"选项,切换到装配模式。

2. 操作过程

① 打开减速箱文件。打开本书所附光盘文件中的"实例源文件\第 8 章\变速箱\总装配.PRT 文件"。

② 创建序列。单击"装配"工具条上的"装配序列"按钮 ,系统进入装配序列状态。单击"装配序列"工具条上的"新建序列"按钮 ,在导航器中出现"序列 1"。有两个文件夹,"已忽略"和"已预装"。在"已预装"项里面包含装配图所有的组件。

③ 在"已预装"文件夹下,选取所有的部件,右键选择"移除",所有的部件移动到"未处理"文件夹。

④ 在"未处理"文件夹下,找到"下箱体"文件,右键选择"装配",图形窗口出现"下箱体"部件,如图 8-95 所示。同样的步骤,按照装配的顺序,依次添加"齿轮轴"、"挡油环"(两个)、"轴承一"(两个)、"轴承盖一"、"可控轴承盖一"、"轴"、"键"、"齿轮"、"挡油环"(两个)、"套筒"、"轴承二"(两个)、"可控轴承二"、"轴承盖二"、"上箱体"。装配结果如图 8-96 所示。

图 8-95　下箱体的装配　　　　　　图 8-96　装配的结果

⑤ 单击"序列回放"工具条上的"倒回到开始"按钮 ,然后单击"向前播放"按钮 ,在图形窗口将依次展示装配过程,完成展示后,可以单击"向后播放"按钮 ,图形窗口会依次卸载各个部件。

⑥ 单击"序列回放"按钮上的"导出至电影"按钮 ,选择一个放置目录,图形窗口将自动播放装配序列,电影在后台录制。电影录制完后,出现系统提示对话框,单击"确定"按钮即可。

课后练习

1. 说明自顶向下设计与自底向上装配的区别。

2. UG NX 装配的主要特点有哪些？

3. 部件导航器在装配设计中有何应用？

4. 何谓引用集？试说明引用集在装配设计中的作用。

5. WAVE 几何链接器的功用是什么？

6. 如何创建一个爆炸图？

7. 如何创建装配顺序？

8. 变形组件在装配中如何实现装配？

9. 思考一下在装配设计过程中，如何实现结构参数的数据管理？

本章小结

　　本章主要介绍了装配的一些基本概念，装配的基本操作，以及装配的设计方法，通过本章的学习，可以建立一个自底向上装配，自顶向下设计的概念，另外介绍了 WAVE 技术，WAVE 技术是实现参数化建模的关键技术，也是 UG NX 装配设计的核心，通过对 WAVE 技术的理解，可以建立参数化建模的思想。

第9章 工程图设计

本章导读

本章主要介绍 UG NX 8.0 中工程图的创建、参数的设置、视图和剖视图的建立、装配图的建立、尺寸标注以及图纸输出,利用主模型方法支持并行工程。

9.1 工程图概述

9.1.1 绘制工程图的一般过程

绘制工程图一般可以按照如下步骤进行。

① 启动 UG NX 软件,打开零件或产品的实体模型,或者创建零件或产品的实体模型。

② 选择"开始"→"制图"菜单项,弹出"图纸页"对话框,如图 9-1 所示。在其中设置图纸的名称、图幅、比例、单位以及投影角等参数。

③ 添加视图、剖视图等视图。

④ 调整视图布局。

⑤ 进行图纸标注,包括尺寸标注、文字注释、表面粗糙度、标题栏等内容。

⑥ 保存图纸,打印输出。

9.1.2 图纸管理

图纸管理包括新建图纸、打开已存在的图纸、删除图纸和编辑图纸。"图纸"工具条如图 9-2 所示。

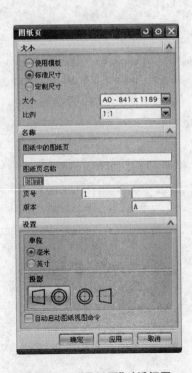

图 9-1 "图纸页"对话框图

图 9 - 2　"图纸"工具条

1. 新建图纸

可以通过以下两种方法创建新图纸。

① 进入"制图"模块后,弹出图 9 - 1 所示的"图纸页"对话框,在"图纸页名称"后输入新图纸的名称,进行比例、单位和投影角等设定,单击"确定"按钮后,进入"制图"模块。

② 在资源管理器中的"图纸"图标上右击,从弹出的快捷菜单中选择"插入图纸页"选项,如图 9 - 3 所示,将弹出"插入图纸页"对话框。

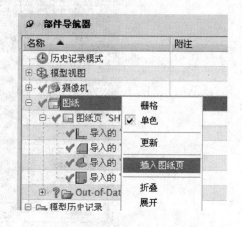

2. 删除图纸

选择"编辑"→"删除"菜单项,选中

图 9 - 3　在资源管理器中创建新图纸

要删除的图纸,或者从资源管理器中选中要删除的图纸并右击,从弹出的快捷菜单中选择"删除"选项即可。

3. 打开、编辑图纸

选择"图纸"工具条上的"打开图纸页"按钮　,选择要打开的图纸名称即可,或者在资源管理器中选择要打开的图纸名称,双击即可。选择"编辑"→"图纸页"菜单项,即可重新编辑已存在的图纸页。

9.2　制图首选项

为了能够提高制图速度又适合个人制图习惯,在制图前首先要设置制图参数,以便于满足设计要求。主要通过"制图首选项"工具条对部分制图参数进行设置,如图 9 - 4 所示。可以通过选择"文件"→"实用工具"→"用户默认设置"菜单项,从弹出的"用户默认设置"对话框左侧的→"制图"选项来设置,如图 9 - 5 所示。

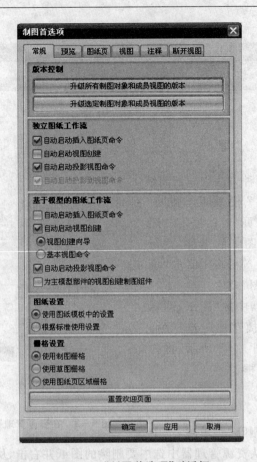

图 9-4 "制图首选项"对话框

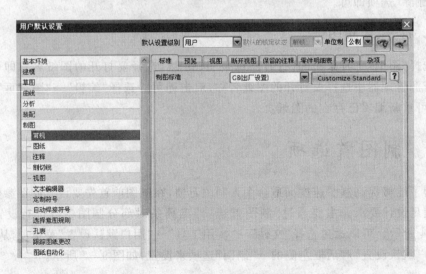

图 9-5 "制图"的用户默认设置

9.2.1　制图首选项概述

1."常规"选项卡

通过"常规"选项卡上的选项可控制以下方面：
· 在更新版本的 NX 中打开部件时制图对象是否更新。
· 初始图纸创建的自动过程。
· 新图纸从何处获取注释默认设置。
· 制图环境中使用的栅格。

2."预览"选项卡

使用"预览"选项卡上的选项可控制有助于放置注释或视图的可视辅助。通过此选项卡，可以控制以下方面：
· 将制图视图放在图纸上预览时的图像样式。
· 跟踪光标移动的屏显输入框的显示。
· 注释对齐引导线的显示。

3."图纸页"选项卡

使用"图纸页"选项卡可以进行如下设置：
· 初始页号。
· 初始次级编号。
· 次级页号分隔符。

4."视图"选项卡

使用"视图"选项卡上的选项可设置视图显示和更新的默认行为。通过此选项卡，可以：
· 控制视图何时更新。
· 控制视图边界的显示时间和显示颜色。
· 控制已抽取的边的面曲线在视图中的显示方式。
· 设置小平面化视图中组件的加载行为。
· 设置视图的视觉特性。
· 定义渲染集。

5."注释"选项卡

使用"注释"选项卡上的选项可控制保留注释的行为和外观。有时，对模型所做的更改可能导致删除相关联的制图对象。例如,添加圆角到边、移除特征及联合面等操作都可能导致删除现有的相关联尺寸标注。保留注释选项使您能够控制是否在更改模型的同时自动删除关联的制图对象,以及不删除而是置于保留状态时这些对象的显示方式。处于保留状态时,您可以通过编辑制图对象和剖切线的关联性,将制图对象或剖切线重新附着到所需的几何体。重新附着后,制图对象和剖面线将被重置为其初始颜色、线型、宽度,所有现有剖视图都将被更新。

6."断开视图"选项卡

使用"断开视图"选项卡,可以设置是否填充断开视图以及断裂线,如缝隙、样式、幅值及延伸等。

9.2.2　注释首选项概述

该功能用于尺寸标注相应的参数的设置。单击"首选项"工具中的"注释"按钮，弹出"注释首选项"对话框。各选项卡的含义如下所述。

1."尺寸"选项卡

"尺寸"选项卡如图9-6所示,让用户为箭头和直线格式、放置类型、公差和精度格式、尺寸文本角度和延伸线部分的尺寸关系设置尺寸首选项。

(1)尺寸样式

① 显示第1边延伸线和箭头：控制尺寸线第1边的尺寸界线和箭头的显示。

② 显示第2边延伸线和箭头：控制尺寸线第2边的尺寸界线和箭头的显示。

(2)文本放置方式

① 手工放置-箭头在内：手动放置尺寸值的位置,箭头在尺寸界线的内侧。

② 手工放置-箭头在外：手动放置尺寸值的位置,箭头在尺寸界线的外侧。

③ 自动放置：标注尺寸时,尺寸值自动放置在尺寸线中间。

④ 手动放置-箭头方向相同：手动放置,使箭头方向一致。

(3)尺寸线上的文本

① 水平：尺寸值水平放置在尺寸线的中间。

② 对齐：尺寸值与尺寸线平行,在尺寸线的中间。

③ 文本在尺寸线上方：尺寸值与尺寸线平行,在尺寸线的上方。

④ 垂直 ：尺寸值与尺寸线垂直,在尺寸线的中间。

⑤ 成角度的文本 ：尺寸值与尺寸线成一定角度放置,选择此选项,将会激活后面的"角度"文本框,用于控制尺寸值与尺寸线的夹角。

(4) 精度和公差

① 名义尺寸:控制尺寸值小数点后的位数。

② 公差:用于设定公差显示的样式。

③ 参考(包含公差) (1.00±.05) :控制参考尺寸的显示。

④ 检测 (1.00±.05) :控制检测尺寸的显示。

(5) 倒　角

① 文本样式:确定倒角文本的样式,其样式如图 9 - 7(a)所示。

② 文本与指引线位置关系:确定文本与指引线的放置位置样式,其样式如图 9 - 7 (b)所示。

③ 指引线与倒斜角关系:确定指引线与倒斜角的位置关系,其样式如图 9 - 7(c)所示。

④ 符号与文本的关系:确定符号与文本的顺序关系,其样式如图 9 - 7(d)所示。

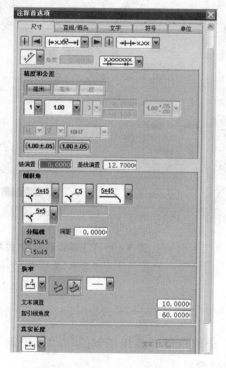

图 9 - 6　"注释首选项"对话框—"尺寸"选项卡　　图 9 - 7　倒角参数设置

(6) 窄尺寸

标注尺寸距离过小,尺寸值无法放在尺寸线内时的处理方式,有如下 5 种:无心、没有指引线心、带有指引线心、短划线上的文本心、短划线后的文本心,尺寸值放置位置可以设置为水平心或平行于尺寸线心。

2.“直线/箭头”选项卡

“直线/箭头”选项卡如图9-8所示,让用户设置应用于指引线、箭头以及尺寸的延伸线和其他注释的首选项。

3.“文字”选项卡

“文字”选项卡如图9-9所示,让用户设置应用于尺寸、附加文本、公差和一般文本(注释、ID符号等)的文字的首选项。

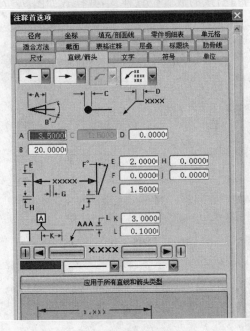

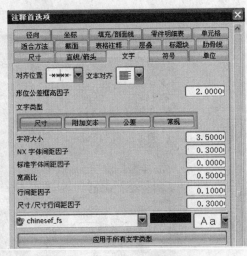

图9-8 “注释首选项”对话框——　　图9-9 “注释首选项”对话框——
“直线/箭头”选项卡　　　　　　　“文字”选项卡

4.“符号”选项卡

“符号”选项卡如图9-10所示,让用户设置应用于“标识”、“用户定义”、“中心线”、“相交”、“目标”和“形位公差”符号的首选项。

5.“单位”选项卡

“单位”选项卡如图9-11所示,让用户为“单位”选项设置首选项。

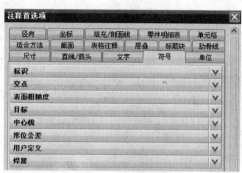

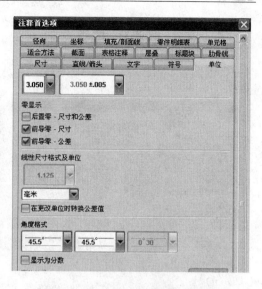

图 9 – 10　"注释首选项"对话框—　　　　图 9 – 11　"注释首选项"对话框—
"符号"选项卡　　　　　　　　　　　　　　"单位"选项卡

6."径向"选项卡

"径向"选项卡如图 9 – 12 所示,让用户设置直径和半径尺寸值显示的首选项。

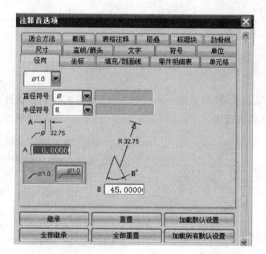

图 9 – 12　"注释首选项"对话框—"径向"选项卡

7."坐标"选项卡

"坐标"选项卡如图 9 – 13 所示,让用户设置"坐标集"选项和"折线"选项的首选项。

8."填充/剖面线"选项卡

"填充/剖面线"选项卡如图 9 – 14 所示，让用户为剖面线和区域填充设置首选项。

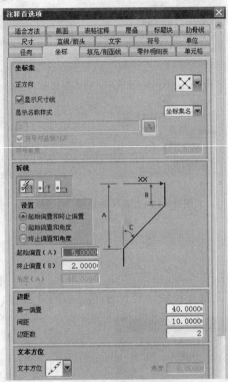

图 9 – 13 "注释首选项"对话框——
"坐标"选项卡

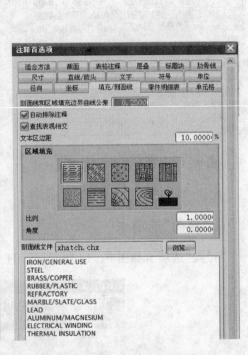

图 9 – 14 "首选项"对话框——
"填充/剖面线"选项卡

9.3 创建视图

视图创建包括基本视图、各种剖视图、局部放大图、向视图等，其操作可以通过选择"插入"→"视图"菜单的级联菜单相应选项或通过单击"图纸"工具条上的图标按钮来实现。如图 9 – 15 所示的为"插入"→"视图"菜单项的级联菜单。

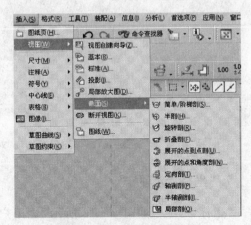

图 9 – 15 "视图"级联菜单

9.3.1　视图创建向导

选择"插入"→"视图"→"视图创建向导"菜单项或单击"图纸"工具条中的"视图创建向导"按钮，就会弹出"视图创建向导"对话框。一共分为 4 个部分：第一步选择部件（如图 9-16 所示）；第二步设置视图的选项（如图 9-17 所示）；第三步，设置模型视图的方位（如图 9-18 所示）；第四步，创建要投影的视图（如图 9-19 所示）。

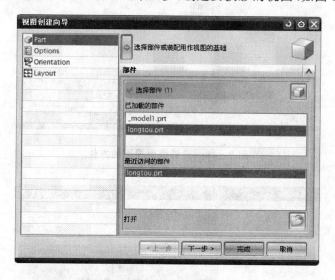

图 9-16　加载部件

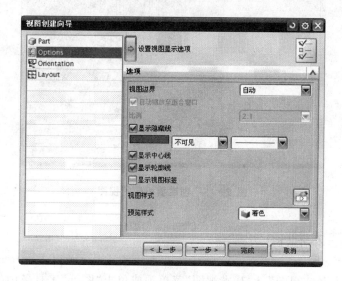

图 9-17　设置视图选项

图 9-18　设置模型视图的方位

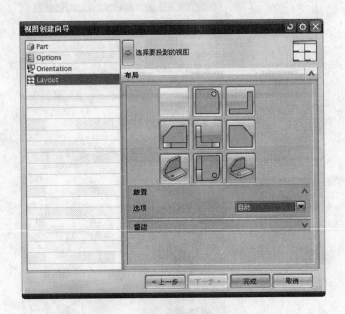

图 9-19　创建要投影的视图

9.3.2　基本视图

　　选择"插入"→"视图"→"基本视图"菜单项或单击"图纸"工具条中的"基本视图"按钮，系统就会弹出如图 9-20 所示"基本视图"参数设置工具条，在其中设置基本

的参数。在生成视图前先设定视图的原点、
视图方向、显示比例等。

　　① 通过"基本视图"对话框的"模型视图"
下拉列表选择一个基本视图。

　　② 在"缩放"复选框的"比例"选项中,根
据视图在图纸上的显示选择一个合适的
比例。

　　③ 通过"视图原点"对视图进行放置,在
图纸上用鼠标将图形拖到合适的位置,单击
鼠标,即可在选择点创建一个基本视图,如
图 9-21 所示。

　　④ 移动鼠标,将会自动激活"投影视图"
按钮 ,出现一个"红色"的投影箭头,方便建
立其他视图,保证了制图的"长对正、高平齐、
宽相等"要求,结果如图 9-22 所示。

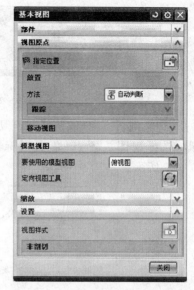

图 9-20　"添加视图"设置工具条

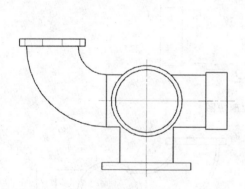

图 9-21　添加基本视图

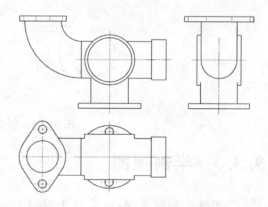

图 9-22　投影视图

9.3.2　简单剖视图

　　该功能用来通过一个剖切平面剖开零件。

　　① 单击"图纸"工具条中的"剖视图"按钮 ,
弹出如图 9-23 所示的"剖视图"工具条。

　　② 选中需要剖切的视图后,自动弹出剖切点
的选择符号,"剖视图"工具条变成如图 9-24 所示
的样式。增加了"铰链线"和"截面线"两个选项。

图 9-23　"剖视图"工具条

图 9-24 "剖视图"工具条

③ 定义剖切方向（铰链线与剖切线方向垂直），在视图上选择一个剖切位置，移动鼠标选择视图放置点，单击鼠标即可在选择点创建一个简单剖视图。结果如图 9-25 所示。

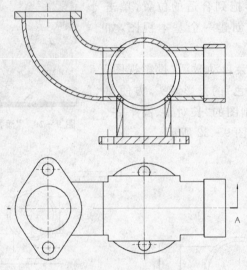

图 9-25 创建剖视图

9.3.3 半剖视图

当机件有对称平面，向垂直于对称平面的方向上投影时，以对称中心线为界，一半画成剖视图，一半画成视图。

其操作步骤和简单剖视图基本相同，单击"图纸"工具条中的"半剖视图"按钮，系统将会弹出"半剖视图"工具条，选择"父视图"，确定剖切位置，选择投影方向，移动鼠标，选择合适的放置位置，单击即可创建半剖视图。结果如图 9-26 所示。

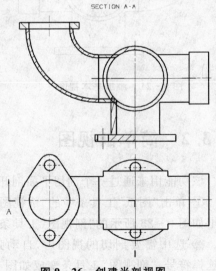

图 9-26 创建半剖视图

9.3.4 旋转剖视图

旋转剖视图主要用于旋转体投影剖视图,当模型特征无法以直角剖面来表达时,可以使用旋转剖,将剖切面旋转一个角度,然后在投影方向上进行投影。

单击"图纸"工具条上的"旋转剖视图"按钮 ,弹出"旋转剖视图"工具条。和简单剖视图一样,选择"父视图",然后选择剖切旋转位置点,接着分别定义 2 段旋转剖切符号的位置,设定投影方向,移动鼠标确定剖视图放置位置,单击创建旋转剖视图。结果如图 9 - 27 所示。

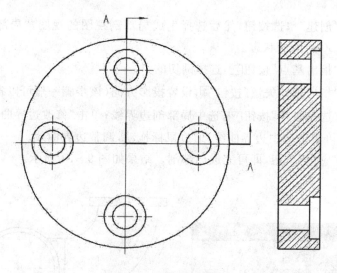

图 9 - 27 旋转剖视图

9.3.5 局部剖视图

在绘制工程图时,有时候一些局部特征,在视图中表达清楚,可能需要增加 1 个或多个视图,为了减少视图数量,一般采取局部剖视图来处理。

在进行局部剖之前,需要做一步准备工作,在创建局部视图的视图上创建一个局部剖的边界,即波浪线的位置。选中需要创建局部视图的视图,然后使用"草图工具"上面的各个命令,在图中局部剖位置划出边界曲线,如图 9 - 28 所示。然后单击"草图工具"上的"完成草图"按钮 ,恢复到制图状态。

① 单击"图纸"工具条中的"局部剖"按钮 ,弹出如图 9 - 29 所示的"局部剖"对话框。通过该对话框,可以创建一个剖视图,或对已存在的局部剖视图进行编辑或删除操作。

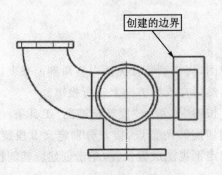

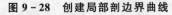

| 图 9 - 28   创建局部剖边界曲线 | 图 9 - 29   "局部剖"对话框 |

② 选中"创建"单选按钮，然后选择生成局部剖视图的视图，"局部剖"对话框将变成如图 9 - 30 所示的状态。

③ 单击"指出基点"按钮 ，选择剖切的点。

④ 单击"指出拉伸矢量"按钮，设置投影方向（该步骤一般可以省略）。

⑤ 单击"选择曲线"按钮，选中局部剖边界线；单击"修改边界曲线"按钮，编辑边界曲线；可单击选中边界曲线，通过鼠标拖动，调整边界曲线。

⑥ 单击"应用"按钮，即可完成局部剖。结果如图 9 - 31 所示。

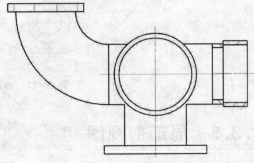

| 图 9 - 30   创建"局部剖"对话框 | 图 9 - 31   创建的局部剖视图 |

9.3.6   折叠剖

单击"图纸"工具条中的"折叠剖"按钮，首先选择要剖视的视图，再选择一条线来定义铰链线。在视图上选择第一个剖切位置，定义完剖切位置之后，按一下鼠标中键，沿着剖切方向移动鼠标，将剖视图移动到合适位置，单击放置视图，完成折叠剖操作，结果如图 9 - 32 所示。

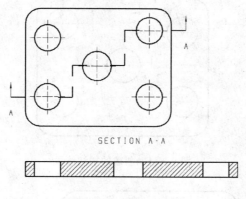

图 9 - 32 折叠剖视图

9.3.7 展开的点到点剖

单击"图纸"工具条中的"展开的点到点剖"按钮⑨,首先选择要剖视的视图,再选择一条线来定义铰链线。这个的选择步骤是与折叠剖类似的,只是结果是展开的,如图 9 - 33 所示。

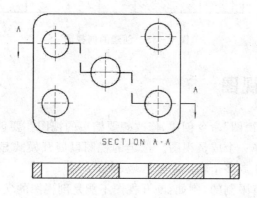

图 9 - 33 展开的点到点剖

9.3.8 展开的点和角度剖

单击"图纸"工具条中的"展开的点到点剖"按钮⑨,首先选择要剖视的视图,再选择一条线来定义铰链线,单击"应用"按钮,开始创建线段。创建的线段如图 9 - 34 所示,展开的结果如图 9 - 35 所示。

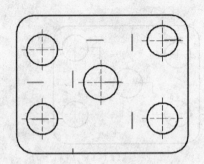

图 9 - 34　创建的剖切线段

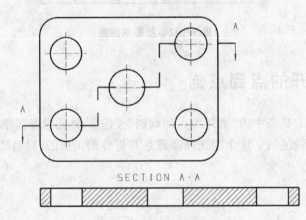

SECTION A-A

图 9 - 35　创建的剖视图

9.3.9　断开视图

可以通过"断开视图"命令创建、修改想要缩短的视图。要创建断开视图,首先请从当前图纸页中选择一个成员视图。选定的视图以展开模式显示。然后,定义一个主断开区域以及一个或多个辅助断开区域。

断开视图也是有限制的,例如:断开视图不能是剖视图的父视图。

不能断开下列视图:

- 多视图剖视图(展开剖和旋转剖)。
- 局部放大图。
- 带有剖切线符号的视图。
- 带有小平面表示的视图。

单击"图纸"工具条中的"断开视图"按钮🔲,弹出"断开视图"对话框,如图 9 - 36 所示。

选择"常规"类型,在设置中可以先设置好断开的参数,创建的断开图如图 9 - 37

图 9-36 "断开视图"对话框

和图 9-38 所示。

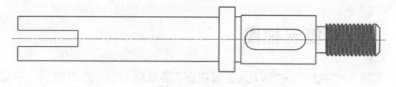

图 9-37 轴的视图

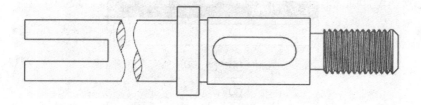

图 9-38 断开视图

9.3.10 局部放大图

局部放大图主要针对细小的局部特征,如键槽、退刀槽、越程槽等。

单击"图纸"工具条中的"局部放大图"按钮 ,弹出"局部放大图"对话框,该工具条提供了 3 种放大边界创建方式:圆形边界、按拐角绘制矩形、按中心和拐角绘制矩形,如图 9-39 所示。默认方式为圆形边界,也是 GB 标准。

在父视图上选择局部放大的位置点,然后拖动鼠标画圆,圆内部分即为放大部分,然后移动鼠标,在适当的位置单击鼠标,创建放大图,操作比较简单。在父视图上标签有无、圆、注释、标签、内嵌的和边界 5 种,如图 9-40 所示。创建的放大图如图 9-41 所示。

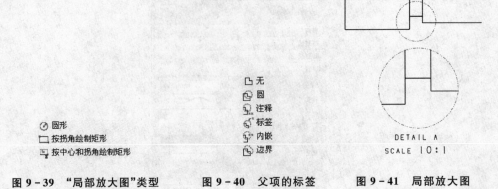

⊙ 圆形
▢ 按拐角绘制矩形
▣ 按中心和拐角绘制矩形

☐ 无
☐ 圆
☐ 注释
☐ 标签
☐ 内嵌
☐ 边界

DETAIL A
SCALE 10:1

图 9-39 "局部放大图"类型　　　**图 9-40** 父项的标签　　　**图 9-41** 局部放大图

9.4　编辑视图

9.4.1　移动/复制视图

选择"编辑"→"视图"→"移动/复制视图"菜单项,系统弹出如图 9-42 所示的"移动/复制视图"对 话框。

图 9-42 "移动/复制视图"对话框

移动/复制方式有如下几种。

- 至一点🔾:将视图移动/复制到任一点。
- 水平⊞:将视图沿水平方向移动/复制到任一点。
- 竖直的🔾:将视图沿竖直方向移动/复制到任一点。
- 垂直于直线🔾:将视图沿着图中所选的某条直线的垂直方向移动/复制到任一点。
- 移动至另一图纸🔾:将视图移动/复制到另外一张图纸中去。

移动视图:快捷的操作就是通过鼠标拖动视图边框,将视图移动到合适的位置。

准确的操作是利用"移动/复制视图"对话框,选择需要移动的视图或在对话框的列表框内选择需要移动的视图,选择某一种移动方式,然后通过鼠标选择移动的位置,单击鼠标,即可完成移动操作,如图9-43所示。

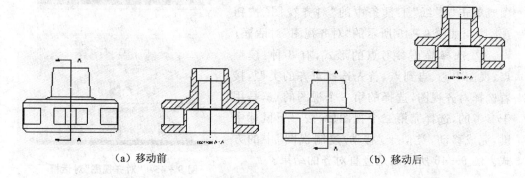

(a) 移动前 　　　　　　　　　　　　　(b) 移动后

图9-43 移动视图

复制视图:快捷的操作就是选中需要复制的视图,按下 Ctrl+C 和 Ctrl+V 两个组合键,将会在图纸上出现 2 个同样的视图,用鼠标将另一个视图拖到合适的位置上。精确的操作是在"移动/复制视图"对话框中,选中"复制视图"复选框,其他操作类似"移动"操作,结果如图9-44所示。

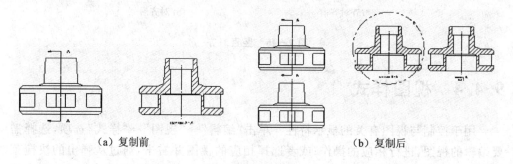

(a) 复制前 　　　　　　　　　　　　　(b) 复制后

图9-44 复制操作

9.4.2　删除视图

在被删除的视图上按一下鼠标右键,在弹出的快捷菜单选择"删除"选项或单击选择要删除的视图,按下 Delete 键,即可完成删除操作。

9.4.3　对齐视图

对齐视图操作是将不同的视图按照需要的方式进行对齐,其中一个为静止的参考视图。

① 选择"编辑"→"视图"→"对齐视图"菜单项或单击"图纸"工具条中的"对齐视图"按钮，弹出如图 9-45 所示的"对齐视图"对话框。

② 选择静止参考点的形式,有 3 种:模型点、视图中心、点到点,首先选择对齐的类型,接着选择对齐视图,选择的第一个视图的点,是用于参考的,选择完第二个视图后,按一下鼠标中键,完成移动,类似于"移动/复制视图"中的方式。图 9-46 所示的是竖直对齐的结果。

图 9-45　"对齐视图"对话框

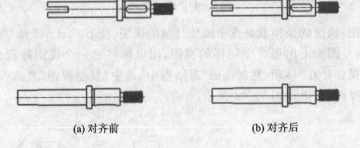

(a) 对齐前　　　　　　　　　(b) 对齐后

图 9-46　竖直对齐

9.4.4　视图样式

用于控制与视图有关的显示特性。单击"编辑"→"视图"→"样式"选项,选择需要编辑的视图,进行相应的操作;或者选择相应的视图并右击,通过从弹出的快捷菜单中选择"样式"选项进行编辑。"视图样式"对话框中可以编辑的选项卡如图 9-47 所示。

各部分常用的参数含义如下。

图9-47　视图样式选项卡

1."常规"选项卡

"常规"选项卡如图9-48所示。

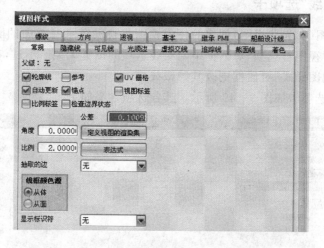

图9-48　"视图样式"对话框—"常规"选项卡

① 轮廓线:控制轮廓线边缘在视图中的显示。

② 参考:选择该复选框,投影所得的视图只有参考符号和视图边界,不能够完整表达模型特征。

③ UV栅格:主要用于曲面显示,用于区别曲线特征。

④ 自动更新:选择该复选框,模型修改后,视图自动随之改变。

⑤ 比例标签:控制视图的比例标签的显示。

⑥ 锚点:在视图中创建锚点,以在模型移动时仍然显示在制图视图的中心。

⑦ 检查边界状态:确定视图的过时状态是否包括其边界。选择此选项后,如果非实体几何体的更改会导致在更新时更改视图边界,视图边界将标记为过时。

⑧ 抽取的边:提供一种在制图视图中显示模型几何体的备选方法。UG NX并不在制图视图中直接显示模型,而显示模型可见边的3D表示。此显示选项可大幅缩短显示大型装配图纸所需的时间。该选项有三种选择。

· 无:不启用抽取的边。

· 关联:显示并关联模型的抽取的边。视图更新后,模型更改将影响这些曲线的显示。

- 非关联:模型抽取的边将会显示,但未关联。模型更改不会影响这些曲线的显示,即使在执行视图更新后。

⑨ 显示标识符:显示图形窗口中所显示的图纸上的视图方位或视图名称,可以帮助导航并交互操控图纸。

- 无:图纸的制图视图上不显示标识符。
- 方位:显示一个或多个特定制图视图所显示的视图方位。
- 名称:显示一个或多个特定制图视图所显示的视图名称。

2."隐藏线"选项卡

从现有视图(称为父视图)创建的任何视图将自动继承父视图的隐藏线设置,与"视图样式"或"视图首选项"对话框中隐藏线选项的设置无关。不过,在视图创建后,还可以使用"视图样式"对话框更改其隐藏线显示。

"隐藏线"选项卡如图 9-49 所示。其各选项含义如下。

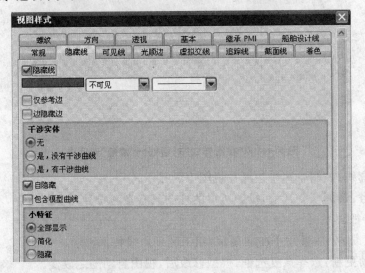

图 9-49 "视图样式"对话框—"隐藏线"选项卡

① 隐藏线:选择该复选框,在视图中添加隐藏的线,可以设置隐藏线的线型、线宽和颜色,一般隐藏线用虚线表示。

② 仅参考边:控制带有参考注释的隐藏边的显示。如果选择此选项,且隐藏线线型未设置为不可见,则仅显示带有参考注释的隐藏边。

③ 边隐藏边:控制被其他重叠边隐藏的边的显示。如果选择此选项,则因其他边的遮挡而隐藏的边将可见且可供选择,并可设置为指定的颜色、线型和宽度。如果不选择此选项,则因其他边的遮挡而隐藏的边将不可见且不可选。此功能在以下两方面非常有用。

- 绘图时,如果未选择边隐藏边选项,绘图仪则不会绘制两条相互叠加的曲线。

当两条边的颜色或线型不同时,此功能尤其有用。

- 对于不太可能有边隐藏边的部件(例如弹簧),您可以通过选择边隐藏边选项加快显示视图的速度。

④ 干涉实体:控制干涉实体的隐藏边的显示。选择此选项后,视图更新速度会变慢。

⑤ 自隐藏:控制被实体自身隐藏的边的显示。如果不选择此选项,则仅有被其他实体隐藏的边可见。不显示被实体自身隐藏的边。如果选择此选项,则显示所有隐藏边。

⑥ 包含模型曲线:将隐藏颜色、线型和宽度选项应用于视图中的曲线。此选项对于带有线框曲线或 2D 草图曲线的图纸尤其有用。

⑦ 小特征:简化或移除小特征在视图中的显示。小特征是小于模型指定大小的一组相连面,以百分比表示。在大型装配图纸中,此选项最为有用,它可以改进打印质量并加快视图更新。

3.“可见线”选项卡

“可见线”选项卡如图 9 - 50 所示,用于控制视图轮廓线的颜色、线型和线宽。

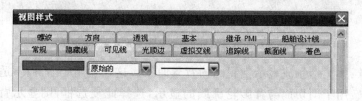

图 9 - 50　“视图样式”对话框—“可见线”选项卡

4.“光顺边”选项卡

“光顺边”选项卡如图 9 - 51 所示,用于控制模型相切处边界的显示,在制图中通常不选择。其选项卡含义如下。

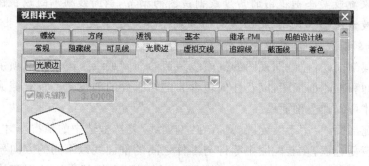

图 9 - 51　“视图样式”对话框—“光顺边”选项卡

① 光顺边:控制从两曲面相交处派生的边的显示,这两个面的相邻面在相交处具有公共边。

② 端点缝隙:可用于控制光顺边端点处可见缝隙的显示。缝隙的长度以图纸单位表示,而且由端点缝隙框中设置的值控制。

5. "截面线"选项卡

"截面线"选项卡如图9-52所示,用于设置剖视图轮廓线。

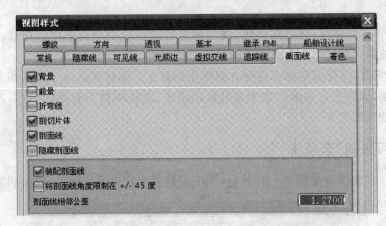

图9-52 "视图样式"对话框—"截面线"选项卡

- 背景:用于抑制或显示剖视图的背景曲线。这仅适用于体,而不适用于特征。
- 前景:用于剖切面与背影轮廓线的显示,选择此复选框,则显示背景线,否则仅显示剖切面。
- 折弯线:设置此选项后,会在阶梯剖视图中显示剖切折弯线。仅当剖切穿过实体材料时才会显示折弯线。
- 剖切片体:用于在剖视图中剖切片体。
- 剖面线:控制剖视图中剖切线的显示,选择该复选框,则显示剖切线。

注:如果更改某个剖视图的角度或剖视图的细节,剖面线则不随该视图旋转。另外,如果更改该视图的比例,剖面线的间距则不会发生更改。对于大型装配剖视图,如果未选择剖面线选项,可能会降低运行速度。

- 隐藏剖面线:控制剖视图的剖面线是否参与隐藏线处理。此选项主要用于局部剖和轴测剖视图,以及任何包含非剖切组件的剖视图。只有截面的平面剖面才可以加上剖面线。
- 装配剖面线:用于装配图,只有在"剖面线"复选框选中的情况下才可选择,选择该复选框,在装配图中零件与零件之间的剖面线以不同的方向显示。
- 将剖面线角度限制在±45°:强制装配剖视图中相邻实体的剖面线角度仅设置为45°和135°。

6."螺纹"选项卡

"螺纹"选项卡如图 9-53 所示,用于选择螺纹的标准。

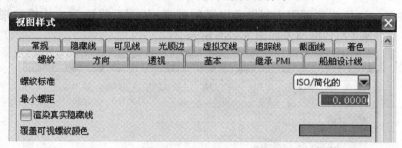

图 9-53　"视图样式"对话框—"螺纹"选项卡

7."着色"选项卡

"着色"选项卡如图 9-54 所示。使用"着色"选项卡上的选项将制图视图以着色模式显示。着色视图支持的功能与线框视图支持的功能相同,包括可见线、隐藏线、轮廓线以及独特视图方位的显示和控制。

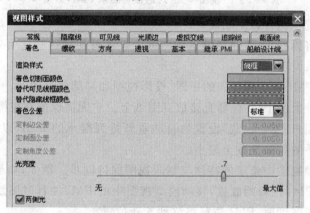

图 9-54　"视图样式"对话框—"着色"选项卡

① 渲染样式:使用以下渲染样式选项控制如何显示成员视图。

· 完全着色:显示完全着色的制图视图。

· 线框:以线框模式显示未着色的制图视图。

· 局部着色:显示仅对指定几何体着色的制图视图。

② 着色切割面颜色:控制剖视图中所有切割面的颜色。

③ 替代可见线框颜色:使用用户指定的颜色代替可见线颜色、光顺边颜色、可见追踪线颜色和虚拟交线颜色。

④ 替代隐藏线框颜色:使用用户指定的颜色代替隐藏线颜色和隐藏追踪线颜色。

8. "继承 PMI"选项卡

使用继承 PMI 可控制从模型视图中继承哪些 PMI 注释,以及如何在图纸中放置这些注释。这些选项可用于利用已定义的数据,从而不需要手工从模型视图中复制 PMI。"继承 PMI"选项卡如图 9-55 所示。

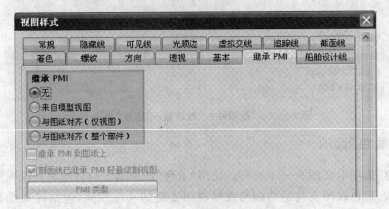

图 9-55 "视图样式"对话框-"继承 PMI"选项卡

继承 PMI 选项包含以下功能。

* 可控制将哪些 PMI 注释继承到图纸上。还可使用这些选项来编辑现有视图中的继承设置。
* 可以将 PMI 继承到导入的视图、投影视图和局部放大图上。
* 可以将继承的 PMI 注释直接放到图纸上。它无需保留在视图中。
* 可以将用户"默认设置"设置为自动重新排列继承的 PMI,以防止发生重叠,或将重叠的可能性减至最小。
* 可使模型视图中指定的特性与制图视图保持同步。例如,如果设置某个选项来跟踪 PMI 注释的放置,移动模型视图中的 PMI 注释时图纸会被标记为过时。更新图纸时,PMI 注释将移到其新位置。
* PMI 不会在图纸上向后显示或上下颠倒。
* 视图报告包括继承的 PMI。
* 可以设置用户默认设置(制图→常规→图纸→允许 PMI 双向编辑),从而图纸上继承的 PMI 的更改也会在用户的模型上自动更新。

继承 PMI 各选项含义如下。

* 无:关闭视图的继承 PMI 行为。如果在包含继承的 PMI 的现有视图中选择该选项,视图将标记为过时。视图更新时,将移除所有显示的 PMI。
* 来自模型视图:在等同制图视图中显示来自模型视图的所有 PMI。
* 与图纸对齐(仅视图):仅显示放在图纸上的模型视图中所包含的 PMI,而且其注释平面与图纸页平行。从"无"更改为该选项时,视图将标记为过时。视

图更新后,视图中只显示来自模型视图的 PMI,其平面与图纸页平行。从来自模型视图更改为该选项时,视图将标记为过时。更新模型视图后,只保留所在平面与图纸页平行的 PMI。该选项比来自模型视图更具限制性。

- 与图纸对齐(整个部件):视图添加到图纸上之后,将显示部件中注释平面与图纸页平行的所有 PMI。
- 继承 PMI 到图纸上:将 PMI 放置到图纸上,而不是作为视图中的视图相关对象。仅在已选中与图纸对齐(仅视图)选项或与图纸对齐(整个部件)选项时,此选项才可用。它不适用于已检查的形位公差显示实例。

注:此选项仅在将视图添加到图纸时可用。编辑现有视图时不可用。

9.5　尺寸标注

UG NX 提供的尺寸标注功能十分强大,标注尺寸对象与视图相关,与设计模型相关,模型修改后,尺寸数据自动更新。

选择"插入"→"尺寸"级联菜单中的菜单项或单击"尺寸"工具条中的按钮来实现。"尺寸"工具条如图 9-56 所示。

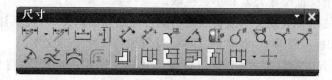

图 9-56　"尺寸"工具条

① 自动判断尺寸：根据选择情况,系统自动判断是何种类型尺寸,并自动对应标注。

② 水平尺寸：在选择的两个点之间建立一水平尺寸。

③ 角度尺寸：在两条非平行直线间建立一角度尺寸,可以定义角度。

④ 竖直：在选择的两个点之间建立一竖直尺寸。

⑤ 平行：在选择的两个点之间建立一平行尺寸。

⑥ 垂直：建立点到直线最短距离的尺寸。

⑦ 倒斜角尺寸：创建一个倒斜角尺寸,其角度为 45 度。

⑧ 圆柱形：标注圆柱形的直径,在尺寸前添加直径符号 Φ。

⑨ 孔：标注用单一指引线表示孔的孔径。

⑩ 直径：标注圆或圆弧的直径。

⑪ 半径：标注圆弧半径,指引线不一定指向圆心,指向所标注圆弧即可。

⑫ 到中心的半径：标注圆弧半径,指引线通过圆心。

⑬ 带折线的半径：当圆弧半径太大,其中心位于图纸区域之外或很远时,指引

线用折线表示。

⑭ 厚度：两曲线之间的厚度，或两同心圆的半径差，GB 标准无此方式。

⑮ 圆弧长：标注所选圆弧周长的尺寸。

⑯ 水平链：标注一组水平尺寸时，相邻尺寸共享尺寸界线。

⑰ 竖直链：标注一组竖直尺寸时，相邻尺寸共享尺寸界线。

⑱ 水平基准线：标注一组水平尺寸时，每个尺寸共享选择第一点的基线。

⑲ 竖直基准线：标注一组竖直尺寸时，每个尺寸共享选择第一点的基线。

⑳ 坐标：标注点时，标注相对原点的坐标值。

如图 9-56 所示的几种类型尺寸的标注，当单击某种类型的尺寸按钮时，系统将会弹出尺寸标注参数设置工具条，如图 9-57 所示。

图 9-57 尺寸类型

① 值：用于设置尺寸公差和小数位数。

② 文本：使用文本或文本编辑器对话框可创建和编辑文本，包括注释、标签和其他制图注释（如标识符号）中包含的文本以及附加到尺寸上的文本。

③ 设置。尺寸标注样式：可以设置尺寸标注样式。重置：将局部首选项重设为部件中的当前设置，并清除附加文本。

④ 驱动：仅适用草图尺寸。可指出应将尺寸视为驱动草图尺寸还是视为文档尺寸。选择此选项时，将指示驱动尺寸并显示表达式框。用户可以从表达式框中更改表达式值。

⑤ 层叠：可以将几个尺寸进行层叠。

⑥ 对齐：将尺寸进行水平或者竖直对齐。

9.6 注 释

"注释"工具条提供的选项可用于添加/编辑符号、文本、剖面线和区域填充制图对象、光栅图像以及用户定义符号。还有一些命令可以使特征尺寸和草图尺寸实例继承到用户的图纸中。"注释"工具条见图 9-58 所示。

图 9-58 "注释"工具条

9.6.1　注释文本

可以对尺寸添加注释，添加的文本可以和尺寸进行层叠。添加的注释也可以通过指引线和部件添加关联。

选择"插入"→"注释"→"注释"菜单项或单击"注释"工具条上的"注释"按钮 Ⓐ，弹出如图 9 - 59 所示的"注释"对话框。在"格式化"选项组中可以选择字体以及字体及符号的大小；在"符号"→"类别"选项组中可以选择需要的符号类型，其中有"制图"、"形位公差"、"分数"等。

9.6.2　特征控制框

单击"注释"工具条上的"特征控制框"按钮 ▭，或者选择"插入"→"注释"→"特征控制框"菜单项，系统弹出"特征控制框"对话框。

特征控制框对话框可用于以下几种情况。

- 创建并编辑包含一行的特征控制框，而不管有没有指引线。
- 创建并编辑包含多行的公差框，而不管有没有指引线。
- 创建并编辑组合特征控制框，而不管有没有指引线。
- 创建并编辑其下包含一个或多个其他公差框的组合特征控制框（组合特征控制框始终位于顶部），而不管有没有指引线。
- 将特征控制框（上述任何一种）附加到现有尺寸上，包含现有的原点功能。

创建的组合特征控制框如图 9 - 60 所示。

图 9 - 59　"注释"对话框

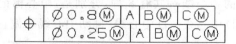

图 9 - 60　组合特征控制框

9.6.3　基准特征符号

单击"注释"工具条上的"基准特征符号"按钮▣,或者选择"插入"→"注释"→"基准特征符号"菜单项,系统弹出"基准特征符号"对话框。

使用"基准特征符号"命令创建形位公差基准特征符号(带有或不带指引线),以便在图纸上指明基准特征。

9.6.4　基准目标

单击"注释"工具条上的"基准目标"按钮◎,或者选择"插入"→"注释"→"基准目标"菜单项,系统弹出"基准目标"对话框。

使用"基准目标"命令可在部件上创建基准目标符号,以指明部件上特定于某个基准的点、线或面积。基准目标符号是一个圆,分为上下两部分。下半部分包含基准字母和基准目标编号。对于面积类型的基准目标,可将标识符放在符号的上半部分中,以显示目标面积形状和大小。

9.6.5　表面粗糙度符号

单击"注释"工具条上的"表面粗糙度符号"按钮√,或者选择"插入"→"注释"→"表面粗糙度符号"菜单项,系统弹出"表面粗糙度符号"对话框。

可以使用"表面粗糙度符号"命令对"制图"应用模块中的英制和公制图纸以及PMI应用模块中的模型面创建符合标准的表面粗糙度符号。

关联和非关联符号:表面粗糙度符号可以与模型几何体关联或不关联。它们可以与线性模型几何体相关联,如边、轮廓线和截面边,还可以与尺寸和中心线关联;可以创建带有或不带有指引线的关联和非关联表面粗糙度符号,还可以创建与模型特征或尺寸不关联的粗糙度符号。这些符号可以放在图纸的任何地方,并且无论对模型进行任何编辑,都保持在位置。

9.6.6　中心线

UG NX 8.0 提供的中心线一共有 8 种,分别是:中心标记、螺栓圆中心线、圆形中心线、对称中心线、2D 中心线、3D 中心线、自动中心线和偏置中心点符号。

1. 中心标记⊕

使用中心标记命令可创建通过点或圆弧的中心标记。通过单个点或圆弧的中心标记被称为简单中心标记。

2. 螺栓圆中心线

使用螺栓圆中心线创建通过点或圆弧的完整或不完整螺栓圆。螺栓圆的半径始终等于从螺栓圆中心到选择的第一个点的距离。螺栓圆符号是通过以逆时针方向选择圆弧来定义的。可以对任何螺栓圆符号几何体标注尺寸。

3. 圆形中心线

使用圆形中心线可创建通过点或圆弧的完整或不完整圆形中心线。圆形中心线的半径始终等于从圆形中心线中心到选取的第一个点的距离。

4. 对称中心线

使用对称中心线命令可以在图纸上创建对称中心线,以指明几何体中的对称位置。这样便节省了必须绘制对称几何体另一半的时间。可以为任何对称中心线标注尺寸。尺寸值为尺寸距离的两倍。默认行为是:尺寸是尺寸距离的两倍,实际的距离加上对称中心线另一侧的同等距离。

5. 2D 中心线

可以使用曲线或控制点来限制中心线的长度,从而创建 2D 中心线。例如,如果使用控制点来定义中心线(从圆弧中心到圆弧中心),则产生线性中心线。

6. 3D 中心线

可以在扫掠面或分析面,例如圆柱面、锥面、直纹面、拉伸面、回转面、环面和扫掠类型面等面上创建 3D 中心线。

7. 自动中心线

自动中心线命令可自动在任何现有的视图(孔或销轴与制图视图的平面垂直或平行)中创建中心线。如果螺栓圆孔不是圆形实例集,则将为每个孔创建一条线性中心线。自动中心线将在共轴孔之间绘制一条中心线。不保证自动中心线在过时视图上是正确的。

8. 偏置中心点符号

创建偏置中心点符号,该符号表示某一圆弧的中心,该中心处于其偏离真正中心的某一位置。

9.7 零件工程图综合案例一

9.7.1 案例预览

本节将介绍一个零件的工程图的生成过程。该零件有两个螺纹孔,因此采用局部剖视图来表达,另外由于零件表面各处对与粗糙度要求不同,所以在各处标注数值及样式都不同的粗糙度值。最终效果如图 9-61 所示。

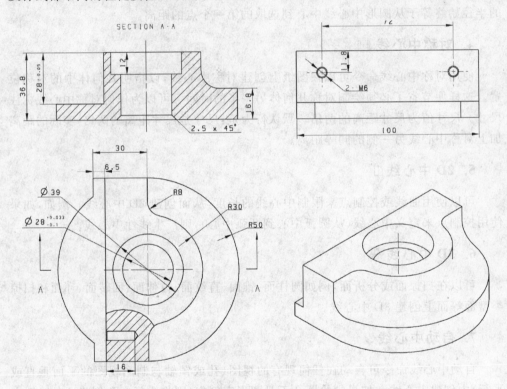

图 9-61 法兰工程图

9.7.2 案例分析

本案例是一个机械零件工程图的实例。通过对图纸的基本分析可知,该零件造型较为简单。只是在一个螺纹孔的位置添加一个局部剖视图,其余的按照标准来标注即可。在标注过程中,应注意标注样式的修改,并会使用附加文本的编辑。具体设计流程如图 9-62 所示。

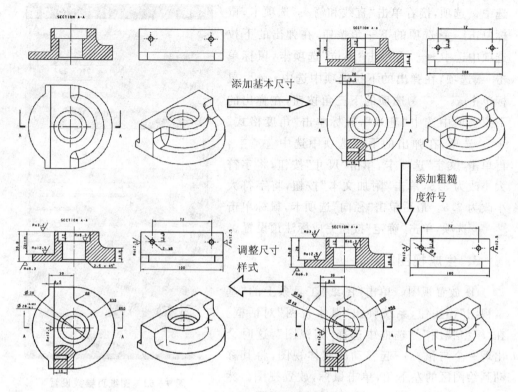

添加基本尺寸

添加粗糙
度符号

调整尺寸
样式

图 9 - 62 设计流程图

9.7.3 设计步骤

1. 新建零件文件

① 在桌面上双击 UG 快捷方式图标进入基本环境,然后选择"文件"→"打开"选项,找到本书所附光盘的:实例源文件/第 9 章/实例源文件 1. prt,单击 OK 按钮,绘图区内将显示实体模型。

② 在工具条中选择"开始"→"制图"选项,切换到工程图模式,将显示空白图纸。

2. 制图参数预设置

① 图纸设置。选择"图纸"工具条上的"新建图纸页"按钮 ,弹出"图纸页"对话框,如图 9 - 63 所示设置对话框,单击"确定"按钮完成图纸设置。在弹出来的"视图创建向导"对话框中单击"取消"按钮。

② 标注预设置。执行"首选项"下拉菜单中的"注释"命令,弹出"注释首选项"对话框。先单击"尺寸"选项卡,鼠标单击 选项的下三角按钮,在弹出的下拉选项中

选中 ✓ 选项,接着单击"直线和箭头"选项卡,鼠标单击 ← 选项的下三角按钮,在弹出的下拉选项中选中 ← ,再单击"单位"选项卡,鼠标单击 3.050 选项,在弹出的下拉选项中选中 3.050 。鼠标单击 毫米 选项的下三角按钮,在弹出的下拉选项中选中"毫米",鼠标单击"角度格式" 45.5° 选项,在弹出的下拉选项中选中 45.5° ,再单击"文字"选项卡,单击"尺寸"按钮,将字符大小改为3.5,单击"附加文本"按钮,将字符大小改为3.5。最后单击"径向"选项卡,鼠标单击 ⌀13 ⌀13.0 选项,单击"确定"按钮完成标注预设置。

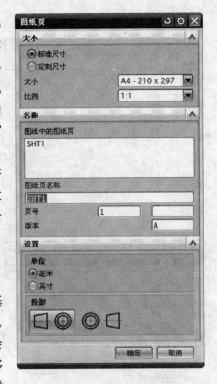

图 9 - 63　图纸页参数设置

3. 生成视图

① 放置视图。单击"图纸"工具条上的"基本视图" 按钮,系统弹出"基本视图"对话框。在"模型视图"复选框中选择"俯视图",这时会出现一个与鼠标一起移动的实体视图,将其移动到绘图区的左下角,单击鼠标,放置视图。然后单击"关闭"按钮。选择刚刚投影的视图并右击,从弹出的快捷菜单中选择"添加剖视图"选项,图形窗口出现剖视图工具条及铰链线,选中圆弧的中心,然后向上移动鼠标至合适位置,单击鼠标放置视图,效果如图 9 - 64 所示。

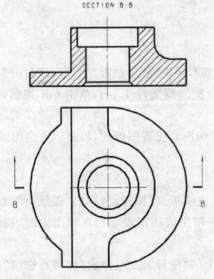

图 9 - 64　添加投影视图及剖视图

② 添加投影视图。选择"图纸"工具条上的"投影视图"按钮 ,系统弹出"投影视图"对话框,"父视图"选择刚刚创建的剖视图,向右移动鼠标到合适位置,单击鼠标,然后单击"关闭"按钮,退出"投影视图"对话框。

③ 添加基本视图。单击"图纸"工具条上的"基本视图"按钮 ,系统弹出"基本视图"对话框。在"模型视图"复选框中选择"正等侧视图"选项,这时会出现一个与鼠标一起移动的实体视图,将其移动到绘图区的右下角,单击鼠标放置视图。然后单击"关闭"按钮。效果如图 9 - 65 所示。

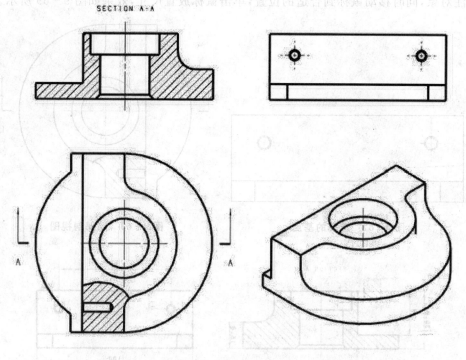

图 9－65　添加投影视图

4. 添加局部剖视图

为了表达两个螺纹孔,我们在俯视图上添加一个局部剖视图。

① 选择投影的俯视图,右击,选择"活动草图视图"按钮 活动草图视图,使用"艺术样条"命令(注意勾选"封闭的"选项),在俯视图上创建样条曲线如图 9－66 所示。

② 单击"图纸"工具条上的"局部剖视图"按钮,系统弹出"局部剖"对话框,选择"创建"按钮,视图选择添加的"俯视图",基点选择右上视图的圆孔中心,如图 9－67 所示。"拉伸

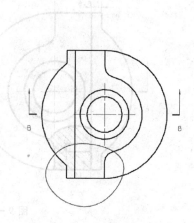

图 9－66　添加辅助剖切线

矢量"按照默认所示,"选择曲线"就选择创建的艺术样条曲线,单击"应用"按钮,创建的局部剖如图 9－68 所示。

5. 工程图的标注

① 标注基本尺寸。选择"尺寸"工具条上的"自动判断尺寸"按钮,选择线性的

标注对象,同时移动鼠标到合适的位置,单击鼠标放置尺寸,效果如图9-69所示。

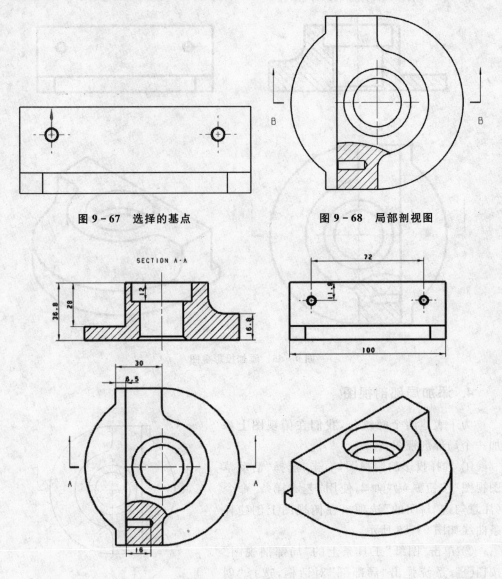

图9-67   选择的基点   图9-68   局部剖视图

图9-69   添加基本尺寸

　　② 标注直径及半径尺寸。选择"尺寸"工具条上的"直径"按钮，用鼠标选择标注对象(圆),将尺寸线移动到合适的位置单击,生成尺寸标注。同样方法,标注各个视图的半径尺寸标注。效果如图9-70所示。

　　③ 取消"光顺边"的显示。选择"俯视图"选项并右击,从弹出的快捷菜单中选择"样式"选项,在弹出来的"样式"对话框中,选择"光顺边"选项,然后取消"光顺边"的选择。同样地将等轴测视图也取消显示(如果原来没有勾选,则此条可以忽略)。

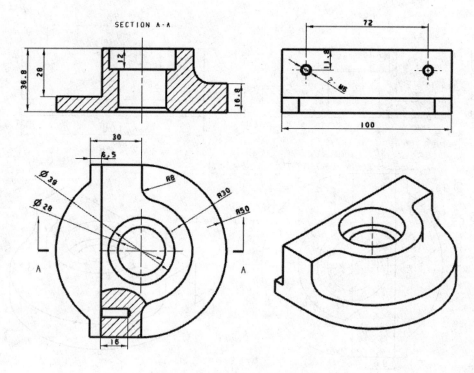

图 9-70 添加半径及直径尺寸

④ 添加表面粗糙度符号。单击"注释"工具条上的"表面粗糙度符号"按钮 ，系统弹出"表面粗糙度"对话框。在"属性"栏中,选择下部文本,以及在"设置栏"中设置符号的样式、角度和文本的角度。注意在添加表面粗糙度符号的时候,按住 Alt 键,然后选择合适的位置放置符号。结果如图 9-71 所示。

⑤ 添加倒斜角尺寸。单击"尺寸"工具条上的"倒斜角尺寸"按钮 ，选择剖视图的倒斜角,移动鼠标到合适位置,单击鼠标放置尺寸,结果如图 9-72 所示。

⑥ 修改尺寸公差。在图形窗口双击线性尺寸 28,在弹出来的"编辑尺寸"对话框中,设置参数如图 9-73 所示,并在图形窗口双击公差尺寸,修改为 0.05。同样地双击俯视图中直径为 28 的尺寸,设置参数如图 9-74 所示。效果如图 9-75 所示。

⑦ 修改螺纹标识符号。选择投影视图的直径为 6 的尺寸并右击,从弹出的快捷菜单中选择"样式"选项,在弹出来的"注释样式"对话框中选择"径向"按钮,在"直径符号"下拉列表中选择"用户定义"选项,在后面的复选框输入 M,
直径符号 用户定义 M 。单击"确定"按钮,仍然选择该尺寸并右击,从弹出的快捷菜单中选择"编辑附加文本"选项,在弹出来的文本编辑器中单击"之前"按钮 ，在下面的文本框中输入"2-",单击"关闭"按钮,编辑的结果如图 9-76 所示。

⑧ 修改直径和半径尺寸的文本显示方式(共 6 个)。选中所有的直径和半径尺寸并右击,在弹出的右键快捷菜单中选择"样式"选项,在弹出来的"注释样式"对话框

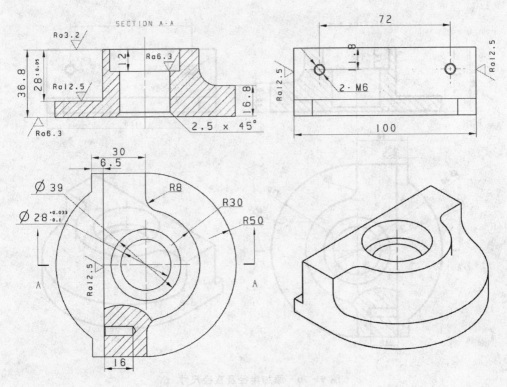

图 9-71 添加表面粗糙度符号

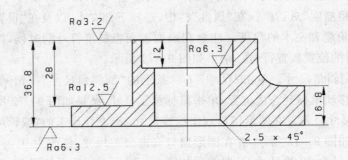

图 9-72 添加倒斜角尺寸

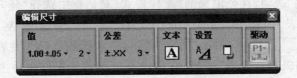

图 9-73 尺寸显示设置参数

图 9 - 74　直径尺寸显示设置

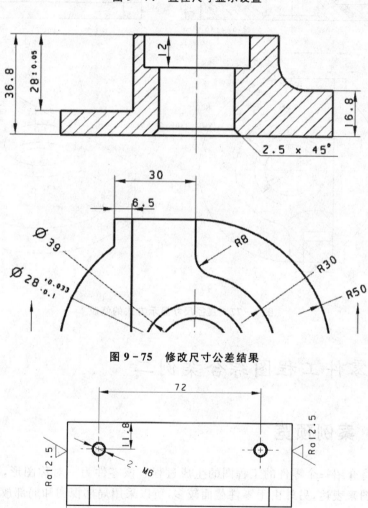

图 9 - 75　修改尺寸公差结果

图 9 - 76　修改标注样式

中选择"水平"选项，其结果如图 9 - 77 所示。

　　⑨ 添加注释。在图纸的右上角添加表面粗糙度的注释：其余 Ra25。总的图纸如图 9 - 61 所示。

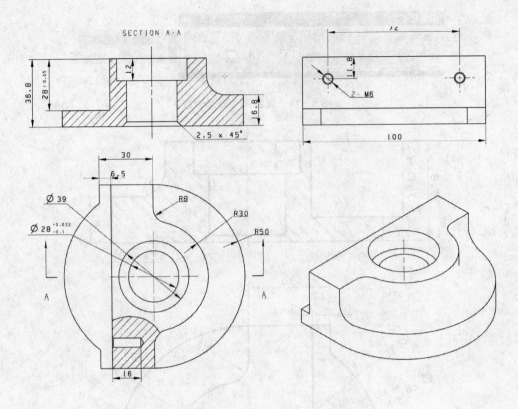

图 9-77　直径尺寸显示方式的修改

9.8　零件工程图综合案例二

9.8.1　案例预览

　　本节将介绍一个零件的工程图的生成过程。该零件为一对称图形,因此采用两个全剖视图来表达,另外由于零件截面较多,所以采用局部视图和局部放大视图来表示。最终效果如图 9-78 所示。

9.8.2　案例分析

　　本案例是一个机械零件工程图的实例。通过对图纸的基本分析可知,该零件造型为左右对称的。所以采取从中间全剖的方式来表达。另外转折处的截面也采用全剖来表示。在造型较为复杂处,采用局部放大视图,比例为 2:1,并且添加此处的定

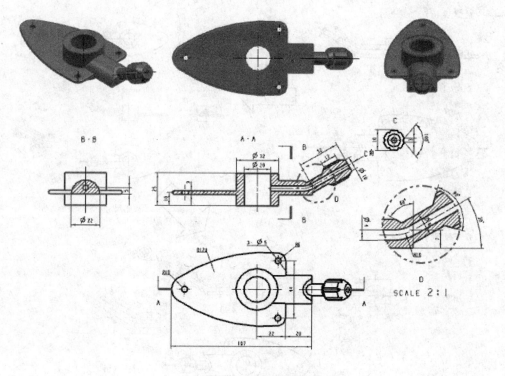

图 9 - 78　零件工程图

向视图。具体设计流程如图 9 - 79 所示。

9.8.3　设计步骤

1. 新建零件文件

① 在桌面上双击 UG 快捷方式图标进入基本环境,然后选择"文件"→"打开"菜单项,找到本书所附光盘的:实例源文件/第 9 章/实例源文件 1. prt,单击 OK 按钮,绘图区内将显示实体模型。

② 在工具条中选择"开始"→"制图"选项,切换到工程图模式,将显示空白图纸。

2. 图形预处理

① 打开本书所附随书光盘:实例源文件/第 9 章/实例源文件 1. prt,单击 OK 按钮,绘图区内将显示实体模型。单击"实用工具"工具条上的"WCS"下拉菜单,选择"WCS"定向按钮,"类型"中选择"对象的 CSYS"选项,选择如图 9 - 80 所示的面,单击"确定"按钮。在图形窗口双击 WCS,使 Y 轴沿 Z 轴逆时针方向旋转 90 度。

② 单击工具条上的"视图"→"操作"→"定向"选项,类型选择"动态",单击"确

UG NX 8.0 工程应用实战精解/segt>

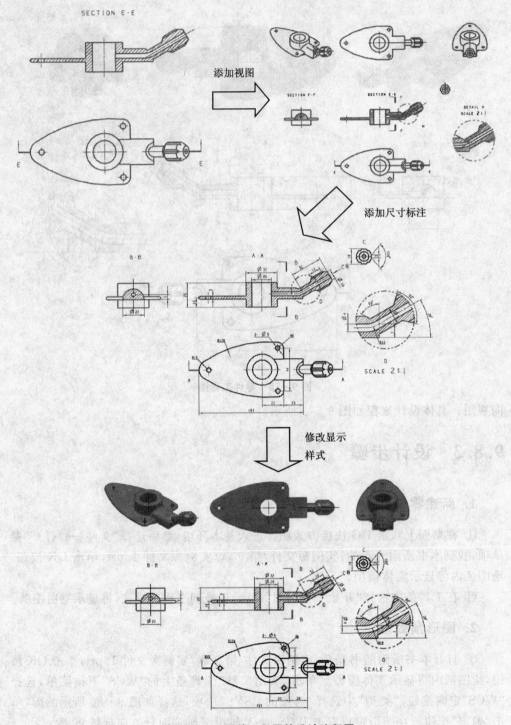

图 9-79 零件工程图的设计流程图

图 9-80　设置 WCS

定"按钮。调整坐标系完毕(此时不要再在图形窗口旋转零件)。

③ 在部件导航器中选择"模型视图"并右击,从弹出的快捷菜单中选择"添加视图"选项,在名称中输入 1,按 Enter 键。视图将会被保存。在新创建的视图上右击,从弹出的快捷菜单中选择"创建轻量级剖视图"选项,如图 9-81 所示。系统弹出"轻量级剖视图"对话框,设定参数如图 9-82 所示。单击"确定"按钮。创建剖视图。注意:这个不是实际的剖切,在模型视图窗口会显示刚刚创建的剖视图。

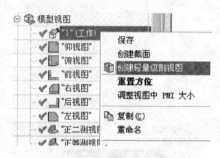

图 9-81　创建视图

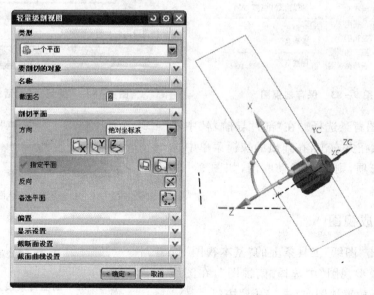

图 9-82　轻量级剖视图

④ 单击工具条上的"视图"→"操作"→"定向"选项,类型选择"动态",单击"确定"按钮。再次调整坐标系(注意不要再在图形窗口旋转零件)。在模型视图窗口的

剖视图右击,在弹出的快捷菜单中选择"保存"选项,如图9-83所示。

3. 制图参数预设置

① 图纸设置。选择"图纸"工具条上的"新建图纸页"按钮🗂,弹出"图纸页"对话框,如图9-84所示设置对话框,单击"确定"按钮完成图纸设置。在弹出来的"视图创建向导"对话框中单击"取消"按钮。

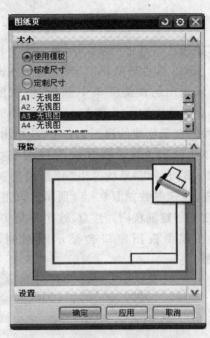

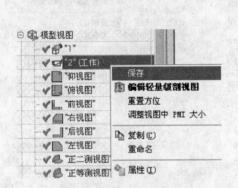

图9-83 保存剖视图

图9-84 "图纸页"对话框

② 制图背景选择。在"部件导航器"中选择"图纸"按钮并右击,在弹出的快捷菜单中选择"单色"选项,则白色背景取消,如图9-85所示。

4. 生成视图

① 单击"图纸"工具条上的"基本视图"按钮🗐,在"模型视图"中选择"俯视图",在图纸的中部偏下放置视图,单击"关闭"按钮。

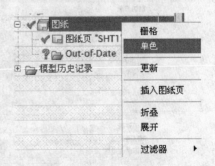

图9-85 制图背景设置

② 单击"图纸"工具条上的"剖视图"按钮◹,选择刚刚创建的视图为要剖切的视图,选择圆弧中心为剖切位置,如图9-86所示,向上拖动视图到合适位置,单击鼠标放置视图,如图9-87所示(不要关闭"剖视图"对话框)。

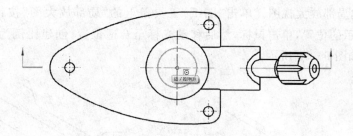

图 9-86　选择剖切点

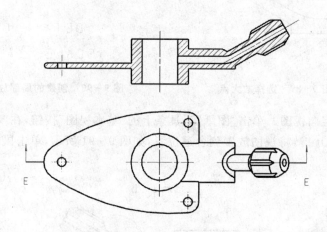

图 9-87　创建剖视图

③ 继续创建剖视图。单击步骤②中创建的剖视图,在中孔偏右位置单击选择剖切点,向左移动光标到合适位置,单击鼠标放置视图,结果如图 9-88 所示。

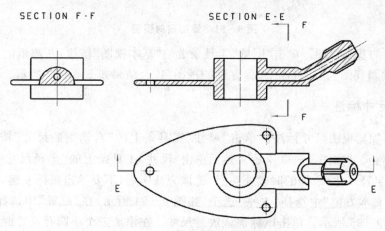

图 9-88　创建剖视图

④ 创建局部放大视图。单击"图纸"工具条上的"局部放大图"按钮 ，选择如图 9-89 所示的位置，单击鼠标，然后移动光标至合适位置，创建比例为 2∶1 的局部方法视图，如图 9-90 所示。

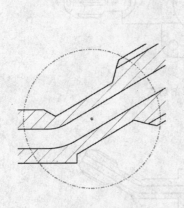

图 9-89　选择放大点

DETAIL G
SCALE 2∶1

图 9-90　创建的局部放大视图

⑤ 添加定向视图。单击"图纸"工具条上的"基本视图"按钮，在"模型视图"中选择"2"，按住 Alt 键，将视图放置到合适位置，如图 9-91 所示，单击鼠标放置视图。

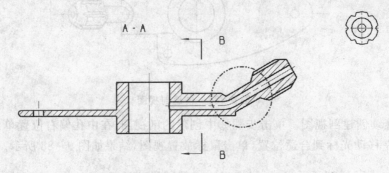

图 9-91　添加定向视图

⑥ 添加基本视图。单击"图纸"工具条上的"基本视图"按钮，在图纸的上方依次添加"等轴测视图"、"仰视图"和保存过的视图"1"。结果如图 9-92 所示。

5. 尺寸标注

① 添加俯视图尺寸标注。单击"尺寸"工具条上的"自动判断尺寸"按钮 ，首先添加线性尺寸如图 9-93 所示。然后单击"尺寸"工具条上的"半径尺寸"按钮 ，添加三个半径尺寸，添加的时候要注意，选取完线串后，不要单击鼠标左键，单击鼠标右键，在"文本方位"中选择"水平"选项，如图 9-94 所示；在"放置"中选择"箭头在外"，如图 9-95 所示。单击鼠标确认放置尺寸。在添加三个小圆孔尺寸时，选择"直径"标注方式，并且在尺寸前添加文本"3-"，标注结果如图 9-96 所示。

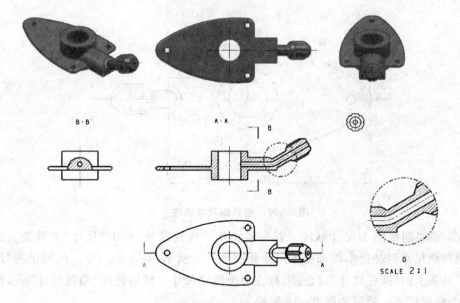

图 9-92　添加基本视图

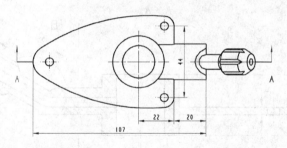

图 9-93　添加线性尺寸

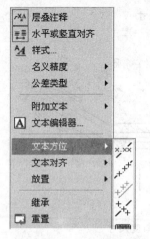

图 9-94　文本放置水平

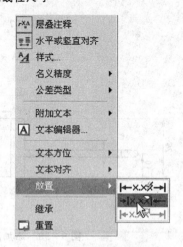

图 9-95　箭头在外

411

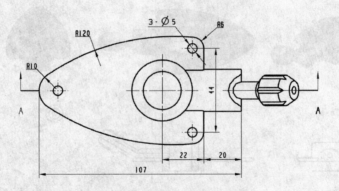

图 9-96　俯视图尺寸标注

　　② 添加剖视图 1 尺寸标注。首先添加几个线性尺寸,单击"尺寸"工具条上的"自动判断尺寸"按钮 ，添加基本尺寸如图 9-97 所示,共 5 个尺寸。然后单击"尺寸"工具条上的"圆柱尺寸"按钮 ，标注三个圆柱尺寸。然后使用"角度尺寸" ，标注一个角度尺寸。效果如图 9-98 所示。

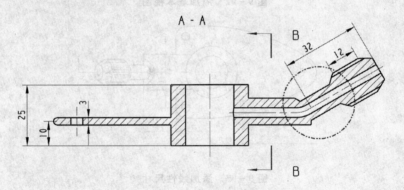

图 9-97　添加基本尺寸

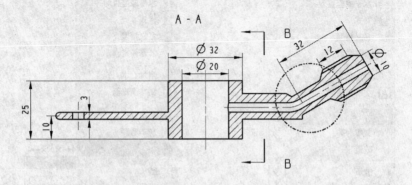

图 9-98　添加圆柱尺寸及角度尺寸

③ 添加局部放大视图的尺寸
标注。单击"圆柱尺寸"按钮，标
注两个圆柱尺寸。使用"角度尺寸"
，添加三个角度尺寸；使用"自动
判断尺寸"，添加一个线性尺寸；
使用"半径尺寸"，添加一个半径
尺寸。效果如图 9-99 所示。

④ 添加定向视图的尺寸标注。
单击"尺寸"工具条上的"角度尺寸"
按钮，添加一个角度尺寸；使用"自
动判断的尺寸"，添加一个线性尺
寸；使用"圆柱尺寸"，添加一个圆柱尺寸。其结果如图 9-100 所示。

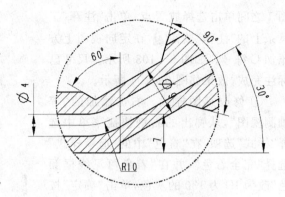

图 9-99　添加局部放大视图的尺寸

⑤ 添加剖视图 2 的尺寸标注。使用"自动判断尺寸"命令，添加一个基本尺寸；
使用"圆柱尺寸"命令，添加一个圆柱尺寸。其结果如图 9-101 所示。

⑥ 添加定向视图符号。单击工具条上的"GC 工具箱"→"注释"→"方向箭头"按
钮，系统弹出"方向箭头"对话框，设置参数如图 9-102 所示。在定向视图与剖视

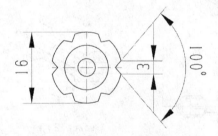

图 9-100　定向视图的尺寸标注

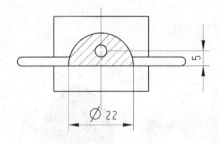

图 9-101　剖视图尺寸添加

图 9-102　"方向箭头"对话框

图1之间单击选择放置点;单击"注释"工具条上的"注释"按钮A，在定向视图上方添加 C 符号。如图 9-103 所示。尺寸已标注完成，效果如图 9-104 所示。

⑦ 修改视图样式。右击添加的"等轴测视图"，从弹出的右键快捷菜单中选择"样式"选项，在"着色"中的"渲染样式"选择"完全着色"，并在"着色可见线框颜色"改为 ID 为 130 的灰色，单击"确定"按钮,同样的，将"仰视图"、"1"进行着色显示。效果如图 9-105 所示。总的效果如图 9-78 所示。

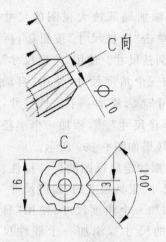

图 9-103　方向箭头及注释

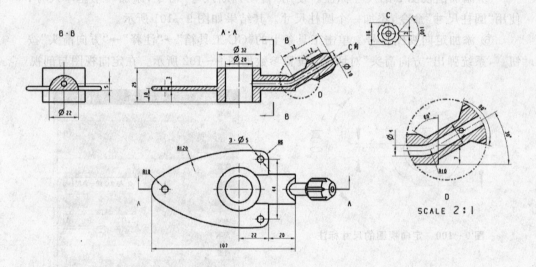

图 9-104　所有的尺寸标注

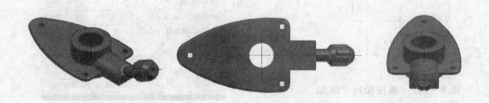

图 9-105　着色视图显示

414

9.9 爆炸工程图综合案例三

9.9.1 案例预览

本节将介绍一个爆炸工程图的生成过程。该装配是由 14 个零件组成的,其中重复的组件有两个虎口板、四个 M10 螺钉。首先在建模环境中创建好爆炸图,然后在制图模块中添加视图,并插入零件明细表。最终效果如图 9 - 106 所示。

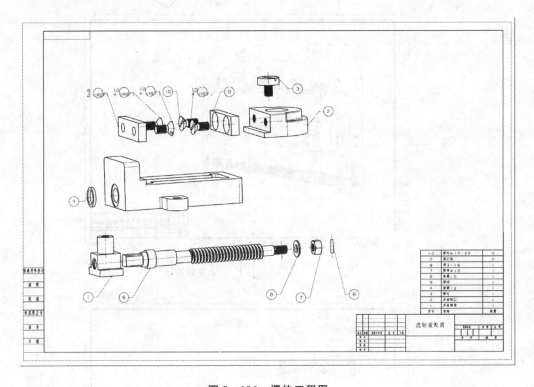

图 9 - 106 爆炸工程图

9.9.2 案例分析

本案例是一个爆炸工程图的实例。首先在建模环境中,使用装配工具条上的爆炸图,对装配体进行爆炸,然后保存模型视图。在制图环境中,导入视图,并添加零件明细表,自动符号标注,并且对明细表进行编辑。具体设计流程如图 9 - 107 所示。

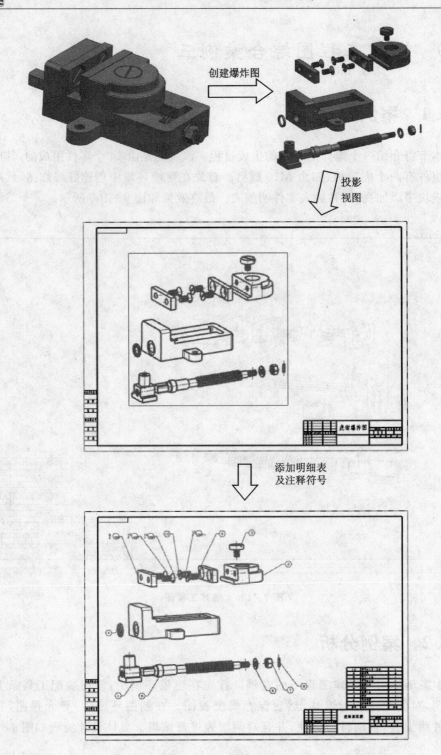

图 9-107　设计流程图

9.9.3　设计步骤

1. 修改用户默认设置

在桌面上双击 UG 快捷方式图标进入基本环境,选择"文件"→"实用工具"→"用户默认设置"→"制图"→"常规"→"零件明细表"菜单项,在"是否使用主模型"选项点选"否"。如图 9 - 108 所示。然后重启软件。

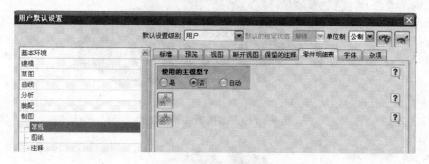

图 9 - 108　修改用户默认设置

2. 打开文件

重启软件后,选择"文件"→"打开"菜单项,找到本书所附光盘的:实例源文件/第 9 章/虎钳/虎钳总装配.prt,单击 OK 按钮,绘图区内将显示实体模型,如图 9 - 109 所示。

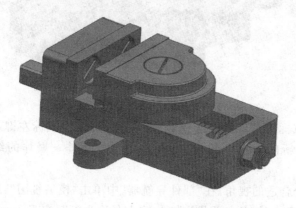

图 9 - 109　虎钳装配图

3. 制作爆炸图

① 单击"装配"工具条上的"爆炸图"按钮 ,系统弹出"爆炸图"工具条。

② 单击"爆炸图"工具条上的"新建爆炸图"按钮▧,在弹出来的"名称"文本框中输入"虎钳爆炸图",单击"确定"按钮。

③ 单击"爆炸图"工具条上的"编辑爆炸图"按钮▧,系统弹出"编辑爆炸图"对话框。在图形窗口单击选择部件,如图 9 - 110 所示。然后按一下鼠标中键,进行对象移动,单击"Z"轴,在距离中输入 60,单击"应用"按钮,移动组件如图 9 - 111 所示。

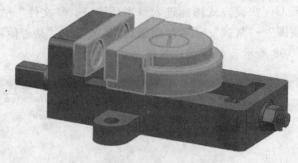

图 9 - 110   选择要移动的部件

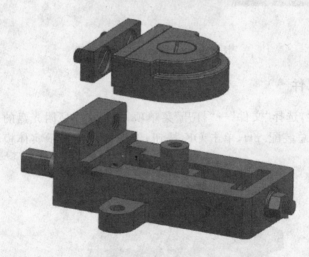

图 9 - 111   移动组件

④ 按一下鼠标中键,回到"选择对象",按住 Shift＋鼠标左键,取消上次组件的选择。然后选择新的要移动的对象,对组件进行爆炸。爆炸的结果如图 9 - 112 所示。

⑤ 选择一个合适的视角,在"部件导航器"中单击"模型视图",按一下鼠标右键,选择"图纸"工具条上的"添加视图"选项,输入名称为"1",按 Enter 键。

4. 创建工程图

① 执行"开始"→"制图"命令,进入制图模块。单击"新建图纸页"按钮▱,系统

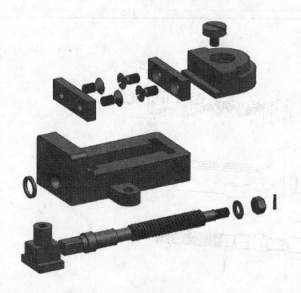

图 9-112　组件爆炸结果

弹出"图纸页"对话框。在"大小"中选择"使用模版",在下面的窗口中选择"A2-无试图",单击"确定"按钮。在弹出的"只读部件"对话框中单击"确定"按钮。

② 单击"首选项"→"注释"→"文字"选项,将尺寸文字、附加文本、公差、和常规字体都设置为"简体中文",即 chinese_fs。单击"确定"按钮。

③ 删除标题栏中的不需要的文字,并在名称栏中输入"虎钳爆炸图",如图 9-113 所示。

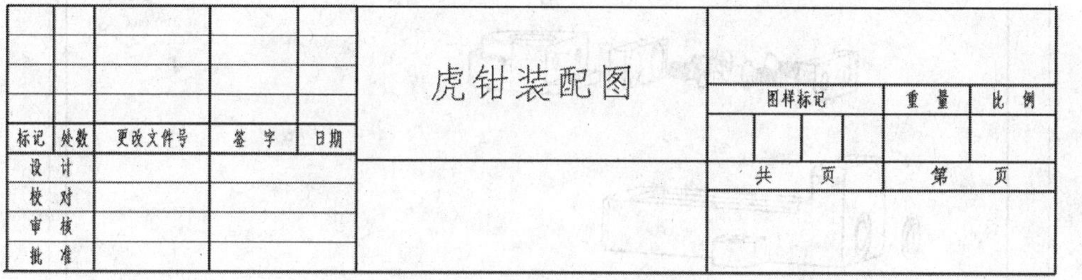

					虎钳装配图				
						图样标记		重 量	比 例
标记	处数	更改文件号	签 字	日 期					
设 计						共　　页		第　　页	
校 对									
审 核									
批 准									

图 9-113　标题栏设置

④ 单击"图纸"工具条上的"基本视图"按钮,在"模型视图"中选择"1",在图纸的合适位置放置视图。单击"关闭"按钮,如图 9-114 所示。

⑤ 单击工具栏上的"首选项"→"制图"选项,在"视图"选项卡中取消"显示边界"的选择,则视图边界取消。

⑥ 在工具栏中单击"工具"→"表格"→"零件明细表"选项,选择合适的位置放置明细表,如图 9-115 所示。

⑦ 对零件明细表进行编辑。选择最底行的单元格,双击"PC NO",输入"序号",

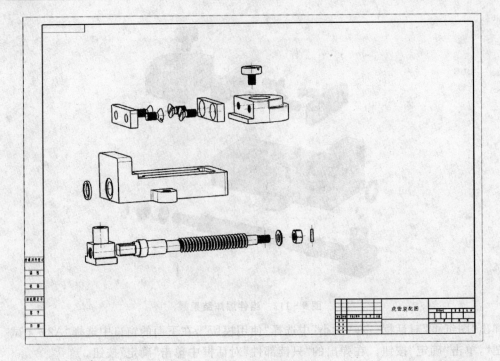

图 9 – 114 添加基本视图

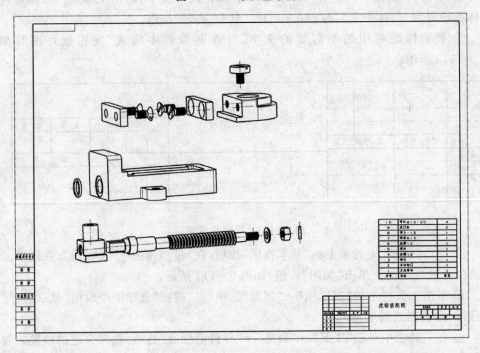

图 9 – 115 添加零件明细表

按 Enter 键。同样的,修改"PART NAME"为"零件名称","QTY"为"数量"。选择中间的第二列并右击,从弹出的快捷菜单中选择"样式"选项,在"单元格"的"文本对齐"中选择"中心"按钮 ☰ ,单击"确定"按钮,修改零件明细表如图 9 - 116 所示。

10	螺钉 M 1 0 - 2 0	4
9	虎口板	2
8	销 3 - 1 6	1
7	螺母 M 1 0	1
6	垫圈 1 0	1
5	螺杆	1
4	垫圈 1 2	1
3	螺钉	1
2	活动钳口	1
1	方块螺母	1
序号	零件名称	数量

图 9 - 116 零件明细表的编辑

⑧ 移动零件明细表。将鼠标在表格的左上方停留,将会出现 ⊡ ,单击此按钮,整个表格选中,将表格拖动放置在标题栏上方,如图 9 - 117 所示。

10	螺钉 M 1 0 - 2 0	4
9	虎口板	2
8	销 3 - 1 6	1
7	螺母 M 1 0	1
6	垫圈 1 0	1
5	螺杆	1
4	垫圈 1 2	1
3	螺钉	1
2	活动钳口	1
1	方块螺母	1
序号	零件名称	数量

虎钳装配图

图样标记		重量	比例
共 页		第 页	

标记	处数	更改文件号	签 字	日期
设 计				
校 对				
审 核				
批 准				

图 9 - 117 移动零件明细表

⑨ 添加符号标注。单击工具栏的"插入"→"表格"→"自动符号标注"选项,系统弹出"类选择"对话框,选择零件明细表,单击"确定"按钮,视图将自动标注,如图 9-118 所示。可以拖动符号进行对齐设置。

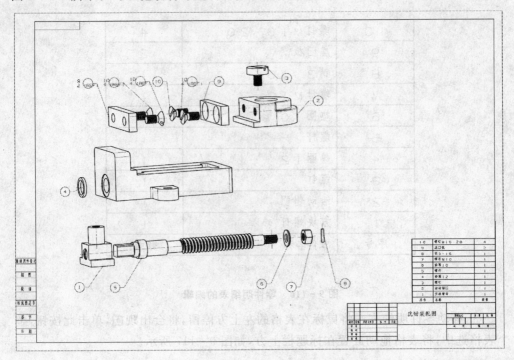

图 9-118 自动符号标注

⑩ 选择所有的标注符号,右击选择"样式"选项,在"直线/箭头"中选择"填充原点" ●──── ,单击"确定"按钮,修改样式完毕。创建的工程图见图 9-106。

5. 补充:手动插入零件明细表

上接上小节第⑤步。创建投影视图完毕。

① 选择"开始"→"建模"菜单项,切换到建模环境。单击"工具"→"电子表格"选项,系统将弹出 EXCEL 表格,在表格中逐一输入零件参数,如图 9-119 所示。单击"关闭"按钮⊠,在弹出来的"退出电子表格"对话框中选择"确定"按钮,如图 9-120 所示。

② 选择"开始"→"制图"菜单项,回到制图模块。单击"插入"→"表格"→"表格注释"选项,在弹出的表格注释对话框中设置列数为 3,行数为 11,如图 9-121 所示,在适合位置放置表格,单击"关闭"按钮,完成表格创建。

③ 导入电子表格。选择刚刚创建的表格的左上角的单元格并右击,从弹出的右键快捷菜单中选择"导入"→"电子表格"选项,如图 9-122 所示。系统自动搜索电子

	A	B	C	D	E
1	序号	名称	数量		
2	1	方块螺母	1		
3	2	活动钳口	1		
4	3	螺钉	1		
5	4	垫圈12	1		
6	5	螺杆	1		
7	6	垫圈10	1		
8	7	螺母M10	1		
9	8	销3-16	1		
10	9	虎口板	2		
11	10	螺钉M10	4		

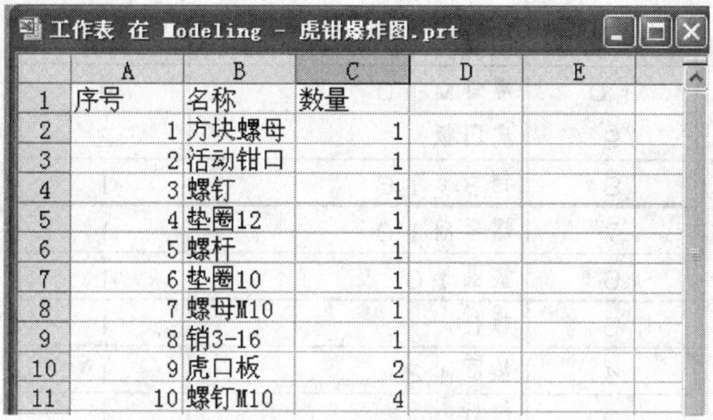

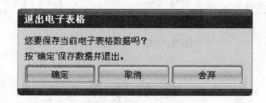

图 9-119　编辑表格

图 9-120　保存电子表格

表格，单击"确定"按钮，创建的表格如图 9-123 所示。

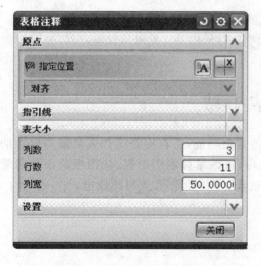

图 9-121　表格注释设置

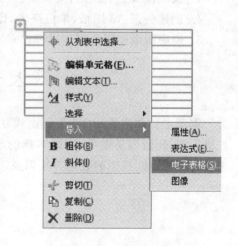

图 9-122　导入表格

④ 以下的操作见上一小节步骤⑦及以后。注意，到步骤⑨的时候不能再用自动符号标注，这时，使用"注释"工具条上的"标识符号"按钮来手动添加符号注释即可。

序号	名称	数量
10	螺钉 M10	4
9	虎口板	2
8	销 3-16	1
7	螺母 M10	1
6	垫圈 10	1
5	螺杆	1
4	垫圈 12	1
3	螺钉	1
2	活动钳口	1
1	方块螺母	1

图 9-123　导入的表格

课后练习

1. 绘制工程图一般步骤是什么？
2. 图纸管理包括哪些内容？
3. 说明什么是主视图、父视图、折页线？
4. 创建一张 A3 图纸，单位毫米，比例 1∶2，采用第三象限角投影方式。
5. 说明图纸模板的创建过程。

本章小结

　　本章主要介绍了 UG NX 制图模块的常用功能，工程图是工程人员最为熟悉的二维图形，比较容易接受，通过本章的学习，应该掌握制图过程：从图纸的添加与管理、视图的添加、视图的表达方法以及边框和标题栏的制作到打印输出。

第 10 章　运动仿真

本章导读

　　运动仿真是把静态建模中的对象执行动态的仿真,从而用动画生成装配形状或组件的驱动过程;或者通过仿真,分析出各个部件之间的结构及动作过程中可能发生的干涉或者其他问题。通过运动仿真可以预先掌握多种问题,从而在确认最终设计的前一阶段进行修改及补充。

10.1　运动仿真概述

　　UG NX 运动仿真模块提供机构仿真分析功能,可在 UG 环境中定义机构,包括连杆、铰链、弹簧、阻尼、初始运动条件,添加驱动阻尼等。然后直接在 UG 中进行分析,仿真运动。得到构件的位移、速度、加速度、力和力矩等。分析结果可以用来指导修改结构设计,得到合理的机构设计方案。

10.1.1　进入运功仿真模块

　　打开 UG NX 软件,先打开一个已经完成的装配图或者其他的部件图,单击"开始"→"运动仿真"选项,如图 10-1 所示。在"运动导航器"上右击部件,从弹出的右键快捷菜单中选择"新建仿真"选项,如图 10-2 所示,在弹出来的"环境"对话框中选择"动力学",如图 10-3 所示,然后指定"仿真名",单击"确定"按钮,进入仿真模块,同时出现"运动"工具条,如图 10-4 所示。

图 10-1　进入仿真

图 10-2　新建仿真

图 10-3 构建仿真环境

图 10-4 "运动"工具条

10.1.2 连杆的定义及解析

连杆是指机构中的刚体,机构中每个运动的零件都应定义为连杆,不运动的零件可以视为固定连杆。

选择"插入"→"链接"菜单项,或者单击"运动"工具条上的"连杆"按钮，系统弹出"连杆"对话框,如图 10-5 所示。默认的连杆名字为 L001、L002、L003 等。"连杆"对话框的各项意义如下。

① 连杆对象:可以用鼠标在图形窗口中选择需要创建为连杆的零件。

② 质量属性选项/自动:连杆将采用系统默认设置的质量属性。选中此选项,下面的"质量"和"惯性矩"选项则变为不可设置状态。

③ 质量属性选项/用户定义:选择此选项,下面的"质量"和"惯性矩"选项变为可设置状态,用户可以自己定义连杆的质心、质量和惯性矩。

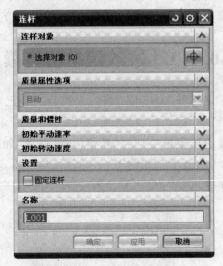

图 10-5 "连杆"对话框

④ 初始平动速率:可选项,可以不设置。

⑤ 初始转动速度:可选项,可以不设置。

⑥ 设置/固定连杆:如果选中该复选框,可以将创建的连杆设置为机架。

10.1.3 运动副

创建完连杆后,每一个独立的连杆有 6 个自由度,需要用各种运动副将连杆进行连接,在连杆中形成一定的约束,使连杆构成的运动链具有确定的运动,从而构建一个正确的机构。下面介绍几种常见的运动副。

1. 旋转副

旋转副用来连接两连杆,使其可以绕某一个固定轴旋转。旋转副也是一个应用非常广泛的运动副。

选择"插入"→"运动副"菜单项,或者在"运动"工具条上单击"运动副"按钮,弹出如图 10 - 6 所示的"运动副"对话框,在下拉列表中选择"旋转副",各选项解析如下。

① 选择连杆/第一个连杆:鼠标选择构成旋转副的第一个连杆。选择时可以选择构成旋转副的圆或者圆弧的圆周线,这样,可以一次完成第一个连杆的选择。原点为指定的圆心,方向为面的法向。

② 选择第二个连杆:选择第二个连杆一般比较简单,只要在连杆的任意位置单击即可。只有当"啮合连杆"复选框选中的时候,其他的选项才可以被选中。啮合运动副是使连杆从分开设计的位置,咬合到装配位置。创建的旋转副如图 10 - 7 所示。

③ 极限:当复选框"极限"被选中后,可以手动输入运动的范围。此选项只是在做关节运动驱动时使用。

图 10 - 6 "运动副"对话框

注:第二个连杆为可选的,如果不选择第二个连杆,那么第一个连杆与底面将形成一个旋转副。

2. 滑动副

滑动副是用来链接两连杆,使其可以在某一方向上做相对移动。被链接的两个连杆之间不允许有转动,只允许有沿定义方向的移动自由度。

选择"插入"→"运动副"菜单项，或者单击"运动"工具条上的"运动副"按钮，在下拉列表中选择"滑动副"。

滑动副的创建对话框中的各个选项与旋转副类似。只需要在选择第一个连杆时，用鼠标选择滑动连杆的一条边线，就能一次完成"选择连杆"、"指定原点"、"指定矢量"三个选项的选择。创建的滑动副如图 10-8 所示。滑动副将是连杆沿着所选的边线方向滑动。

图 10-7　创建的旋转副

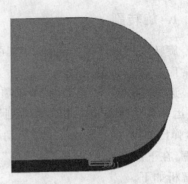

图 10-8　创建的滑动副

3. 柱面副

柱面副用来链接两连杆，使其可以绕某一轴旋转，并且可以沿着这个轴做相对移动。相对旋转副来说，多了个 Z 轴上的移动。

选择"插入"→"运动副"菜单项，或者单击"运动"工具条上的"柱面副"按钮，在下拉列表中选择"柱面副"。柱面副的创建方法和旋转副一样。

4. 球面副

球面副实现了一个部件绕另一个部件做相对的各个自由度的运动。它只有一种形式，必须是两个连杆相连，比如汽车转向机构，万向节副不能定义驱动，只能作为从动运动副。

选择"插入"→"运动副"菜单项，或者单击"运动"工具条上的"运动副"按钮，在下拉列表中选择"球面副"。球面副的创建方法和旋转副一样。

5. 万向节

万向节实现了两个部件之间绕互相垂直的两根轴做相对的转动。它只有一种形式，必须是两个连杆相连。在万向节副里面一共限制了 4 个自由度，物体只能沿两个轴旋转。

选择"插入"→"运动副"菜单项，或者单击"运动"工具条上的"运动副"按钮，在下拉列表中选择"万向节"。"万向节"的创建方法和旋转副一样。

注：由于万向节没有啮合功能，当装配的位置与设计不一致时，需要先装配好模型。

6. 平面副

平面副可以实现两个部件之间以平面相接触，互相约束。如图 10 - 9 所示。平面副不能定义驱动，只能作为从动运动副。

选择"插入"→"运动副"菜单项，或者单击"运动"工具条上的"运动副"按钮，在下拉列表中选择"平面副"。平面副的创建方法和旋转副一样。

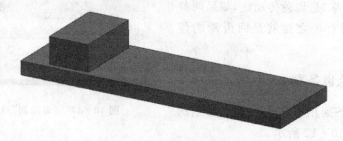

图 10 - 9　平面副的定义

7. 螺旋副

螺旋副连接实现了一个部件绕另一个部件作相对的螺旋运动。螺旋副也不能定义驱动，只能作为从动运动副。比较常见的螺旋副是螺丝和螺母之间的连接。

选择"插入"→"运动副"菜单项，或者单击"运动"工具条上的"运动副"按钮，在下拉列表中选择"螺旋副"。螺旋副的创建方法和旋转副一样。

8. 齿轮副

齿轮副模拟一对齿轮，选择两个现有的旋转副创建齿轮副，并定义齿轮传动比，如图 10 - 10 所示。

图 10 - 10　齿轮副

注：旋转轴可以不平行，即可以创建锥齿轮。

选择"插入"→"传动副"→"齿轮副"菜单项，或者单击"运动"工具条上的"齿轮副"按钮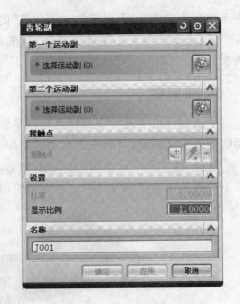，系统弹出"齿轮副"对话框，如图 10 - 11 所示。齿轮副是建立在两个旋转副基础上的，"接触点"是两齿轮节圆的相切点，此选项仅在两齿轮轴线平行时可用。若两齿轮轴线不平行，可创建锥齿轮。"比率"是齿轮传动比，如果两节圆相切，节圆直径之比就是两齿轮的传动比。

图 10 - 11 "齿轮副"对话框

9. 齿轮齿条副

齿轮齿条副用来模拟齿轮和齿条的运动。如图 10 - 12 所示。

图 10 - 12 齿轮齿条传动

注：与齿轮副一样，齿轮的旋转副和齿条的滑动副必须链接在一个共同的连杆上，否则不能建立齿轮齿条副。

选择"插入"→"传动副"→"齿轮齿条副"菜单项，或者单击"运动"工具条上的"齿轮齿条副"按钮，系统弹出"齿轮齿条副"对话框，如图 10 - 13 所示。

第一个运动副选择是的"滑动副"，第二个运动副选择的是"旋转副"，"接触点"是设置齿轮与齿条的接触点。"比率"是指齿轮旋转副轴线与齿条滑动副轴线之间的最短距离，等效于齿轮节圆半径。

10. 线缆副

线缆副定义滑动副之间的相互关系。当一个滑动副移动时，相应的另一滑动副也跟着移动，其运动关系可以是 1:1 等速，同方向的运动关系，也可以定义其他的运动关系：一个快、一个慢以及两个滑动副运动方向相反。该运动副可以用来模拟电缆、滑轮等。示意如图 10 - 14 所示。

图 10 - 13　"齿轮齿条副"对话框

图 10 - 14　线缆副示意

注：线缆副链接是刚性的，比如说，物体 A 和 B 是用线缆副链接的，那么当 A 和 B 一起运动的时候，A 突然停止，则 B 不会因为惯性再移动，也会突然停止。两个物体的原始距离保持不变，两个方块像一个单元一样一起运动，同时停止。

选择"插入"→"传动副"→"线缆副"菜单项，或者单击"运动"工具条上的"线缆副"按钮　，系统弹出"线缆副"对话框，如图 10 - 15 所示。

线缆副两个关联的运动副都选择滑动副，线缆副的比率参数定义为第一个滑动副运动速度与第二个滑动副运动速度之比。

11. 点在线上副

点在线上副会维持两个连杆之间以及一个连杆和一个固定的非连杆曲线之间的点接触。点在线上副有 4 个运动自由度。

选择"插入"→"约束"→"点在线上副"菜单项，或者单击"运动"工具条上的"点在线上副"按钮　，系统弹出"点在线上副"对话框，如图 10 - 16 所示。

点在线上副不允许脱离，在整个运动范围内，点和曲线必须保持接触。如果点在线上副中有多于一条的曲线，请先在 UG NX 建模中用"连结曲线"功能将曲线连结起来，而且曲线应该是相切的。

12. 线在线上副

线在线上副模拟两个连杆之间的常见的凸轮运动关系。线在线上副不同于点在线上副，在点在线上副中，接触点必须位于统一平面中；而线在线上副中，第一个连杆

中的曲线必须和第二个连杆中的曲线保持接触切相切,两个连杆中有 4 个原点自由
度。示意图如图 10-17 所示。

图 10-15 "线缆副"对话框

图 10-16 "点在线上副"对话框

图 10-17 线在线上副示意图

线在线上副不允许有脱离,在整个运动
范围中,两根曲线必须保持接触。如果在运
动模型中有脱离的情况,可以使用 2D 接触。

选择"插入"→"约束"→"线在线上副"菜
单项,或者单击"运动"工具条上的"线在线上
副"按钮,系统弹出"线在线上副"对话框,
如图 10-18 所示。

选取曲线的时候要注意,曲线是在添加
连杆的时候就已经添加过的,此处定义的线
在线上副也是用来约束两个连杆的运动。如
果添加连杆的时候没选这两条线,则在添加

图 10-18 "线在线上副"对话框

运动副的时候,线选不中。

10.1.4　力和扭矩

1. 标量力

标量力可以简单的定义为:具有一定大小的、通过空间直线方向作用的力。

标量力可以使一个物体运动,也可以给处于静止状态的物体加载荷,还可以作为限制和延缓物体运动的反作用力。我们现在只讨论如何使用标量力使物体产生运动。

选择"插入"→"载荷"→"标量力"菜单项,或者单击"运动"工具条上的"标量力"按钮,系统弹出"标量力"对话框,如图 10 - 19 所示。

创建标量力一般的要定义 5 个参数。

- 定义第一个连杆:即施加力的连杆。
- 指定标量力的原点:即标量力的起点,箭头的尾端。
- 定义第二个连杆:即被标量力作用的受力连杆。
- 指定标量力的终点:即标量力箭头的顶端。
- 指定力的大小:力的大小可以用表达式控制,也可以用函数来控制。

图 10 - 19　"标量力"对话框

标量力的显示箭头方向只是代表了标量力的初始方向,而在整个分析时间段中标量力的方向是不断变化的。关于力的方向只有一点是已知的,即力的起点和终点固定不变。

2. 标量扭矩

标量扭矩添加到旋转副上,可使物体做旋转运动。

选择"插入"→"载荷"→"标量扭矩"菜单项,或者单击"运动"工具条上的"标量扭矩"按钮,系统弹出"标量扭矩"对话框,如图 10 - 20 所示。

创建标量扭矩,首先需要在图形窗口选择需要添加标量扭矩的旋转副,然后给标量

图 10 - 20　"标量扭矩"对话框

扭矩赋值,可以用表达式,也可以用函数。进入函数管理器,选择"新建函数"图标 ✎,选择好函数后,单击"确定"按钮,第一个标量扭矩就添加了。

3. 矢量力

矢量力指具有一定的大小,其方向保持不变的力。

选择"插入"→"载荷"→"矢量力"菜单项,或者单击"运动"工具条上的"矢量力"按钮 ✎,系统弹出"矢量力"对话框,如图 10-21 所示。

定义"矢量力"需要以下的步骤。

① 定义第一个连杆:选择的第一个连杆,即受力连杆。

② 定义矢量力的原点:矢量力的原点可以在第一个连杆上或在建模空间的任意位置。如果该点不在连杆上,系统将把它视为第一个连杆的一部分,即把连杆视为可无限扩大的刚体包,含该点。

③ 指定力的方位:选择一个受力的方向,可以在下拉列表中选择需要的方向。

④ 选择第二个连杆:定义力的施加体。

⑤ 定义力的类型:同样的,可以用表达式控制,也可以用函数控制。

4. 矢量扭矩

矢量扭矩可以定义一个空间任意方向的扭矩,使物体做旋转运动。

选择"插入"→"载荷"→"矢量扭矩"菜单项,或者单击"运动"工具条上的"矢量扭矩"按钮 ✎,系统弹出"矢量扭矩"对话框,如图 10-22 所示。

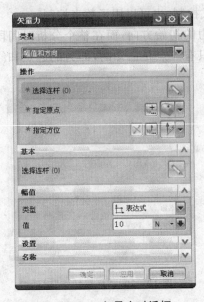

图 10-21　矢量力对话框

图 10-22　"矢量扭矩"对话框

定义"矢量扭矩"需要以下的步骤。

① 定义第一个连杆：即扭矩受力连杆。

② 定义矢量扭矩原点：矢量扭矩原点可以在第一个连杆上，也可以在模型空间的任意位置。

③ 选择第二个连杆：定义扭矩的施加体。

④ 定义力的类型及幅值：X、Y、Z 轴的力可以自己定义，可以用函数来定义。

10.1.5 弹 簧

弹簧是个弹性元件，可给物体施加力。施加力的大小由胡克定律确定：

$$F = kx$$

其中，F 为弹簧力，k 为弹簧刚度，x 为弹簧产生的位移。

选择"插入"→"链接器"→"弹簧"菜单项，或者单击"运动"工具条上的"弹簧"按钮
，系统弹出"弹簧"对话框，如图 10 - 23 所示。

弹簧的附着方式有三种："连杆"、"滑动副"、"旋转副"。当弹簧链接在滑动副上时，它类似于弹簧的两端链接在相同的位置，此时的弹簧自由长度被初始的预载荷压缩到 0，如果不想要载荷，必须设置弹簧的自由长度为 0。当扭转弹簧链接在转动副上时，上述方法也适用。

图 10 - 23 "弹簧"对话框

10.1.6 阻尼器

阻尼器是一个机构对象，它消耗能量，逐步降低运动的响应，对物体的运动起反作用力。阻尼经常用于控制弹簧反作用力的行为。运动仿真模块提供拉伸阻尼和扭转阻尼两种元件。

创建阻尼的方法基本与创建弹簧的方法相同。

选择"插入"→"链接器"→"阻尼器"菜单项，或者单击"运动"工具条上的"阻尼器"按钮，系统弹出"阻尼器"对话框。

10.1.7　衬　套

衬套是一个定义两个连杆之间的弹性关系的机构对象。弹性衬套用来建立一个柔性的运动副，或者给机构添加一些约束，或补偿和控制已知的运动自由度。从严格的意义上讲，衬套也可以作为运动副。衬套和一般的运动副之间最大的差别是施加在连杆上的自由度。

选择"插入"→"链接器"→"衬套"菜单项，或者单击"运动"工具条上的"衬套"按钮，系统弹出"衬套"对话框，如图 10 - 24 所示。

有两种衬套可以选择，"圆柱"型的和"常规"型的。圆柱衬套需要对四种不同运动类型分别定义两个参数，总共有 8 个输入数据项。常规的衬套需要对 6 个不同的自由度分别定义 3 个参数，总共有 18 个输入数据项。

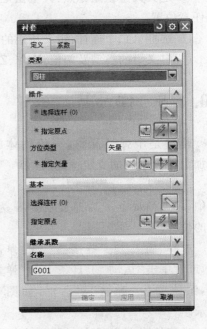

图 10 - 24　"衬套"对话框

10.1.8　3D 接触

3D 接触是运动仿真模块中的一个特征，它可以建立连杆与曲面之间的接触模型。3D 接触单元可以有以下几种形式：物体和静止物体之间或两个运动物体之间的碰撞，或提供一个物体支撑另一个物体的方法。UG NX 可以直接选择两个可能碰撞的实体定义 3D 接触单元。

选择"插入"→"链接器"→"3D 接触"菜单项，或者单击"运动"工具条上的"3D 接触"按钮，系统弹出"3D 接触"对话框，如图 10 - 25 所示。

创建 3D 接触，首先要选择创建 3D 接触的两个对象，然后再设置一系列的参数如下。

- 刚度：对于模型而言，刚度是用来计算法向力的材料刚度。刚度越大，接触的材料越硬，刚性越好。

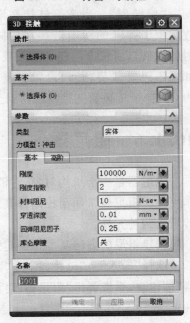

图 10 - 25　"3D 接触"对话框

- 刚度指数：用来计算材料刚度对瞬间法向力的贡献，其指数必须大于 1。
- 材料阻尼：指材料的最大阻尼，它随穿透深度的增大而逐渐增大，其效果是减轻接触运动响应。
- 穿透深度：解算器达到最大阻尼系数时的接触穿透深度，其值将影响接触力计算的收敛性，必须大于 0。
- 回弹阻尼因子：当物体接触分离后，可以减轻回弹阻力，其值在 0 和 1 之间。

10.1.9　2D 接触

在 3D 接触中的大部分选项也适用于 2D 接触。只需简单地记住 2D 接触是在二维平面上的接触功能即可。2D 接触主要用于二维平面中的接触运动响应。最典型的例子是凸轮机构。

2D 接触与线在线上副是有区别的。

① 线在线上副的限制：凸轮的模型可以用线在线上副来建模，而且由曲线定义的面与面的接触关系永远不会分开。凸轮的从动件将始终和凸轮面保持接触，而不管凸轮的转速多大。线在线上副不允许凸轮从动件脱离。

② 2D 接触力的应用：当两个共面的曲线或实体在运动中可能分离时，2D 接触可以更精确地描述模型的运动响应。换句话说，凸轮的从动件可以脱离凸轮面。

③ 2D 接触分析：2D 和 3D 的区别就是，2D 接触限制在二维平面中。3D 接触的很多材料也适用于 2D，包括接触丢失的问题。

10.1.10　仿真及结果输出

1. 解算方案

每一个新建的运动仿真都需要一个解算方案，一个组件可以定义多个动画仿真，每个仿真也可以定义不同的解算方案。

单击"运动"工具条上的"解算方案"按钮 ，系统弹出"解算方案"对话框，如图 10 - 26 所示。

在"解算方案"对话框中，可以定义"解算方案类型"、"分析类型"、"时间"、"步数"、"重力"及"求解器参数"。单击"确定"按钮，解算方案 1 定义完毕。也可以继续定义其他的解

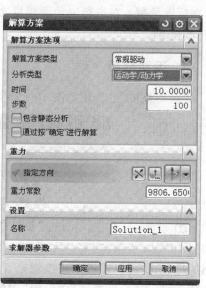

图 10 - 26　"解算方案"对话框

算方案,步骤相同。

2. 求 解

单击"运动"工具条上的"求解"按钮██,系统对"解算方案"进行求解,当在工具栏上提示 当前进度状态：100% ,即求解完毕。如果在不到 100% 的时候停止,可以单击求解对话框中的文本文档,查看问题的出处,然后再对求解参数进行重新设定即可。

3. 动画控制

当对解算方案求解完毕,"动画控制"工具条将变为可选,如图 10 - 27 所示。

图 10 - 27 "动画控制"工具条

单击"播放"按钮,动画就可以将所有帧一次播放,可以使用"第一步"、"最后一步"、"上一步"、"下一步"来逐帧查看动画。在"动画采样率"中可以设置动画播放的频率。"导出至电影"可以将模拟的动画以 AVI 格式输出,指定路径及动画文件名,便可生成一个动画文件。注意,在导出的过程中,图形窗口还是会进行动画播放,电影在后台录制。在进行完动画预览之后,要进行其他的操作之前,要先单击"完成动画"按钮██。

4. 运动分析

"运动分析"工具条如图 10 - 28 所示,一共有 6 个工具选项。

图 10 - 28 "运动分析"工具条

① 动画:单击"运动分析"工具条上的"动画"按钮██,系统弹出"动画"对话框,如图 10 - 29 所示,这个对话框是对"动画"的详细解析,可以通过滑动模式来查看动画的进行,也可以通过单步按钮来查看。如果动画进行的过快,可以使用"动画延时"选项,并且在"播放模式"中设置"播放一次"、"循环播放"和"往返播放"。在这个对话框中还可以查看部件的设计位置与装配的位置。

② 作图:单击"运动分析"工具条上的"作图"按钮██,系统弹出"图表"对话框,如

438

图 10－30 所示。使用"图表"，首先要选择一个要输出图表的对象,在"请求"下拉列表框中可以选择如图 10－31 所示的选项。在"分量"下拉列表框中可以选择如图 10－32 所示的选项。在"轴定义"选项卡中单击"添加一条曲线"按钮 ,系统将生成一个关于此连杆速度的幅值曲线。在"设置"选项卡中可以定义图表是 NX 图表还是电子表格,如果是选择的 NX,那么在图形窗口将会出现此曲线,如图 10－33 所示。如果选择的是电子表格,那么系统将链接外部软件,在电子表格中生成此曲线及曲线上的点,如图 10－34 所示。

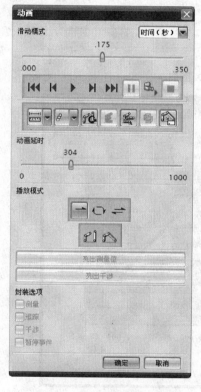

图 10－29　"动画"对话框

图 10－30　"图表"对话框

图 10－31　"请求"下拉列表框

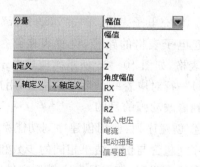

图 10－32　"分量"下拉列表框

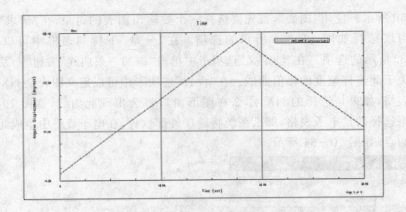

图 10 - 33 NX 图表

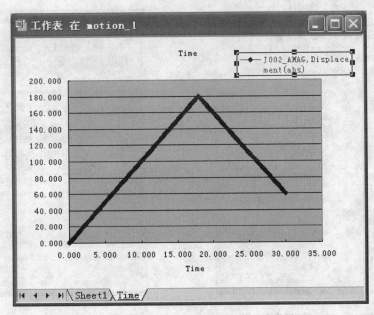

图 10 - 34 电子表格

　　③ 填充电子表格：单击"运动分析"工具条上的"填充电子表格"按钮，系统弹出构建电子表格的路径，设置表格路径及文件名，单击"确定"按钮，系统弹出 EX-CEL 表格，如图 10 - 35 所示。使用电子表格中的数据可以进行动画的修改，电子表格的每一行对应着一个运动的位置，用户可以修改数据来使用电子表格驱动动画，从而达到修改动画的目的。

　　④ 创建序列：使用创建序列功能，可以在仿真结果中创建一个装配序列，这个装配序列包含与仿真结果相同的步数和帧数，用户可以在仿真文件或者主模型文件中保存这个序列，如果是在主模型文件中保存的，那么在建模环境中也可以查看这个序列，这样，就可以使对运动仿真不熟悉的人也可以在建模中预览仿真序列。

	A	B	C	D	E
1			**机构驱动**		
2	Time Step	Elapsed T	drv J001, revolute		
3	0	0.000	25		
4	1	0.010	26.1781		
5	2	0.020	27.3561		
6	3	0.030	28.5339		
7	4	0.040	29.7114		
8	5	0.050	30.8886		
9	6	0.060	32.0653		
10	7	0.070	33.2415		
11	8	0.080	34.4171		
12	9	0.090	35.592		
13	10	0.100	36.766		
14	11	0.110	37.9392		
15	12	0.120	39.1113		
16	13	0.130	40.2824		

图 10-35　填充电子表格

10.2　机构运动仿真综合实例一

10.2.1　案例预览

本实例将讲解玻璃切割机在一个有弧度的玻璃模型上做移动运动。定义好的切割头可以在 X、Y、Z 方向任意移动,但是不能转动,属于典型的三坐标运动机构,玻璃切割机模型如图 10-36 所示。

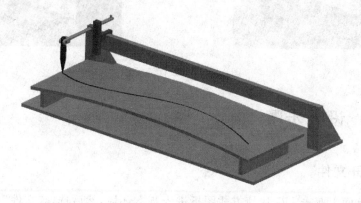

图 10-36　玻璃切割器

10.2.2　案例分析

此模型需要创建三个活动连杆、三个滑动副（其中有两个需要咬合连杆）、一个点在线上副约束。其中绿色连杆带有驱动，驱动类型选择"恒定"，初始速度设置为4。具体设计流程如图10－37所示。

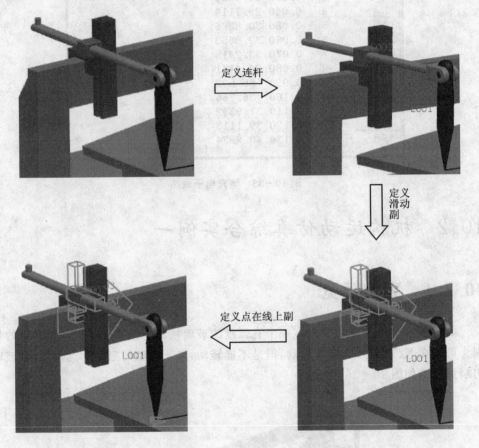

图 10-37　设计流程图

10.2.3　设计步骤

1. 打开文件

① 在桌面上双击 UG 快捷方式图标进入基本环境，然后选择"文件"→"打开"菜单项，找到本书所附光盘的"实例源文件/第10章/实例源文件 1. prt"，单击 OK 按

钮,绘图区内将显示实体模型。

② 在工具条中选择"开始"→"运动仿真"菜单项,切换到运动仿真模式。

2. 新建仿真

在"运动导航器"中单击打开的文件并右击,在弹出的快捷菜单中选择"新建仿真"命令,在"分析类型"中选择"动力学",其余的按照系统默认,单击"确定"按钮,进入新建的仿真环境。

3. 定义连杆

单击"运动"工具条上的"连杆"按钮 ,系统弹出"连杆"对话框,选择切割头、插销及如图 10-38 所示的连杆为连杆 L001,单击"应用"按钮。选择紫色的滑块,定义为 L002,选择绿色的滑块,定义为 L003。

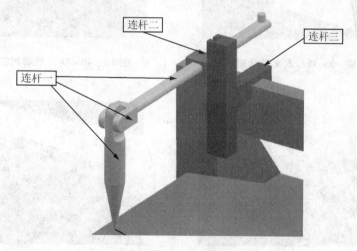

图 10-38　定义连杆

4. 定义运动副

① 单击"运动"工具条上的"运动副"按钮,系统弹出"运动副"对话框,在"类型"中选择"滑动副",选择连杆 3 为要定义的连杆,要注意,选取的时候选择的是右侧的端面,指定矢量为 X 轴。单击"驱动",在"平移"中选择"恒定","初速度"设置为 3,如图 10-39 所示。单击"应用"按钮,定义完第一个运动副。

② 在"运动副"对话框中,选择"类型"为"滑动副",选择连杆 2,即紫色连杆为定义连杆,注意要选择连杆的上端面,指定矢量为 Z 轴。单击"基本"中的"选择连杆",选择连杆 1,即绿色连杆为啮合连杆,如图 10-40 所示。单击"应用"按钮。

③ 继续在"运动副"对话框中,选择"类型"为"滑动副",选择连杆 1,即淡紫色连杆为定义连杆,注意要选择连杆 2 的右端面,指定矢量为 -Y 轴。单击"基本"中的

"选择连杆",选择连杆2,即紫色连杆为啮合连杆,如图10-41所示。单击"确定"按钮。

④ 单击"运动"工具条上的"点在曲线上"按钮 🔀,选择连杆1为定义对象,在点的下来列表中选择"圆心"按钮 ⊙,然后在图形窗口选择切割头的圆弧中心。曲线则选择玻璃弧面上的黑色曲线,如图10-42所示。其余的按照系统默认,单击"确定"按钮。

图10-39　定义滑动副一

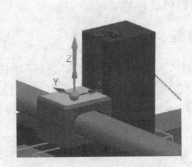

图10-40　定义滑动副二

图10-41　定义滑动副

图10-42　定义点在线上副

5. 解算方案及求解

① 单击"运动"工具条上的"解算方案"按钮 🔲,系统弹出"解算方案"对话框,在"时间"中输入3.6,指定重力方向为-Z轴,其余的按照系统默认的设置,单击"确定"按钮。

② 单击"运动"工具条上的"求解"按钮 🔲,在后台进行求解操作,当工具栏上显示 当前进度状态:100% 时,求解完毕。

6. 动画预览及输出

① 单击"动画控制"工具条上的"播放"按钮 ▶,动画将在图形窗口播放,确认动

画无错误之后，单击"完成动画"按钮 。

② 单击"动画控制"按钮中的"导出至电影"按
钮 ，指定电影的放置路径即名称，单击"确定"按
钮，动画将再次播放，电影在后台录制。

③ 也可以在"运动导航器"中单击"motion1"，
按一下鼠标右键，在"导出"一项中选择需要的动画
格式，如图 10-43 所示。此处生成的动画，系统将
自动保存在解算方案文件中。

图 10-43　导出动画

10.3　机构运动仿真综合实例二

10.3.1　案例预览

本实例将讲解冲床机构的仿真模拟，通过添
加飞轮的驱动，带动冲头运动，冲头和工件中间
有 3D 接触，可以模拟冲压过程，用曲线显示冲压
力随时间变化的关系。机床结构如图 10-44
所示。

10.3.2　案例分析

此模型需要创建三个活动连杆、三个旋转副
（其中一个是驱动，有两个需要咬合连杆）、一个
滑动副，另外需要添加一个 3D 接触。飞轮上有
旋转副，并且是驱动部件，连杆链接飞轮与冲头。

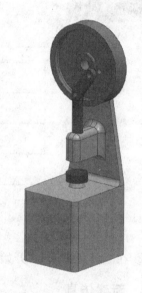

图 10-44　冲床机构

带动冲头上下运动与工件接触、碰撞。具体设计流程如图 10-45 所示。

10.3.3　设计步骤

1. 打开文件

① 在桌面上双击 UG 快捷方式图标进入基本环境，然后选择"文件"→"打开"菜
单项，找到本书所附光盘的"实例源文件/第 10 章/实例源文件 2/装配体.prt"，单击
OK 按钮，绘图区内将显示实体模型。

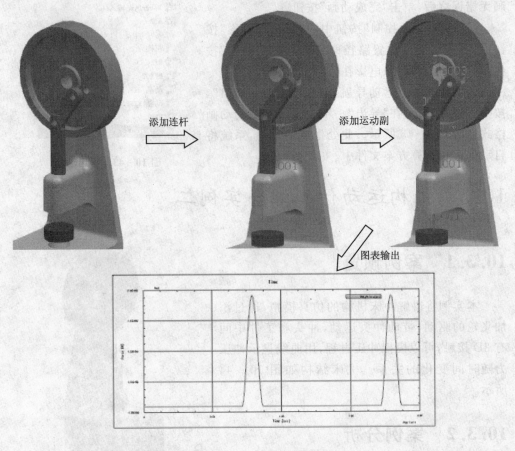

添加连杆

添加运动副

图表输出

图 10-45 设计流程图

② 在工具条中选择"开始"→"运动仿真"选项,切换到运动仿真模式。

2. 新建仿真

在"运动导航器"中单击打开的文件并右击,在弹出的快捷菜单中选择"新建仿真"选项,在"分析类型"中选择"动力学",其余的按照系统默认,单击"确定"按钮,进入新建的仿真环境。

3. 定义连杆

单击"运动"工具条上的"连杆"按钮，系统弹出"连杆"对话框,选择基座为固定连杆 L001,单击"应用"按钮。然后选择飞轮为活动连杆 L002,连杆为活动连杆 L003,冲头为活动连杆 L004,单击"确定"按钮,完成连杆的创建。

4. 定义运动副

① 单击"运动"工具条上的"运动副"按钮,系统弹出"运动副"对话框,在"类型"中选择"旋转副",选择飞轮为要定义的连杆。要注意,选取的时候选择的是飞轮的圆弧中心,指定矢量为 Z 轴,在"基本"中选择的连杆是"固定连杆"基座。单击"驱动",在"旋转"中选择"恒定","初速度"设置为 360,如图 10 - 46 所示。单击"应用"按钮,定义完第一个运动副。

② 在"运动副"对话框中,选择"类型"为"旋转副",选择棕色连杆,注意要选择连杆上部的圆弧中心,指定矢量为 Z 轴。单击"基本"中的"选择连杆",选择飞轮为啮合连杆,如图 10 - 47 所示。单击"应用"按钮;同样的,定义连杆下面圆弧的旋转副,啮合连杆为冲头,如图 10 - 48 所示。

③ 在"运动副"对话框中,选择"类型"为"滑动副",选择蓝色的冲头为要定义的连杆,注意要选择冲头底部的圆弧中心,单击"确定"按钮,如图 10 - 49 所示。

图 10 - 46　创建旋转副

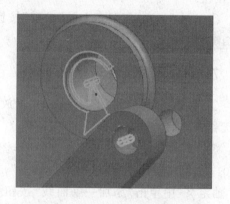

图 10 - 47　创建连杆的旋转副

图 10 - 48　创建连杆下部的旋转副

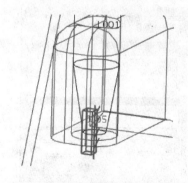

图 10 - 49　创建冲头的滑动副

5. 添加 3D 接触

单击"运动"工具条上的"3D 接触"按钮，系统弹出"3D 接触"对话框，分别选择冲头和工件为添加接触的实体，然后在"参数"选项组中设置参数如图 10-50 所示。单击"确定"按钮，创建 3D 接触完毕。

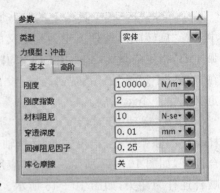

图 10-50　3D 接触参数设置

6. 解算方案及求解

① 单击"运动"工具条上的"解算方案"按钮，系统弹出"解算方案"对话框，在"时间"中输入 2，"步数"输入 200，指定重力方向为－X 轴，其余的按照系统默认的设置，单击"确定"按钮。

② 单击"运动"工具条上的"求解"按钮，在后台进行求解操作，当工具栏上显示 当前进度状态：100% 时，求解完毕。

7. 动画预览及图表输出

① 单击"动画控制"工具条上的"播放"按钮，动画将在图形窗口播放，确认动画无错误之后，单击"完成动画"按钮。

② 单击"运动分析"工具条上的"作图"按钮，在"运动模型"中选择"对象"为 G001，即 3D 接触，在"请求"中选择"力"，在"分量"中选择"力幅值"，在"轴定义"的"Y 轴定义"中单击"添加一条曲线"按钮，在"设置"中勾选"图表"复选框，并选择 NX 图表，如图 10-51 和 10-52 所示。单击"确定"按钮，将输出 X-Y 图表如

图 10-51　模型定义

图 10-52　函数定义

图 10 - 53 所示。图表的横坐标代表时间,纵坐标表示在不同时间里碰撞所产生的不同反作用力。由冲头与工件之间的碰撞力曲线可知,飞轮每运转一周,出现一次碰撞力,其余时间碰撞力为 0。

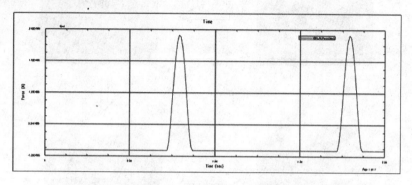

图 10 - 53　力的幅值图表

10.4　机构运动仿真综合实例三

10.4.1　案例预览

本例将讲解发动机气门模型的运动仿真。此案例是通过曲轴的旋转运动得到气门的周期性滑动,进气门与出气门形式基本是一致的,只是在运动的相位角上相差了120°。发动机气门模型如图 10 - 54 所示。

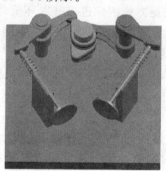

图 10 - 54　发动机气门模型

10.4.2　案例分析

此模型需要创建五个活动连杆、三个旋转副、两个滑动副,另外需要添加两个点在线上副、两个线在线上副,然后再定义两个弹簧约束。此案例是通过曲轴的回转运动带动气门的滑动运动。具体设计流程如图 10 - 55 所示。

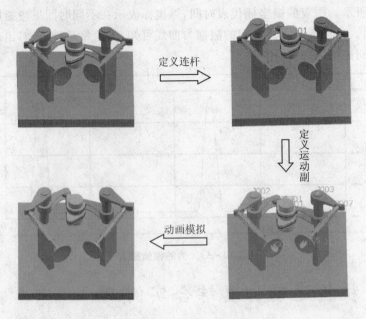

图 10-55　设计流程图

10.4.3　设计步骤

1. 打开文件

① 在桌面上双击 UG 快捷方式图标进入基本环境,然后选择"文件"→"打开"菜单项,找到本书所附光盘的"实例源文件/第 10 章/实例源文件 3. prt",单击 OK 按钮,绘图区内将显示实体模型。

② 在工具条中选择"开始"→"运动仿真"选项,切换到运动仿真模式。

2. 新建仿真

在"运动导航器"中单击打开的文件并右击,在弹出的快捷菜单中选择"新建仿真"选项,在"分析类型"中选择"动力学",其余的按照系统默认,单击"确定"按钮,进入新建的仿真环境。

3. 定义连杆

单击"运动"工具条上的"连杆"按钮🔲,系统弹出"连杆"对话框,选择曲轴为活动连杆 L001,单击"应用"按钮;然后选择左侧棕色的曲轴为活动连杆 L002;右侧红色的曲轴为活动连杆 L003,左侧气门为 L004,右侧气门为 L005。单击"确定"按钮,完成连杆的创建,如图 10-56 所示。要注意:选择连杆的时候,连杆上面的线一定要同时选择。

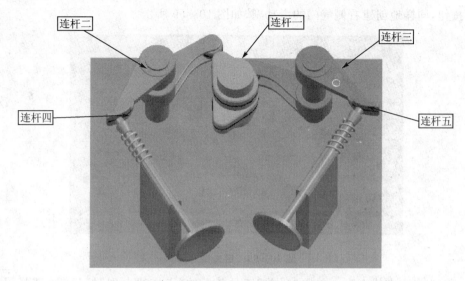

图 10 - 56　连杆的创建

4. 定义运动副

①　单击"运动"工具条上的"运动副"按钮,弹出"运动副"对话框,在"类型"中选择"旋转副",选择中间曲轴为要定义的连杆。要注意,选取的时候选择的是曲轴的圆弧中心,指定矢量为 Y 轴。单击"驱动",在"旋转"中选择"恒定","初速度"设置为15,如图 10 - 57 所示。单击"应用"按钮,定义完第一个运动副。

②　在"运动副"对话框中,选择"类型"为"旋转副",选择棕色曲轴,注意要选曲轴中心轴上部的圆弧中心,指定矢量为 Y 轴。同样的,定义右边红色的曲轴的旋转副,如图 10 - 58 所示。单击"应用"按钮。

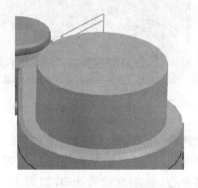

图 10 - 57　定义旋转副

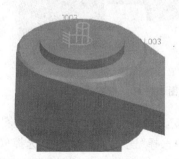

图 10 - 58　定义旋转副

③　定义滑动副。在"运动副"对话框中,选择"类型"为"滑动副",选择左侧绿色

的气门,指定原点为气门前端的圆弧中心,方向则选择紫色块的面的法向,单击"应用"按钮,同样地创建右侧气门的滑动副,如图 10-59 所示。

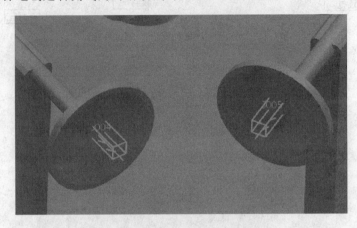

图 10-59　定义滑动副

　　④ 定义点在线上副。单击"运动"工具条上的"点在线上副"按钮，选择绿色的连杆的尾端的圆弧中心,曲线则选择棕色连杆上的蓝色曲线,其余的按照系统默认设置。单击"应用"按钮,同样地定义右边气门的点在线上副,如图 10-60 所示。

　　⑤ 定义线在线上副。单击"运动"工具条上的"线在线上副"按钮，分别选择粉红色曲轴上的曲线和棕色曲轴上的曲线,单击"应用"按钮,然后同样地定义粉色曲轴和紫色曲轴上的曲线。如图 10-61 所示。

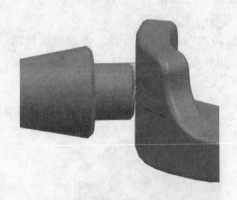

图 10-60　点在线上副

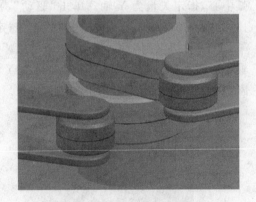

图 10-61　定义线在线上副

　　⑥ 定义弹簧。单击"运动"工具条上的"弹簧"按钮,系统弹出"弹簧"对话框,在"附着"中选择"连杆",在操作中选择气门为连杆,原点选择与弹簧接触处的圆弧中心,在"基本"中选择与固定块相链接的圆弧中心,将刚度设置为 3,如图 10-62 所示。同样地设置另一侧的弹簧。

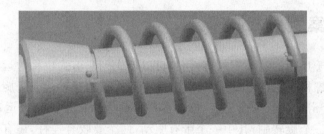

图 10 - 62　设置弹簧

5．解算方案及求解

① 单击"运动"工具条上的"解算方案"按钮 ，系统弹出"解算方案"对话框，在"时间"中输入 50，"步数"输入 400，指定重力方向为－Y 轴，其余的按照系统默认的设置，单击"确定"按钮。

② 单击"运动"工具条上的"求解"按钮 ，在后台进行求解操作，当工具栏上显示 当前进度状态：100 % 时，求解完毕。

6．动画预览

① 单击"动画控制"工具条上的"播放"按钮 ，动画将在图形窗口播放，确认动画无错误之后，单击"完成动画"按钮 。

② 单击"运动分析"工具条上的"动画"按钮 ，在这里用户可以通过"滑动模式"、"动画延时"及"播放模式"来查看详细的动画。

10.5　机构运动仿真综合实例四

10.5.1　案例预览

本例将介绍剪式千斤顶的运动仿真过程。剪式千斤顶可以通过手柄的旋转顶起重物，该千斤顶结构简单，分为两大部分：螺杆机构和剪式机构。模型如图 10 - 63 所示。

图 10 - 63　千斤顶结构示意图

10.5.2　案例分析

由于剪式千斤顶的运动副较多,用户可以首先创建剪式机构的运动副,经过解算合格后再进行螺杆机构的运动副的创建,其中剪式机构要创建 6 个旋转副,有 4 个要咬合连杆,一个滑动副。创建完后,检查在只有重力的作用下是否运动正常,然后创建螺杆机构的三个旋转副,其中一个带有驱动,两个要咬合连杆,还有一个是螺旋副,也是要咬合连杆的。具体设计流程如图 10 - 64 所示。

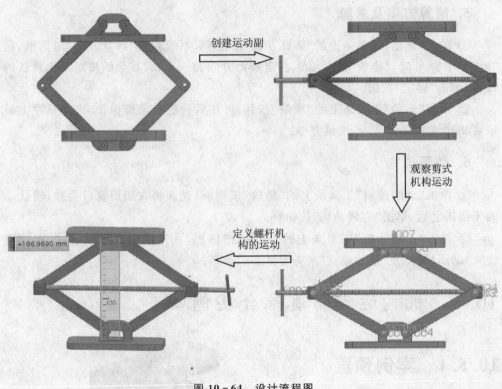

图 10 - 64　设计流程图

10.5.3　设计步骤

1. 打开文件

① 在桌面上双击 UG 快捷方式图标进入基本环境,然后选择"文件"→"打开"菜单项,找到本书所附光盘的"实例源文件/第 10 章/实例源文件 4/千斤顶/千斤顶.prt",单击 OK 按钮,绘图区内将显示实体模型。

② 在工具条中选择"开始"→"运动仿真"选项,切换到运动仿真模式。

2. 新建仿真

在"运动导航器"中单击打开的文件并右击,在弹出的快捷菜单中选择"新建仿真"选项,在"分析类型"中选择"动力学",其余的按照系统默认,单击"确定"按钮,进入新建的仿真环境。

3. 定义连杆

单击"运动"工具条上的"连杆"按钮 ,系统弹出"连杆"对话框,按照连杆的顺序,依次选择要定义的连杆,其中螺杆和手柄定义为一个连杆,一共定义 8 个连杆,如图 10－65 所示。

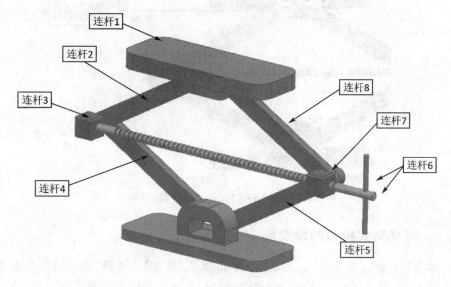

图 10－65　定义连杆

4. 定义剪式机构运动副

① 单击"运动"工具条上的"运动副"按钮,弹出"运动副"对话框,在"类型"中选择"旋转副",选择连杆 4 为要定义的连杆,要注意,选取的时候选择的是连杆与底部的固定块接触的圆弧中心,指定矢量为 Y 轴。单击"应用"按钮,定义完第一个运动副。同样的,定义连杆 5 的旋转副,如图 10－66 所示。

② 在"运动副"对话框中,选择"类型"为"旋转副",选择连杆 2,注意要选择与连杆 4 接触的中心轴的圆弧中心,指定矢量为 Y 轴,并咬合连杆 4。然后在定义与连杆 1 之间的转动副,并咬合连杆 1。同样的,定义连杆 8 的旋转副并与连杆 1 到 5 之间的咬合,单击"确定"按钮,如图 10－67 所示。

图 10 - 66　定义的旋转副

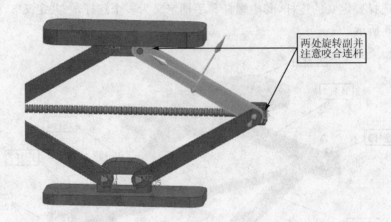

两处旋转副并
注意咬合连杆

图 10 - 67　定义旋转副

5．定义剪式机构的滑动副

单击"运动"工具条上的"运动副"按钮，在"类型"中选择"滑动副"，单击连杆 1 的上表面，指定矢量为 Z 轴，单击"确定"按钮，创建剪式机构的滑动副。

6．提交运算并观看仿真真实性

① 单击"运动"工具条上的"解算方案"按钮，弹出"解算方案"对话框，在"时间"中输入 10，"步数"输入 500，指定重力方向为－Z 轴，其余的按照系统默认的设置，单击"确定"按钮。

② 单击"运动"工具条上的"求解"按钮，在后台进行求解操作，当工具栏上显示 **当前进度状态：100％** 时，求解完毕。

③ 单击"动画控制"工具条上的"播放"按钮 ▶，动画将在图形窗口播放，如果值根据重力的作用，剪式机构依次经过图 10 - 68 所示的过程，说明运动正常，可以继续定义其他的运动副。

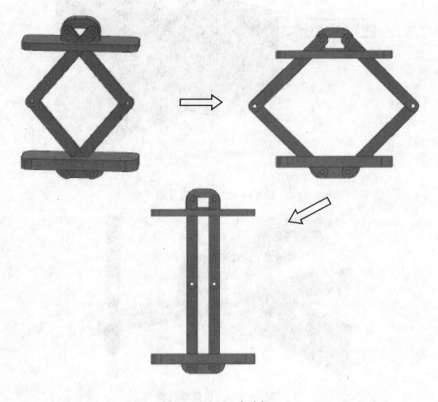

图 10 - 68　运动过程

7. 定义螺杆机构的运动副

① 创建小滑块机构的旋转副。单击"运动"工具条上的"运动副"按钮 ，在"类型"中选择"旋转副"，单击连杆 3 或 7(小滑块)，点则选择连杆 2 或 8 的圆弧中心，指定矢量为 Y 轴，单击"啮合连杆"复选框，指定原点为连杆 8 的圆弧中心，矢量是 Y 轴。单击"应用"按钮，同样的，创建另一侧的旋转副，如图 10 - 69 所示。

② 定义螺杆的螺旋副。在"运动副"的"类型"中选择"螺旋副"，选择螺杆为要定义的连杆，注意原点要选择与滑块链接的圆弧的中心，指定矢量为 X 轴，并将滑块作为啮合连杆，在"设置"中设置"螺旋副比率"为 3。单击"应用"按钮，完成螺旋副的创建。效果如图 10 - 70 所示。

③ 定义旋转副和驱动。在"运动副"的"类型"中选择"旋转副"，选择螺杆为定义连杆，原点则选择与之相连的滑块的圆弧中心，矢量选择 X 轴，并设置滑块为啮合连杆。单击"驱动"，在"旋转"中选择"恒定"，设置初速度为 800，单击"确定"按钮，完成运动副的创建。

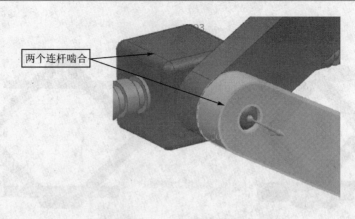

两个连杆啮合

图 10 - 69　创建旋转副

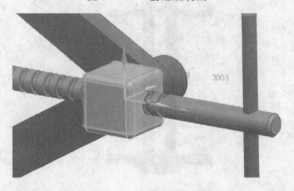

图 10 - 70　设置螺旋副

8. 定义干涉和测量距离

① 单击"运动"工具条上的"干涉"按钮 ，系统弹出"干涉"对话框，在"类型"选项中选择"创建实体"，然后分别选择两个滑块为第一组对象和第二组对象，在"设置"中，勾选"事件发生时停止"和"激活"复选框，如图 10 - 71 所示。单击"确定"按钮，完成"干涉"的创建。

② 单击"运动"工具条上的"测量"按钮 ，在"类型"选项中选择"最小距离"，然后选择上下板的表面，勾选"激活"复选框，如图 10 - 72 所示，单击"确定"按钮，完成"测量"的创建。

9. 重新定义方案及解算

在"运动导航器"中单击 Solution_1 并右击，在弹出的右键快捷菜单中选择"解算方案属性"选项，如图 10 - 73 所示，系统弹出"解算方案"对话框，在"时间"中输入50，在"步数"中输入 1000，单击"确定"按钮。单击"运动"工具条上的"求解"按钮 ，将对方案进行重新解算。

图 10－71　干涉参数设置

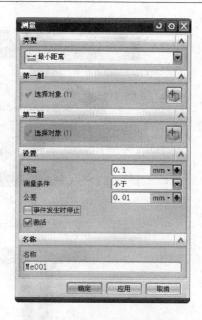

图 10－72　测量参数的设置

图 10－73　定义解算方案

10．动画及分析

单击"运动分析"工具条上的"动画"按钮，系统弹出"动画"对话框，在对话框的底部勾选"测量"、"干涉"、"暂停事件"复选框，然后单击"播放"按钮，动画将在图形窗口播放，测量值也一直在变化，如图 10－74 所示。当动画进行到 36 秒的时候，部件发生干涉，动画停止，如图 10－75 所示。此时可以计算千斤顶可以顶起的最大高度。

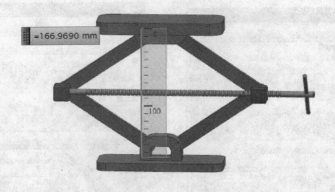

图 10 – 74　动画播放

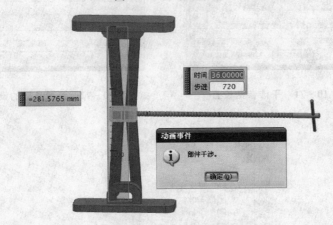

图 10 – 75　部件干涉

10.6　机构运动仿真综合实例五

10.6.1　案例预览

　　本实例将模拟物体撞击栅栏的实验。当物体运动时将撞击栅栏,栅栏会发生旋转运动。栅栏上面安装警示灯,警示灯和栅栏是非刚性的链接,可以晃动。模型如图 10 – 76 所示。

10.6.2　案例分析

　　在本例中,用户可以先添加椎体的平面副和矢量力,观察其运动无误之后再进行其他连杆和运动副的设置。其中栅栏要设置旋转副,此旋转副要添加阻尼,警示灯和

图 10 - 76　实例模型

栅栏之间添加的是衬套,设置衬套参数使警示灯不能摆动过大的幅度。待观察整体运动无误之后,可以输出椎体的在 Y 方向的位移情况和警灯的摆动角度。设计流程如图 10 - 77 所示。

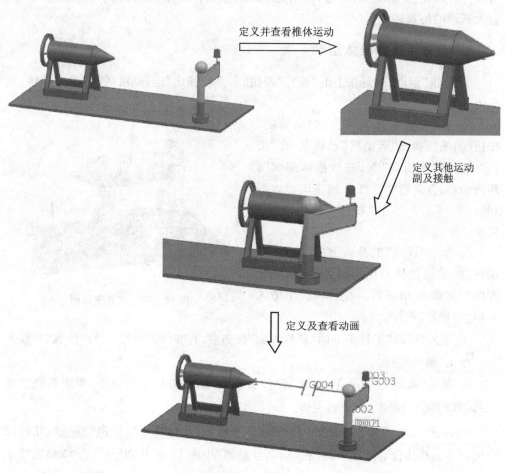

图 10 - 77　设计流程

10.6.3　设计步骤

1. 打开文件

① 在桌面上双击 UG 快捷方式图标进入基本环境,然后选择"文件"→"打开"菜单项,找到本书所附光盘的"实例源文件/第 10 章/实例源文件 4/撞击实验/撞击.prt",单击 OK 按钮,绘图区内将显示实体模型。

② 在工具条中选择"开始"→"运动仿真"选项,切换到运动仿真模式。

2. 新建仿真

在"运动导航器"中单击打开的文件并右击,在弹出的右键快捷菜单中选择"新建仿真"选项,在"分析类型"中选择"动力学",其余的按照系统默认,单击"确定"按钮,进入新建的仿真环境。

3. 定义并查看椎体运动

① 单击"运动"工具条上的"连杆"按钮 ,系统弹出"连杆"对话框,单击椎体,定义为连杆 1。

② 单击"运动"工具条上的"运动副"按钮 ,系统弹出"运动副"对话框,在"类型"中选择"平面副" ,选取椎体尾部圆环的中心,方向则要选择 Z 轴正向。如图 10-78 所示。单击"确定"按钮,定义完毕。

③ 单击"运动"工具条上的"矢量力"按钮 ,选取椎体的尾部圆弧中心,注意方向要选取 X 轴正向。在"幅值"中输入3,单击"确定"按钮。

图 10-78　定义平面副

④ 单击"运动"工具条上的"解算方案"按钮 ,在"时间"中输入 2,"步数"中输入500,单击"确定"按钮。

⑤ 单击"运动"工具条上的"求解"按钮 ,在后台进行求解操作,当工具栏上显示 当前进度状态:100% 时,求解完毕。

⑥ 单击"动画控制"工具条上的"播放"按钮 ,动画将在图形窗口播放,此时用户可以看到椎体没有运动,而且在"运动导航器"中的 Load 按钮 Loads 也处于非激活状态。可以再次添加"矢量力",然后单击"求解"按钮 ,当求解完毕后,查看

运动状态,发现椎体可以自然移动。

4. 定义其他连杆及运动副

① 单击"运动"工具条上的"连杆"按钮，系统弹出"连杆"对话框,选择栅栏,定义为连杆 2,警示灯定义为连杆 3,单击"确定"按钮,完成连杆的创建。

② 单击"运动"工具条上的"运动副"按钮，系统弹出"运动副"对话框,在"类型"选项中选择"旋转副",选择栅栏为要定义的连杆,选择栅栏底部的圆弧中心为原点,指定矢量为 Z 轴正向,单击"确定"按钮。

③ 单击"运动"工具条上的"阻尼器"按钮，系统弹出"阻尼器"对话框,在"类型"选项中选择"旋转运动副",将部件切换到"静态线框"显示方式，选择刚刚创建的"旋转副",在"系数"中输入"值"为 0.02,单击"确定"按钮,完成阻尼的创建。

④ 单击"运动"工具条上的"衬套"按钮，选择警示灯为要定义的连杆,选择警示灯底部的圆弧中心为原点,矢量方向选择 Z 轴正向。选择栅栏为啮合连杆,并选择栅栏的圆弧中心为指定原点,如图 10 - 79 所示,单击"系数",参数设置如图 10 - 80 所示,单击"确定"按钮。

图 10 - 79　定义衬套

图 10 - 80　衬套参数设置

⑤ 定义 3D 接触。单击"运动"工具条上的"3D"接触按钮，系统弹出"3D 接触"对话框,选择椎体和栅栏为两个要接触的实体,其余的参数按照系统默认的设置,

单击"确定"按钮,创建的 3D 接触如图 10-81 所示。

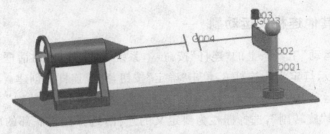

图 10-81　创建的 3D 接触

5. 重新求解及图表输出

① 单击"运动"工具条上的"求解"按钮▨,系统将对设置进行重新解算。当工具栏上显示 当前进度状态：100% 时,求解完毕。

② 单击"动画控制"工具条上的"播放"按钮▸,系统将对动画进行播放,在确认播放无误时,单击"完成动画"按钮▨。

③ 单击"运动分析"中的"作图"按钮▨,系统弹出"图表"对话框,在"运动模型"中选择 J001,也就是"平面副","请求"中选择"位移","分量"中选择"Y",并在"轴定义"中单击"添加一条曲线"按钮⊞,在"设置"中选择"NX 图表",如图 10-82 所示。单击"确定"按钮,图形窗口出现椎体位移图表,如图 10-83 所示。

④ 单击"运动分析"中的"作图"按钮▨,系统弹出"图表"对话框,在"运动模型"中选择 G003,也就是"衬套","请求"中选择"位移","分量"中选择"角度幅值",并在"轴定义"中单击"添加一条曲线"按钮⊞,在"设置"中选择"NX 图表",单击"确定"按钮,图形窗口出现警示灯的角度幅值表,如图 10-84 所示。

图 10-82　图表参数设定

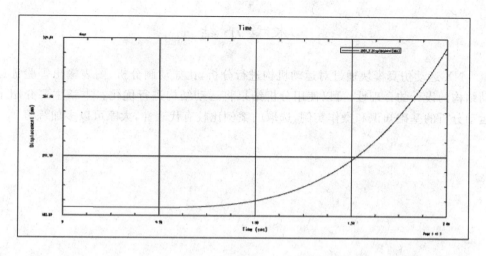

图 10-83　椎体位移图表

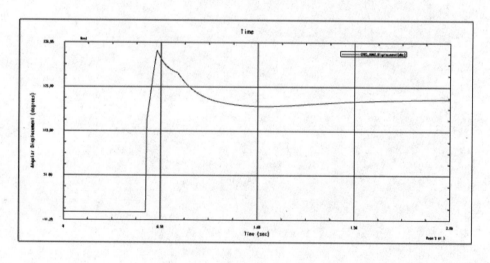

图 10-84　警示灯角度幅值表

课后练习

1. 运动副一种分多少种类？
2. 添加标量力时需要注意什么？
3. 在添加啮合连杆的时候，选择连杆有什么技巧？
4. 图表输出分为几种形式？
5. 运动仿真可以输出哪几种形式的动画？

本章小结

  NX 运动仿真模块通过对运动机构进行分析，比如动画分析、图表输出等验证运动结构的设计的合理性，可以使用分析结果将运动结构进行优化。本章主要介绍了运动分析的基础知识和操作实例，选取的案例比较有代表性，大家可以多加练习。